服装设计与制板系列

CorelDRAW 服装设计实用教程（第四版）

马仲岭　主编

马仲岭　方新国　周伯军　李越琼　编著

人民邮电出版社

北京

图书在版编目（CIP）数据

CorelDRAW服装设计实用教程 / 马仲岭主编 ; 马仲岭等编著. -- 4版. -- 北京 : 人民邮电出版社, 2015.12（2022.1重印）
（服装设计与制板系列）
ISBN 978-7-115-40680-4

Ⅰ. ①C… Ⅱ. ①马… Ⅲ. ①服装设计－计算机辅助设计－图形软件－教材 Ⅳ. ①TS941.26

中国版本图书馆CIP数据核字（2015）第251197号

内 容 提 要

本书是以 CorelDRAW X7 设计软件为平台，以计算机绘图为特色，研究探讨数字化服装设计的专业教程。通过本书学习，读者能够利用 CorelDRAW X7 软件和 Painter 软件绘制各种服装图案、服装款式图、服装设计效果图等。本书为数字化服装教学提供了更新的教学内容，为服装设计提供了简单可行的数字化绘制技巧。

本书简单介绍了 CorelDRAW X7 和 Corel Painter 的基本功能，与服装设计制图相关的工具和功能以及服装色彩、服装图案、服装部件款式、服装整体款式、服装画基本技法、服装画表现技法等设计绘图方法。

本书可以作为高等院校、中等职业技术学校服装设计专业的教材，也可以作为服装设计专业的培训教材和服装设计专业人员的技术参考书。

◆ 主　　编　马仲岭
　　编　　著　马仲岭　　方新国　　周伯军　李越琼
　　责任编辑　李永涛
　　责任印制　杨林杰

◆ 人民邮电出版社出版发行　　北京市丰台区成寿寺路 11 号
　　邮编　100164　　电子邮件　315@ptpress.com.cn
　　网址　http://www.ptpress.com.cn
　　北京天宇星印刷厂印刷

◆ 开本：787×1092　1/16
　　印张：18.75　　　　　　　　　2015 年 12 月第 4 版
　　字数：445 千字　　　　　　　2022 年 1 月北京第 15 次印刷

定价：49.00 元（附光盘）

读者服务热线：(010) 81055410　印装质量热线：(010) 81055316
反盗版热线：(010) 81055315
广告经营许可证：京东市监广登字 20170147 号

丛书编委会

主　编：马仲岭

副主编：周伯军　方新国　罗春燕　李越琼

编　委：（以姓氏笔画为序）

丁杏子　马仲岭　马　翊　马燕华　方新国　李越琼

李巧玲　吴　舒　杨荣钊　何少敏　陈玉华　罗春燕

周伯军　林志福　郭文静　骆正俞　崔　璇　董　莹

虞海平　谭洁玲　薛福萍

关于本书

《CorelDRAW 服装设计实用教程》是数字化服装设计专业教材，本书的出版是一种创新和尝试。本书自 2006 年至今已经出版了第四版，受到了广大读者的欢迎，已经多次印刷，累计销量 60 000 多册。许多高等院校、中等职业学校和培训机构将其作为数字化服装专业教材。许多读者给予了宝贵的意见和中肯的建议，在此对所有关注数字化服装教育的读者表示衷心感谢。第四版的修改主要是提升了软件版本，采用了 CorelDRAW X7 中文版，对涉及软件升级的图片和文字都进行了更新。由于 CorelDRAW X7 与 CorelDRAW X5、X3 的基本功能并没有多大变化，操作要领基本一致，只是软件界面、工具位置、对话框界面等有一些不同，对于使用没有实质影响，因此视频部分没有多大变化，除了保留第三版的视频之外，另外增加了讲解 CorelDRAW X7 与其他版本的主要区别的内容。

数字化设计师，是为了区别传统意义上的服装设计师而暂且使用的名称。服装设计师就是通过市场调查，依据服装流行趋势，利用现有材料和工艺或创造新的材料和工艺，从而设计出能够体现某种风格，表现某种思想，传达某种文化的服装样式的服装设计人员。这些服装样式需要通过某种方式加以表达，如口头表达、文字表达、绘画表达等，通用的表达方式是绘画表达，即手工绘画，目前这种方式还是主要的表达方式之一，这就是传统意义上的服装设计师。数字化设计师就是利用现代计算机技术手段进行设计的服装设计人员。

利用手工绘画方式进行的服装设计形式多样，能够充分体现设计师的个人风格。但是这种方式对设计师的绘画基础要求较高，对作品的修改难度较大，对服装系列化设计很难提高工作效率。利用计算机技术手段进行服装设计则能够有效克服上述弊端，大幅度提高工作效率，同时也为爱好服装设计的人员进行服装设计开辟一条捷径，使得他们能够避开复杂的人体绘画程序，利用现有的人体图片或其他现有的数字化人体图形直接进行服装设计，尤其进行服装色彩系列设计、服装材料系列设计、服装款式系列设计等时，更是得心应手。写作本书的主要目的是为了使绘画基础不高的服装设计人员能够顺利地进行服装设计，提高服装设计的普及性和工作效率。

数字化服装设计，可以使用专业服装设计软件进行服装设计，也可以使用非专业软件进行计算机辅助服装设计。目前用于服装设计的非专业软件主要是 AutoCAD、Photoshop、CorelDRAW 和 Corel Painter 等。AutoCAD 是机械设计专业软件，用于服装设计还存在很多不足和缺陷；Photoshop 是专业图像效果处理软件，在绘图上存在不足；CorelDRAW 在绘图和效果处理等方面都具有相对优势，并自带 Corel Painter 软件模块。因此本书专门讨论如何使用 CorelDRAW X7 和 Corel Painter 软件进行服装设计。

本书介绍了 CorelDRAW X7 和 Corel Painter 的基本内容和与服装设计相关的工具与功能，还讲述了服装部件和局部款式设计、单件服装的款式设计、服装色彩设计原理及服装配色技巧、服装图案设计原理及图案在服装设计上的应用、服装画基本技法、服装画的电脑表现技法等。

全书共 7 章，各章内容简要介绍如下。

第 1 章介绍 CorelDRAW X7 的界面、菜单栏、标准工具栏、属性栏、工具箱、调色板、常用对话框、Corel Painter 简介、文件的打印和输出等，目的是使初学读者对该软件有一个全面、系统的了解，在以后的学习操作中能够顺利地找到需要使用的工具。

第 2 章介绍服装色彩设计的理论与方法，包括色光原理、色彩三要素、色彩对比、色彩心理以及色彩在服装设计中的应用，并着重讲述服装色彩设计，服装配色的理论、方法、技巧。

第 3 章介绍服装图案设计的原理和方法，包括图案的形式美法则、图案构成、图案的变化形式、图案在服装设计中的应用等，其中着重讲述计算机技术手段在图案设计中的使用方法、技巧。

第 4 章介绍服装局部款式设计的理论与方法，包括领子、袖子、门襟、口袋、腰头等。着重讲述了利用计算机设计服装局部款式的方法，使读者既能够了解其理论，也能够掌握其方法。

第 5 章介绍单件服装的设计与表现的理论与方法，包括服装廓型分类、上装的设计、下装的设计、形式美法则，并分类介绍常用服装款式的数字化绘制方法等。

第 6 章介绍时装画的基本技法，包括人体比例、人体各部分的绘制要求和方法、常用人体姿态、常用服饰配件的数字化绘制、常用服装材料的数字化绘制等。

第 7 章介绍服装画的电脑表现技法，包括均线表现法、粗细线表现法、黑白灰表现法、色彩平涂表现法、色彩明暗表现法、色彩对比表现法、色彩点缀表现法、色彩调和表现法、材料填充表现法、裘皮大衣效果图的绘制、皮革服装效果图的绘制等，介绍了各种表现技法的实例。

本书内容是作者多年教学与实践经验的总结，第四版基本保持了第三版的结构，并结合读者意见使之更符合读者的学习需要，以期使读者获得更好的学习效果。由于作者水平有限，书中错误在所难免，衷心希望服装专业教师、设计人员、同行、专家和广大读者批评指正，以便进一步完善和提高，共同为服装设计事业做出贡献。感谢为本书再版给予指导、意见和帮助的所有专家、学者、同行和学生。

读者在学习本书的过程中如果遇到问题，可与马仲岭（QQ：1244114056）联系交流。

作者

2015 年 8 月

于广东佛山大学

目 录

第1章

CorelDRAW X7 简介

　　CorelDRAW 是目前世界范围内使用最广泛的平面设计软件之一，使用该软件能够完成艺术设计领域的设计任务，同样可以完成服装设计的全部任务。CorelDRAW 软件具有界面友好、操作视图化、成本低廉、通用性高等优势。因此，数字化服装设计师使用该软件是明智的选择。

　　CorelDRAW X7 的功能十分强大，数字化服装设计只用到其中的部分功能。本章只是对数字化服装设计经常涉及的软件界面、菜单栏、常用工具栏、互动式属性栏、工具箱、调色板、常用对话框等进行简单的介绍，具体的使用方法将在后面的章节中讲解。这里只要求读者通过本章的学习，能够对 CorelDRAW X7 有一个基本了解，掌握常用命令和工具的功能，能熟练地找到你需要的命令和工具。

 ## 1.1　CorelDRAW X7 的界面

　　通过商店购买或网络下载 CorelDRAW X7 软件后，在 Windows 操作平台上，按说明安装软件。安装完成后，通过选择【 ▊ 】→【 ▶ 所有程序 】→【 ▊ CorelDRAW Graphics Suite X7 】→【 ▊ CorelDRAW X7 】命令或双击快捷图标▊，即可打开 CorelDRAW X7 应用程序，启动过程中出现的图标与其他版本有较大区别，打开后的界面如图 1-1 所示。

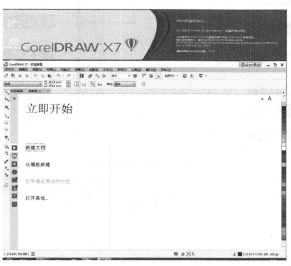

图 1-1

1

单击新建文档，即可打开一张新的图纸，如图 1-2 所示。

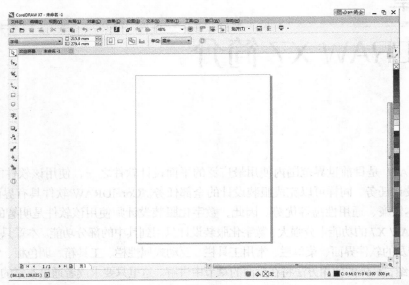

图 1-2

在 CorelDRAW X7 的界面中，默认状态下的常用项目包括标题栏、菜单栏、标准工具栏、属性栏、工具箱、调色板、图纸、工作区、原点与标尺、状态栏，如图 1-3 所示。

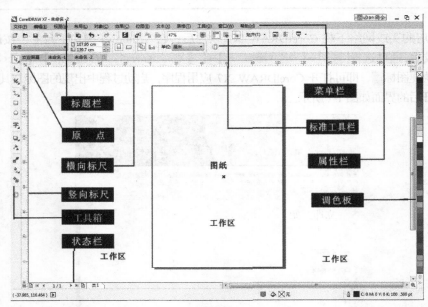

图 1-3

一、标题栏
图 1-3 所示最上方的标志是标题栏 CorelDRAW X7 - 未命名 -1，表示现在打开的界面是 CorelDRAW

X7 应用程序，并且打开了一张空白图纸，其名称是[未命名-1]。

二、菜单栏

图 1-3 所示上方第 2 行是菜单栏，如图 1-4 所示。菜单栏中的所有栏目都是可以展开的，包括文件、编辑、视图、布局、对象、效果、位图、文本、表格、工具、窗口、帮助等项。通过展开下拉菜单，可以找到我们绘图需要的大部分工具和命令。

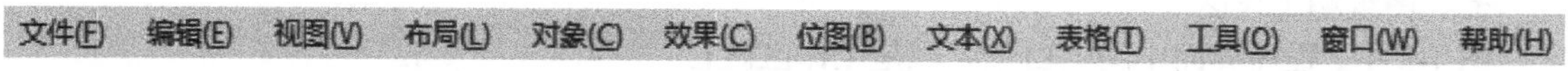

文件(F)　编辑(E)　视图(V)　布局(L)　对象(C)　效果(C)　位图(B)　文本(X)　表格(T)　工具(O)　窗口(W)　帮助(H)

图 1-4

三、标准工具栏

图 1-3 所示上方第 3 行是标准工具栏，如图 1-5 所示。标准工具栏是一般应用程序都具有的栏目，包括新建、打开、保存、打印、剪切、复制、粘贴、撤销、重做、导入、导出、显示比例等工具，这些是经常要用到的工具。

图 1-5

四、属性栏

图 1-3 所示上方第 4 行是属性栏，如图 1-6 所示。属性栏是交互式的，选择不同的工具或命令时，展现的属性栏是不同的。例如，当打开一张空白图纸，什么也不选择时，该栏描述的是图纸的属性，包括图纸的大小、方向、绘图单位等属性。当绘制一个图形对象并处于选中状态时，该栏描述的是选中对象的属性等。

图 1-6

五、工具箱

图 1-3 所示左侧竖向摆放的项目是工具箱，如图 1-7 所示（这里为了排版方便将其横向摆放）。常用的绘图工具，包括选择工具、形状工具、裁剪工具、缩放工具、手绘工具、艺术笔工具、矩形工具、椭圆工具、多边形工具、文本工具、平行度量工具、直线连接器工具、阴影工具、透明度工具、颜色滴管工具、交互式填充工具、智能填充工具、轮廓笔、编辑填充等都放在工具箱中。其中右上方带有黑色小三角的图标，包含二级展开菜单，二级菜单中的工具是该类工具的细化工具。最后一个图标用于工具设置，通过单击图标，可以进行工具图标的显示与否的设置。也可以通过工具→自定义对话框，对工具图标进行设置，选择自己喜欢的图标。

图 1-7

六、调色板

图 1-3 所示右侧竖向摆放的项目是调色板（这里为了排版方便将其竖向摆放），如图 1-8 所示。

默认状态下显示的是常用颜色，单击调色板的滚动按钮 ▼ ，调色板会向上滚动，以显示更多的颜色。单击调色板的展开按钮，可以展开整个调色板，显示所有颜色。

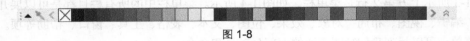

图 1-8

七、图纸和工作区

图 1-3 中，程序界面中间的白色区域是工作区。工作区内有一张图纸，默认状态下，按 A4 图纸的宽度、高度显示。可以通过缩放工具或常用工具栏的显示比例功能来改变图纸的宽度显示，或任意比例显示。可以显示全部图形，也可以显示部分选中的图形等。我们今后的绘图工作就是在工作区内的图纸上进行的。

八、原点和标尺

图 1-3 中，紧靠工作区上侧的尺子是横向标尺，紧靠工作区左侧的尺子是竖向标尺，默认状态下是以 10 进制显示的，绘图单位可通过属性栏来进行设置。移动鼠标指针时，可以看到两把标尺上各有一个虚线在移动，以显示鼠标指针所处的准确位置，便于绘图时准确定点、定位，如图 1-9 所示。

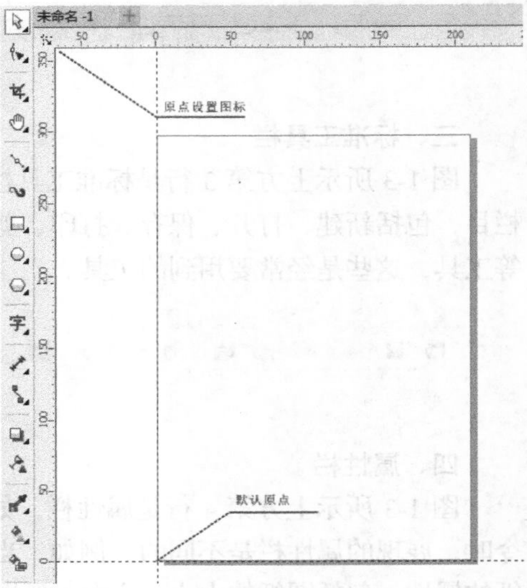

图 1-9

默认状态下，绘图原点处于图纸的左下角。横向标尺与竖向标尺交叉处的按钮 是原点设置按钮，鼠标光标按在按钮，拖动鼠标可以将原点放置在任何需要的位置，便于我们绘图时设置合理的起始位置，方便测量和绘图。

九、状态栏

图 1-3 所示中最下部的是状态栏。当绘制一个图形对象并选中时，该栏将显示图形对象的高度、宽度、中心位置、填充情况等当前状态数据。

1.2 CorelDRAW X7 菜单栏

CorelDRAW X7 应用程序界面上方第 2 行是菜单栏，如图 1-4 所示。菜单栏中的所有栏目都是可以展开下拉菜单的，包括文件、编辑、视图、布局、对象、效果、位图、文本、表格、工具、窗口、帮助等项。通过展开下拉菜单，可以找到绘图需要的大部分工具和命令。

1.2.1 文件

单击菜单栏的【文件】即可打开一个下拉菜单，如图 1-10 所示。

该下拉菜单的每一个命令可以完成一项工作任务，文档信息显示的是近期使用过的文件名称及路径。后面带有黑三角箭头的命令表示还可以展开二级下拉菜单。命令后面的英文组合是该命令的快捷键，直接使用相应的快捷键也可以完成同样的工作任务。如 新建(N) Ctrl+N，表示【新建】命令的快捷键是"Ctrl + N"。下面介绍常用命令。

图 1-10

1.【新建】：单击命令 新建(N) Ctrl+N，可以打开一张空白图纸，建立一个新文件。默认状态下，属性为 A4 图纸，竖向摆放，绘图单位为毫米，文件名称为"未命名-1"，其快捷键是 Ctrl + N。

2.【从模板新建】：单击命令 从模板新建(F)...，可以打开模板选择对话框，可以从中选择合适的模板建立一个新文件。该命令可以帮助我们从已有模板建立一个新文件，以便节省时间，提高工作效率。

3.【打开】：单击命令 打开(O)... Ctrl+O，打开一个文件选择对话框，可以从中选择、打开已经存在的某个文件，以便继续进行绘图工作，或对该文件进行修改等，其快捷键是 Ctrl+O。

4.【关闭】：单击命令 关闭(C)，可以关闭当前打开的文件。

5.【保存】：单击命令 保存(S)... Ctrl+S，可以打开一个文件保存对话框，将当前文件保存在我们选定的目录下，其快捷键是 Ctrl+S。

6.【另存为】：单击命令 另存为(A)... Ctrl+Shift+S，可以打开一个另存为对话框，将当前文件保存为其他名称，或保存在其他目录下，其快捷键是 Ctrl+Shift+S。

7.【导入】：单击命令 导入(I)... Ctrl+I，可以打开一个导入对话框，帮助我们选择某个已有的 JPEG 格式的位图文件，将其导入到当前文件中，其快捷键是 Ctrl+I。

8.【导出】：单击命令 导出(E)... Ctrl+E，可以打开一个导出对话框，帮助我们将当前文件的全部或选中的部分图形导出为 JPEG 格式的文件，并保存在其他目录下，其快捷键是 Ctrl+E。

9.【打印】：单击命令 打印(P)... Ctrl+P，可以打开一个打印对话框，帮助我们将当前文件打印输出，其快捷键是 Ctrl+P。

10.【打印预览】：单击命令 打印预览(R)...，可以打开一个打印预览对话框，帮助我们设置打印文件的准确性，以便能够正确地打印输出。

11.【打印设置】：单击命令 打印设置(U)，可以打开一个打印设置对话框，帮助我们进行打印属性的设置，包括图纸大小、图纸方向、打印位置、分辨率等，以便我们按照自己的意愿进行打印输出。

12.【退出】：单击命令 退出(X) Alt+F4，可以退出 CorelDRAW X7 应用程序，其快捷键为 Alt + F4。

1.2.2 编辑

单击【编辑】菜单，即可打开一个下拉菜单，如图 1-11 所示。

该下拉菜单的每一个命令可以完成一项工作任务。后面带有黑三角箭头的命令表示还可以展开二级下拉菜单。命令后面的英文组合是该命令的快捷键，直接使用相应的快捷键也可以完成同样的工作任务。如 撤消创建(U)　　　　Ctrl+Z ，表示【撤销】命令的快捷键是 Ctrl + Z 。下面介绍常用命令。

图 1-11

　　1.【撤销创建】：单击命令 撤消创建(U)　　　　Ctrl+Z ，可以将此前做过的一步操作撤销。连续单击也可以撤销此前的若干步操作，以便对错误的操作进行纠正。"命令"菜单会显示将要撤销的操作内容，其快捷键是 Ctrl + Z 。

　　2.【重做】：单击命令 重做(E)　　　　Ctrl+Shift+Z，可以恢复此前撤销的一步操作内容。连续单击也可以恢复此前的若干步操作，其快捷键是 Ctrl + Shift + Z 。

　　3.【重复】：单击命令 重复(R)　　　　Ctrl+R，可以对选中的某个对象重复此前的操作。如对"矩形 1"填充了一种红色，选中"矩形 2"，单击【重复】命令，可以对"矩形 2"填充同样的红色，依此类推，其快捷键是 Ctrl + R 。

　　4.【剪切】：单击命令 剪切(T)　　　　Ctrl+X，可以将选中的对象从当前文件中剪切下来，并存放在剪贴板上，其快捷键是 Ctrl + X 。

　　5.【复制】：单击命令 复制(C)　　　　Ctrl+C，可以将选中的对象从当前文件中复制下来，并存放在剪贴板上，其快捷键是 Ctrl + C 。

　　6.【粘贴】：单击命令 粘贴(P)　　　　Ctrl+V，可以将通过剪切或复制命令存放在剪贴板上的对象贴入当前文件中，其快捷键是 Ctrl + V 。

　　7.【删除】：单击命令 删除(L)　　　　Delete，可以将选中的对象从当前文件中删除，其快捷键是 Delete 。

　　8.【再制】：单击命令 再制(D)　　　　Ctrl+D，可以对选中的对象进行一次再制，即增加一个相同的对象，多次单击可以增加多个相同的对象，其快捷键是 Ctrl + D 。

　　9.【全选】：单击命令 全选(A)，可以将当前文件中的所有对象全部选中，以便同时进行下一步操作。

1.2.3 视图

　　单击【视图】菜单，即可打开一个下拉菜单，如图 1-12 所示。

　　该下拉菜单的每一个命令可以完成一项工作任务，后面带有黑三角箭头的命令表示此命令下有可以展开的二级下拉菜单。命令后面的英文组合是该命令的快捷键，直接使用相应的快捷键也可以完成同样的工作任务。下面介绍常用命令。

　　1.【线框】：单击命令 线框(W)，"命令"前面显示一个小圆球，表示当前文件的显示状态处于线框状态。文件中所有已经填充的对象将以线框的状态显示，不再显示填充内容。

　　2.【增强】：单击命令 增强(E)，"命令"前面显示一个小圆球，表示当前文件的显示状态处于增强状态。增强视图可以使轮廓形状和文字的显示更加柔和，消除锯齿边缘。选择"增强"模式时还可以选择"模拟叠印"和"光栅化复合效果"。

　　3.【全屏预览】：单击命令 全屏预览(F)　　　　F9，计算机屏幕只显示白色工作区域。单击鼠标或按任意键，即可取消全屏预览，恢复正常显示状态。其快捷键是"F9"，按下快捷键，即可进入全屏预览状态，再次按下快捷键，即可恢复正常显示状态。

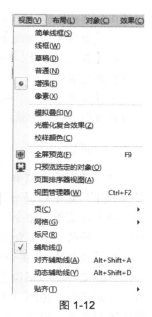

图 1-12

4.【网格】：单击命令 网格(G)，"命令"前面显示一个"✔"，表示该命令处于工作状态。界面工作区显示虚线网格，便于我们绘图时的定位操作。网格的大小、密度是可以设置的。再次单击该命令，"命令"前面的"✔"消失，表示该命令处于非工作状态，网格消失。一般情况下【网格】处于非工作状态。

5.【标尺】：单击命令 ✔ 标尺(R)，"命令"前面显示一个"✔"，表示该命令处于工作状态。这时界面上显示横向标尺、竖向标尺和原点设置按钮。再次单击该命令，"命令"前面的"✔"消失，表示该命令处于非工作状态，界面上不显示标尺和原点设置按钮。一般情况下，【标尺】处于工作状态。

6.【辅助线】：单击命令 辅助线(I)，"命令"前面显示一个"✔"，表示该命令处于工作状态。我们可以将鼠标指针放在标尺上，拖动鼠标从横向标尺拖出一条水平辅助线，从竖向标尺拖出一条垂直辅助线。再次单击该命令，"命令"前面的"✔"消失，表示该命令处于非工作状态，辅助线消失，并且不能拖出辅助线。一般情况下【辅助线】处于非工作状态。

7.【对齐辅助线】：单击命令 ✔ 辅助线(U)　，"命令"前面显示一个"✔"，表示该命令处于工作状态。当移动一个对象时，该对象会自动对齐辅助线，便于我们按辅助线对齐多个图形对象。再次单击该命令，"命令"前面的"✔"消失，表示该命令处于非工作状态，上述功能不再起作用。

8.【贴齐文档网格】：单击命令 贴齐(T) ▶ ■ 页(P)　文档网格(D) Ctrl+Y，"命令"前面显示一个"✔"，表示该命令处于工作状态。不论网格显示与否，当移动一个对象时，该对象会自动对齐网格线，便于我们按网格线对齐多个图形对象。再次单击该命令，"命令"前面的"✔"消失，表示该命令处于非工作状态，上述功能不再起作用。

9.【贴齐对象】：单击命令 对象(O)　　Alt+Z　，"命令"前面显示一个"✔"，表示该命令处于工作状态。当移动一个对象时，该对象会自动对齐另一个对象，便于我们将多个对象紧密对齐。再次单击该命令，"命令"前面的"✔"消失，表示该命令处于非工作状态，上述功能不再起作用。

1.2.4 布局

单击【布局】菜单，即可打开一个下拉菜单，如图 1-13 所示。

该下拉菜单的每一个命令可以完成一项工作任务。后面带有"……"的命令，表示可以打开一个对话框。紧接命令括号内的英文字母是快捷键，直接使用相应的快捷键，也可以完成相同的工作任务，依此类推。下面介绍常用命令。

1.【插入页面】：单击命令 插入页面(I)，打开一个"插入页面"对话框。通过该对话框，我们可以对插入页面的数量、方向、前后位置、页面规格等进行设置，确定后即可插入新的页面。

2.【删除页面】：单击命令 删除页面(D)，打开一个"删除页面"对话框。

图 1-13

通过该对话框，可以有选择地删除某个页面或删除某些页面。

3.【切换页面方向】：单击命令 切换页面方向(R)，可以在横向页面和竖向页面之间进行切换。

4.【页面设置】：单击命令 页面设置(P)，打开一个"页面设置"对话框。通过该对话框，可以对当前页面的规格大小、方向、版面等项目进行设置。

5.【页面背景】：单击命令 页面背景(B)，打开一个"页面背景"对话框。通过该对话框，可以对当前页面进行无背景、各种底色背景、各种位图背景等设置。

1.2.5 对象

单击【对象】菜单，即可打开一个下拉菜单，如图 1-14 所示。

该下拉菜单的每一个命令可以完成一项工作任务。后面带有黑三角箭头的命令表示还可以展开二级下拉菜单。命令后面的英文组合是该命令的快捷键，直接使用相应的快捷键也可以完成同样的工作任务。下面介绍常用命令。

1.【变换】：单击命令 变换(T)，展开一个二级菜单，如图 1-15 所示。

二级菜单中包括位置、旋转、缩放和镜像、大小及倾斜等 5 个命令，单击某个命令，可以打开一个对话框（见图 1-16），这些命令都包含在这个对话框中。通过该对话框，可以对已经选中的图形对象进行位置、旋转、缩放和镜像、大小、倾斜等属性的变换。单击命令 清除变换(M)，可以清除已经进行的变换。

图 1-14

图 1-15

2.【对齐和分布】：单击命令 对齐和分布(A)，可以展开一个二级菜单，如图 1-17 所示。

利用二级菜单中的命令，可以将选中的一个或一组对象进行上述菜单中的对齐操作，便于我们快速将选中的对象或对象组按要求对齐，提高工作效率。

3.【顺序】：单击命令 顺序(O)，可以展开一个二级菜单，如图1-18所示。

图1-16　　　　　　　　　　　图1-17　　　　　　　　　　　图1-18

利用二级菜单中的命令，我们可以将选中的一个或一组对象进行前后位置的设置操作，满足我们绘图的需要。

4.【组合对象】：单击命令 组合对象(G)　　Ctrl+G ，可以将选中的两个及两个以上的对象组合为一组对象，便于同时进行移动、填充等操作，其快捷键是 Ctrl + G 。

6.【取消组合对象】：单击命令 取消组合对象(U)　Ctrl+U ，可以将选中的一组对象的组合取消，变为单个对象，其快捷键是 Ctrl + U 。

7.【取消全部群组】：单击命令 取消组合所有对象(N) ，可以将对齐文件中的所有组合全部取消。

8.【合并】：单击命令 合并(C)　　　　　Ctrl+L ，可以将选中的两个或两个以上的对象结合为一个对象，同时该对象变为曲线，可以对其进行造形编辑，其快捷键是 Ctrl + L 。

9.【拆分曲线】：单击命令 拆分曲线(B)　　Ctrl+K ，可以将选中的通过结合形成的对象分离为单个对象，还可以对由于其他操作形成的结合对象进行分离，其快捷键是 Ctrl + K 。

10.【锁定对象】：单击命令 锁定对象(L) ，可以将选中的一个或多个对象锁定，对锁定后的对象不能进行任何编辑操作。便于我们对已经完成的一个对象或部分对象进行临时保护。

11.【解锁对象】：单击命令 解锁对象(K) ，可以将选中的已经锁定的对象锁定属性取消，又可以对其进行编辑操作了。

12.【对所有对象解锁】：单击命令 对所有对象解锁(J) ，可以将当前文件中的所有锁定对象解除锁定，并对所有对象进行编辑操作。

13.【造形】：单击命令 造形(P)，可以展开一个二级菜单，如图1-19所示。通过二级菜单中的命令，可以对选中的对象进行合并、修剪、相交等操作。

14.【转换为曲线】：单击命令 转换为曲线(V)　　　Ctrl+Q，可以将利用"矩形"、"椭圆"等工具直接绘制的图形转换为曲线图形，而后就可以对其进行造形编辑了。

图1-19

1.2.6　效果

单击【效果】菜单，即可打开一个下拉菜单，如图1-20所示。

该下拉菜单的每一个命令可以完成一项工作任务。后面带有黑三角箭头的命令表示还可以展开二级下拉菜单。下面介绍常用命令。

1.【调整】: 单击命令 调整(A)，可以打开一个二级菜单，如图 1-21 所示。

图 1-20   图 1-21

通过二级菜单中的命令，当图形对象是 CorelDRAW 图形时，二级菜单中只有其中 4 项是高亮显示的，表示可以对图形对象进行【亮度/对比度/强度】、【颜色平衡】、【色度/饱和度/光度】等操作。将 CorelDRAW 图形对象转换为位图格式后，其他灰色显示的项目变为高亮显示，表示可以对其他项目进行操作。

2.【艺术笔】: 单击命令 艺术笔，可以打开一个对话框，如图 1-22 所示。

通过对话框中的笔触类型，可以选择不同的艺术笔触，进行"预设"毛笔、"笔刷"笔触、"对象喷灌"等项操作，获得更生动、逼真的预设效果。还可以单击"工具箱"的手绘工具，通过属性栏进行上述操作。

3.【轮廓图】: 单击命令 轮廓图(C)   Ctrl+F9，可以打开一个对话框，如图 1-23 所示。

通过对话框中的设置，可以为一个或一组对象添加轮廓，并且可以控制向内、向外和向中心添加，还可以控制添加轮廓的距离和数量。

4.【透镜】: 单击命令 透镜(S)   Alt+F3，可以打开一个对话框，如图 1-24 所示。

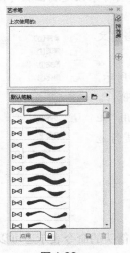

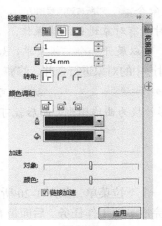

图 1-22   图 1-23   图 1-24

通过对话框中的选项，可以对一个已经填充色彩的对象进行透明度的设置。当透明度为 100% 时，对象是全透明的，即等同于无填充。当透明度为 0% 时，即为不透明，完全看不见下面的对象。当透明度处于 0%～100% 时，随着数值的变化，透明度将发生不同的变化。

1.2.7 位图

单击【位图】菜单，即可打开一个下拉菜单，如图 1-25 所示。

该下拉菜单的每一个命令可以完成一项工作任务。后面带有黑三角箭头的命令表示还有可以展开的二级下拉菜单。下面介绍常用命令。

1.【转换为位图】：单击命令 🔲 转换为位图(P)... ，可以打开一个对话框。

通过该对话框可以设置位图的颜色模式、分辨率等，将一幅 CorelDRAW 图形转换为位图。只有将 CorelDRAW 图形转换为位图后，【位图】菜单下的功能才能起作用。

2.【三维效果】：单击命令 三维效果(3) ，可以打开一个二级菜单，如图 1-26 所示。

通过二级菜单中的命令，可以对一个位图设置三维旋转、柱面、浮雕、卷页、透视、挤远、挤近、球面等效果。

3.【艺术笔触】：单击命令 艺术笔触(A) ，可以打开一个二级菜单，如图 1-27 所示。

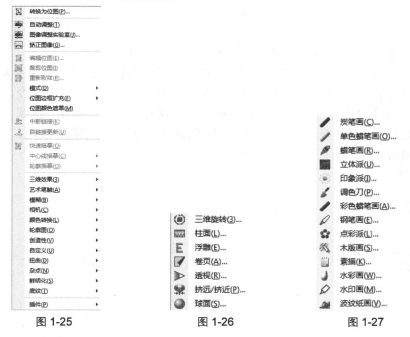

图 1-25   图 1-26   图 1-27

通过二级菜单中的命令，我们可以将一个位图对象改变为多种不同的艺术笔触，从而获得不同的艺术效果。

4.【模糊】：单击命令 模糊(B) ，可以打开一个二级菜单，如图 1-28 所示。

通过二级菜单中的命令，我们可以对一个位图对象进行不同的模糊处理，以获得不同的艺术效果。

5.【创造性】：单击命令 创造性(V) ，可以打开一个二级菜单，如图 1-29 所示。

通过二级菜单的命令，我们可以对一个位图对象进行图 1-29 中的各项操作，创造各种不同的肌理，获得不同的效果。

6.【扭曲】：单击命令 扭曲(D) ，可以打开一个二级菜单，如图 1-30 所示。

通过二级菜单的命令，我们可以对一个位图对象进行图 1-31 中的各项操作，获得不同的效果。

7.【杂点】：单击命令 杂点(N) ，可以打开一个二级菜单，如图 1-32 所示。

通过二级菜单的命令，我们可以对一个位图添加不同颜色的杂点，获得不同的效果。

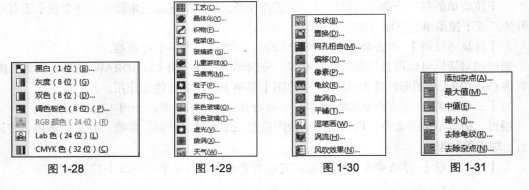

| 图 1-28 | 图 1-29 | 图 1-30 | 图 1-31 |

1.2.8 文本

单击【文本】菜单，即可打开一个下拉菜单，如图 1-32 所示。

该下拉菜单的每一个命令可以完成一项工作任务，后面带有黑三角箭头的命令表示还有可以展开的二级下拉菜单。CorelDRAW X7 的文本工具有较大变化，下面介绍常用命令。

1.【文本属性】单击命令 文本属性(P) Ctrl+T ，可以打开一个对话框，如图 1-33 所示。

该对话框包括文本的字符、段落、图文框等设置功能。分别单击字符、段落、图文框命令，可以展开不同对话框，如图 1-33、图 1-34 所示。

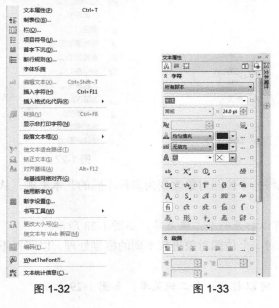

| 图 1-32 | 图 1-33 | 图 1-34 |

通对话框，可以对现有的文本字符、段落、图文框进行设置，以达到所需要求。

2.【编辑文本】：单击命令 编辑文本(X)...   Ctrl+Shift+T ，可以打开一个对话框，如图 1-35 所示。通过该对话框，可以对输入的文本或已有文本进行编辑，以达到所需要求。

3.【插入字符】：单击命令 插入字符(H)   ，可以打开一个对话框，如图 1-36 所示。

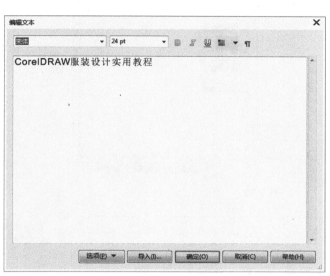

图 1-35

图 1-36

通过该对话框，可以选择合适的字符、符号、图形，插入当前文件中，以便提高工作效率。

4.【使文本适合路径】：单击命令 使文本适合路径(T) ，可以将一组或一个文本字符按确定的路径排列，如图 1-37 所示。

图 1-37

1.2.9 工具

单击【工具】菜单，即可打开一个下拉菜单，如图 1-38 所示。

该下拉菜单的每一个命令可以完成一项工作任务，后面带有黑三角箭头的命令表示该命令还有可以展开的二级下拉菜单。下面介绍常用命令。

1.【选项】：单击命令 选项(O)...   Ctrl+J ，可以打开一个对话框，如图 1-39 所示。

通过该对话框，我们可以对其中所有项目属性重新进行默认设置，以便符合自己的使用要求。

图 1-38

2.【自定义】：单击命令 自定义(Z)... ，可以打开一个对话框，如图 1-40 所示。

通过该对话框的【自定义】，我们可以根据自己的要求对其中的项目设置做出某些改变。该对话框与前一个对话框实际上是同样的，其作用也是类似的。

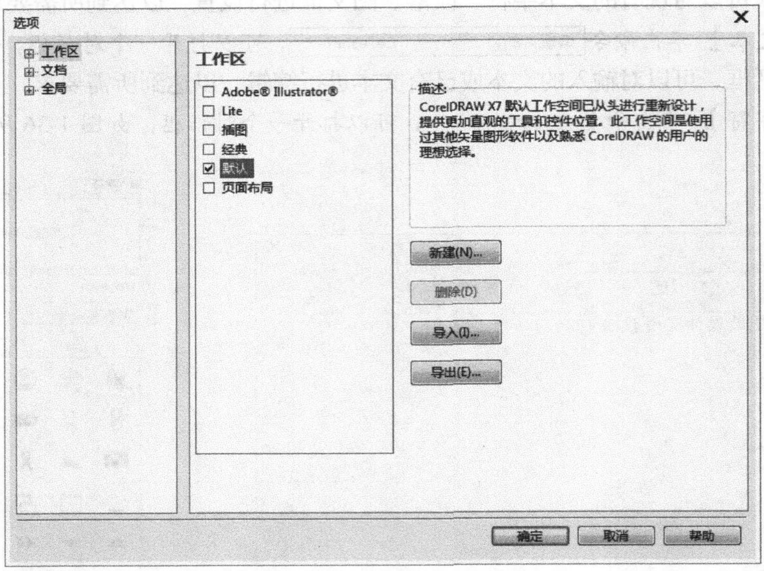

图 1-39

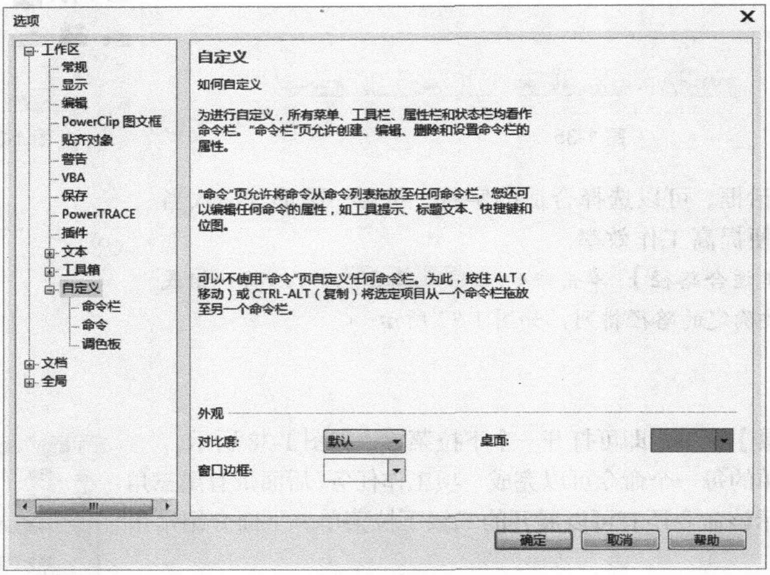

图 1-40

1.2.10 帮助

【帮助】菜单下的命令和项目，是 CorelDRAW X7 软件的使用说明或教程，它可以帮助我们学习、了解 CorelDRAW X7 的使用方法，以解决使用过程中的疑问和困难。

【窗口】菜单下的命令和二级菜单，我们很少使用，因此在这里不再介绍。

注：由于【表格】菜单不经常使用，这里不做介绍。

1.3 CoreIDRAW X7 标准工具栏

程序界面上方第 3 行是标准工具栏，如图 1-41 所示。

图 1-41

标准工具栏中的许多工具在菜单栏的项目下也可以找到。软件设计者为了用户使用方便，将其放在了标准工具栏中，便于我们直接使用。常用工具和选项有：新建、打开、保存、打印、剪切、复制、粘贴、撤销、重做、导入、导出、应用程序启动器、CoreIDRAW 在线、缩放级别等。

现在按标准工具栏的顺序介绍如下。

一、新建

单击图标，可以打开一张空白图纸，建立一个新文档，默认状态下其属性为 A4 图纸，竖向摆放，绘图单位为毫米，文件名称为"未命名-1"。

二、打开

单击图标，可以打开一个文件选择对话框，我们可以从中选择、打开已经存在的某个文件，以便继续绘图工作，或对该文件进行修改等。

三、保存

单击图标，可以打开一个文件保存对话框，将当前文件保存在我们选定的目录下。

四、打印

单击图标，可以打开一个打印对话框，帮助我们将当前文件打印输出。

五、剪切

单击图标，可以将选中的对象从当前文件中剪切下来，并存放在剪贴板上。

六、复制

单击图标，可以将选中的对象从当前文件中复制下来，并存放在剪贴板上。

七、粘贴

单击图标，可以将通过剪切或复制操作存放在剪贴板上的对象贴入当前文件中。

八、撤销

单击图标，可以将此前做过的一步操作撤销，连续单击也可以撤销此前的若干步操作，以便我们对错误的操作进行纠正。"命令"菜单会显示将要撤销的操作内容。

九、重做

单击图标，可以恢复此前撤销的一步操作内容，连续单击也可以恢复若干步操作。

十、导入

单击图标，可以打开一个导入对话框，帮助我们选择某个已有的 JPEG 格式的位图文件，将其导入到当前文件中。

十一、导出

单击图标，可以打开一个导出对话框，帮助我们将当前文件的全部图形或选中的部分图形导出为 JPEG 格式的文件，并保存在其他目录下。

十二、应用程序启动器

单击图标█ ▪的下拉按钮，可以打开一个下拉菜单，如图 1-42 所示。

该下拉菜单包括一些与 CorelDRAW X7 相关的应用程序，包括条码向导、屏幕捕获编辑器、PHOTO-PAINT、电影动画编辑器、位图描摹等。由于这些应用程序很少使用，这里不作介绍，只是了解即可。

十三、缩放级别

单击图标 36% 的下拉按钮，可以打开一个下拉菜单，如图 1-43 所示。

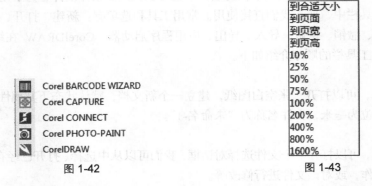

Corel BARCODE WIZARD	到合适大小
Corel CAPTURE	到页面
Corel CONNECT	到页宽
Corel PHOTO-PAINT	到页高
CorelDRAW	10%

图 1-42   图 1-43

通过该菜单，可以选择不同的缩放比例，以方便我们绘图操作或查看图形。

1.4　CorelDRAW X7 属性栏

程序界面上方第 4 行是属性栏。该属性栏与各种工具的使用和操作相联系。选择一个工具或进行一项操作，即显示一个相应的属性栏。通过属性栏可以对选中的对象进行属性设置和操作。选择不同的对象、进行不同的操作，其属性栏的形式是不同的，可设置的属性也是不同的，因此属性栏的数量和形式多种多样。常用的属性栏包括选择工具属性栏，造型工具属性栏，缩放工具属性栏，手绘工具属性栏，矩形、椭圆、多边形、基本形状属性栏，文字属性栏，交互式工具属性栏等。

1.4.1　选择工具属性栏

1. 图纸属性与设置：单击选择图标 ，不选择任何对象时，该属性栏显示的是当前图纸的属性，并可以通过属性栏对图纸的规格、宽度、高度、方向、绘图单位、再制偏移、对齐网格、对齐辅助线、对齐对象等属性进行设置，如图 1-44 所示。

图 1-44

2. 选中一个对象时的属性与设置：当选择一个图形对象时，该属性栏显示的是该对象的属性，并可以对该对象的位置、大小、比例、角度、翻转、图形边角的圆滑、轮廓宽度、到前面、到后面、转换曲线等属性进行设置，如图 1-45 所示。

图 1-45

3. 选中两个或多个对象时的属性与设置：当选中两个或多个对象时，该属性栏显示的是选中的所有对象的共同属性，并可以进行位置、大小、比例、旋转、镜像翻转等项设置，还可以进行结合、组合、焊接、修剪、相交、简化、对齐等项操作，如图 1-46 所示。

图 1-46

4. 选中两个或多个对象并组合时的属性与设置：当选中两个或多个对象并组合时，该属性栏显示的是该组合对象的属性，并可以进行位置、大小、比例、旋转、镜像翻转、取消组合、取消全部组合、到前面、到后面等项的设置和操作，如图 1-47 所示。

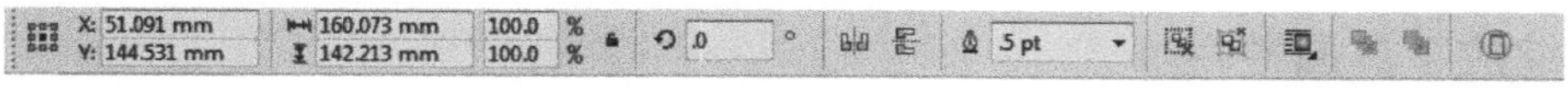

图 1-47

5. 选中两个或多个对象并结合时的属性与设置：当选中两个或多个对象并结合时，该属性栏显示的是该结合对象的属性，并可以进行位置、大小、比例、旋转、镜像翻转、拆分、线形、轮廓宽度等项的设置和操作，如图 1-48 所示。

图 1-48

1.4.2 造型工具属性栏

1. 形状工具属性栏：当选择形状工具时，显示的是形状工具属性栏，如图 1-49 所示。

图 1-49

通过该属性栏，可以对一个矩形曲线图形对象增加节点、减少节点、连接两个节点、断开曲线、曲线变直线、直线变曲线、节点属性设置、节点连接方式设置等项操作。

2. 涂抹工具属性栏：当选择涂抹工具时，显示的是涂抹工具属性栏，如图 1-50 所示。

图 1-50

通过该属性栏，可以设置涂抹工具的大小、角度等项操作。

3. 粗糙属性栏：当选择粗糙工具时，显示的是粗糙属性栏，如图 1-51 所示。

图 1-51

通过该属性栏，可以设置笔刷的大小、刷毛的密度（频率）、角度、自动、固定等项操作。

4. 刻刀工具属性栏（此工具在裁剪工具的下拉菜单中）：当选择刻刀工具时，显示的是刻刀工具属性栏，如图 1-52 所示。通过该属性栏，可以对一个曲线图形对象进行任意形式的切割，并且可以设置切割形式。

5. 橡皮擦工具属性栏（此工具在裁剪工具的下拉菜单中）：当选择橡皮擦工具时，显示的是橡皮擦工具属性栏，如图 1-53 所示。

图 1-52　　　　　　　　　　　　　　　　　　　图 1-53

通过该属性栏，可以设置橡皮擦工具的厚度、橡皮擦的形状等。

1.4.3　缩放工具属性栏

当选择缩放工具时，显示的是缩放工具属性栏，如图 1-54 所示。

图 1-54

通过该属性栏，可以进行现有比例的设置，也可以选择放大、缩小选项，进行自由缩放，还可以选择显示所有图形、显示整张图纸、按图纸宽度显示、按图纸高度显示等。

1.4.4　手绘工具属性栏

1. 手绘工具属性栏：当选择手绘工具时，显示的是手绘工具属性栏，如图 1-55 所示。

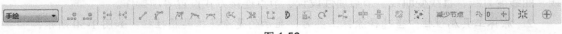

图 1-55

通过该属性栏，可以对一个手绘图形对象进行位置、大小、比例、旋转、镜像翻转、拆分、线形、轮廓宽度等项的设置和操作。

2. 贝塞尔线属性栏：当选择贝塞尔线工具时，显示的是贝塞尔线属性栏，如图 1-56 所示。

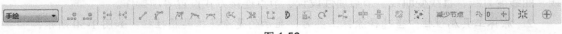

图 1-56

通过该属性栏，可以对一个曲线图形对象进行增加节点、减少节点、连接两个节点、断开曲线、曲线变直线、直线变曲线、节点属性设置、节点连接方式设置等项的操作。

3. 艺术笔属性栏（该工具在工具箱中独立显示）：当选择艺术笔工具时，显示的是艺术笔属性栏，如图 1-57 所示。

图 1-57

通过该属性栏，可以选择预设笔触、笔刷笔触、喷涂笔触、书法笔触、压力笔触，也可以进行笔触平滑度、笔触宽度等项的设置。

4. 钢笔工具属性栏：当选择钢笔工具时，显示的是钢笔工具属性栏，如图 1-58 所示。

图 1-58

通过该属性栏，可以进行位置、大小、比例、旋转、镜像翻转、拆分、线形、轮廓宽度等项的设置和操作。

5. 平行度量工具属性栏（此项在工具箱下部）：当选择平行度量工具时，显示的是平行度量工具属性栏，如图 1-59 所示。

图 1-59

通过该属性栏，可以对图形的数据标注进行多项设置，包括：度量样式、度量精度、动态度量、文本位置、延伸线选项、轮廓宽度等。

1.4.5 矩形、椭圆、多边形、基本形状属性栏

当选择矩形工具、椭圆工具、多边（包括基本形状）工具时，分别显示不同的属性栏，它们的形式基本相同，如图 1-60 所示。

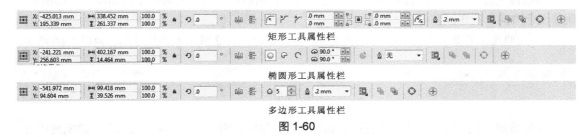

矩形工具属性栏

椭圆形工具属性栏

多边形工具属性栏

图 1-60

通过属性栏，都可以进行位置、大小、比例、旋转、镜像翻转、线形、轮廓宽度、到前面、到后面等项的设置和操作。此外，椭圆工具属性栏还具有椭圆、饼形、弧形选项，基本形状属性栏还具有形状类型选择菜单，通过菜单可以选择不同的基本形状。

1.4.6 文字属性栏

当选择文字属性栏时，显示的是文字属性栏，如图 1-61 所示。

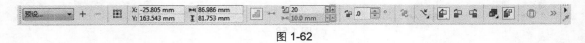

图 1-61

通过该属性栏，可以对文字进行字体、大小、格式、排列方向等项的设置，还可以进行文字编辑。

1.4.7 交互式工具属性栏

1. 交互式调和工具属性栏：当选择调和工具时，显示的是交互式调和工具属性栏，如图 1-62 所示。

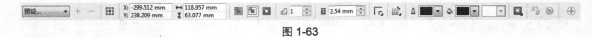

图 1-62

通过该属性栏，可以对两个图形对象之间的形状渐变调和、色彩渐变调和进行设置，包括图形位置、图形大小、渐变数量、渐变角度等。

2. 轮廓图工具属性栏：当选择轮廓工具时，显示的是轮廓图工具属性栏，如图 1-63 所示。

图 1-63

通过该属性栏，可以在一个图形外自动添加轮廓，并能进行图形位置、图形大小、轮廓位置、轮廓数量、轮廓间距、轮廓颜色、填充颜色等设置。

3. 阴影工具属性栏：当选择阴影工具时，显示的是阴影工具属性栏，如图 1-64 所示。

图 1-64

通过该属性栏，可以对图形的阴影进行设置，包括阴影角度、阴影的不透明度、阴影羽化、阴影羽化方向、阴影颜色等。

4. 透明度工具属性栏：当选择透明度工具时，显示的是透明度工具属性栏，如图 1-65 所示。

图 1-65

通过该属性栏，可以对图形进行透明属性设置，包括透明度类型、透明度操作、透明度中心、透明度边衬、透明度应用选择等。

1.5 CorelDRAW X7 工具箱

工具箱在默认状态下位于程序界面的左侧，并竖向摆放。它是以活动窗口的形式显示的，因此其位置、方向可以通过拖动鼠标来改变。CorelDRAW X7 的工具箱涵盖了绘图、造型的大部分工具，如图 1-66 所示。

右下方带有黑色标记的图标，表示本类工具还包含其他工具。按住图标不放，会打开一个工具条，显示更多的工具，图 1-67 所示为按住手绘工具显示的工具。

图 1-66

图 1-67

在这些工具中，有些是很少使用或完全使用不到的，因此这里着重介绍服装设计中经常使用的工具。下面按照工具箱的顺序进行介绍。

1.5.1 选择工具

选择工具是一个基本工具，它具有多种功能：

1. 利用选择工具，可以选择不同的功能按钮和菜单等；

2. 单击一个对象将其选中，选中后的对象四周会出现 8 个黑色小方块；

3. 拖动鼠标会显示一个虚线方框，虚线方框包围的所有对象都同时被选中；

4. 在选中状态下，再拖动对象，可以移动该对象；

5. 在选中状态下，再次单击对象，对象四周会出现 8 个双箭头，中心出现一个圆心圆，表示该对象处于可旋转状态。单击 4 个角的某个双箭头，并拖动光标，即可转动该对象；

6. 在选中状态下，再单击某个颜色，可以为对象填充该颜色；

7. 在选中状态下，在某个颜色上单击鼠标右键，可以将对象轮廓颜色改变为该颜色。

1.5.2 形状工具

该类工具包括：形状、平滑、涂抹、转动、吸引、排斥、沾染、粗糙等工具，其中使用较多的工具是形状工具和粗糙笔刷，如图 1-68 所示。

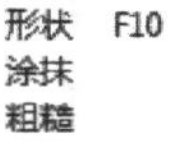

1. 形状：该工具是绘图造型的主要工具之一。利用该工具可以增减节点、移动节点；可以将直线变为曲线、曲线变为直线；可以对曲线进行形状改造等。

形状　F10
涂抹
粗糙

图 1-68

2. 涂抹 ：利用该工具可以对曲线图形进行不同色彩之间的穿插涂抹，实现特殊的造型效果。

3. 粗糙 ：这个工具对于服装设计作用较大，利用该工具可以将图形边沿进行毛边处理，实现特定服装材料的质感效果。

1.5.3 裁剪工具

该类工具包括裁剪工具、刻刀工具、橡皮擦工具和虚拟段删除工具等。其中使用较多的工具是刻刀工具和橡皮擦工具，如图 1-69 所示。

1. 刻刀工具 ：利用该工具可以将现有图形进行任意切割，实现对图形的绘制改造。

图 1-69

2. 橡皮擦工具 ：利用该工具可以擦除图形的轮廓和填充，实现快速造型的目的。

1.5.4 缩放工具

该类工具包括缩放和手形工具，如图 1-70 所示。

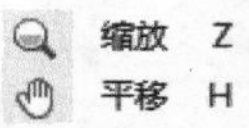

1. 缩放工具 ：该工具是绘图过程中经常使用的工具之一。利用该工具可以对图纸（包括图形）进行多种缩放变换，使我们在绘图过程中能够随时观看全图、部分图形和局部放大图形，以便进行图形的精确绘制和全图的把握。

图 1-70

2. 平移工具 ：利用该工具可以自由移动图纸，使我们可以观看图纸的任意部位。

1.5.5 手绘工具

该类工具包括手绘工具、2 点线工具、贝塞尔工具、钢笔工具、B 样条工具、折线工具、3 点曲线工具、艺术笔工具等，如图 1-71 所示。其中手绘工具、艺术笔工具是服装设计使用较多的工具。

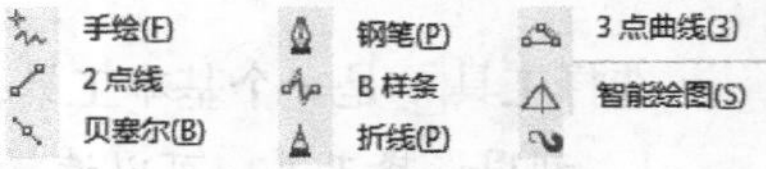

1. 手绘工具 ：该工具是绘图过程中最基本的画线工具，是使用率较高的工具之一。利用该工具可以绘制单段直线、连续曲线、连续直线、封闭图形等。

图 1-71

2. 贝塞尔线工具 ：利用该工具可以绘制连续自由曲线，并且在绘制曲线过程中，可以随时控制曲率变化。

3. 艺术笔工具 ：该工具对于绘制服装设计效果图作用很大。利用艺术笔工具可以进行多种预设笔触的绘图、不同画笔绘图、不同笔触书法创作，以及多种图案的喷洒绘制等。

4. 钢笔工具 ：利用该工具可以进行连续直线、曲线的绘制和图形绘制。

5. 折线工具 ：利用该工具可以快速绘制连续直线和图形。

6. 3 点曲线工具 ：利用该工具可以绘制已知三点的曲线，如领口曲线、裆部曲线等。

1.5.6 矩形工具

该类工具包括矩形工具和三点矩形工具，如图 1-72 所示。

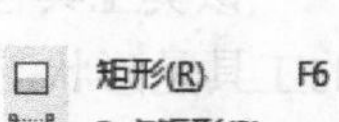

1. 矩形工具 ：该工具是服装制图的常用工具。利用该工具可以绘制垂直放置的一般长方形，按住 Ctrl 键可以绘制正方形。

图 1-72

2. 三点矩形工具⬚：利用该工具可以绘制任意方向的长方形，按住 Ctrl 键可以绘制任意方向的正方形。

1.5.7 椭圆工具

该类工具包括椭圆形工具和 3 点椭圆工具，如图 1-73 所示。

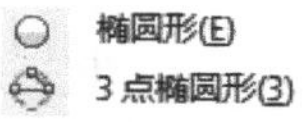

○ 椭圆形(E)
🌑 3 点椭圆形(3)

图 1-73

1. 椭圆工具○：该工具是服装制图的常用工具。利用该工具可以绘制垂直放置的一般椭圆，按住 Ctrl 键可以绘制圆形。

2. 三点椭圆工具🌑：利用该工具可以绘制任意方向的椭圆，按住 Ctrl 键可以绘制任意方向的圆形。

1.5.8 多边形工具

该类工具包括多边形、星形、复杂星形、图纸和螺旋等，如图 1-74 所示。

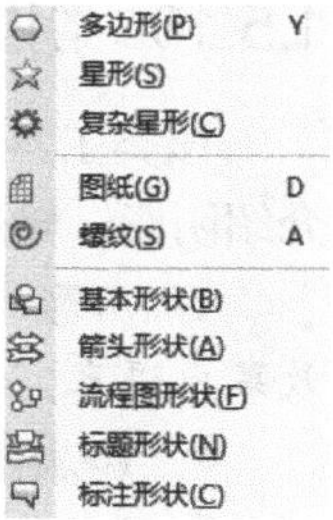

⬡ 多边形(P)	Y
☆ 星形(S)	
✺ 复杂星形(C)	
🖽 图纸(G)	
◎ 螺纹(S)	A
🔲 基本形状(B)	
🔯 箭头形状(A)	
😊 流程图形状(F)	
🏷 标题形状(N)	
🔲 标注形状(C)	

图 1-74

1. 多边形工具⬡：利用该工具可以绘制任意多边形，其边的数量可以通过属性栏进行设置。

2. 星形工具☆：利用该工具可以绘制任意多边星形，其边的数量可以通过属性栏进行设置。

3. 复杂星形工具✺：利用该工具可以绘制任意多边星形，其边的数量可以通过属性栏进行设置。

4. 图纸工具🖽：利用该工具可以绘制图纸的方格，形成任意单元表格，其行和列可以通过属性栏进行设置。

5. 螺旋工具◎：利用该工具可以绘制任意的螺旋形状，螺旋的密度、展开方式可以通过属性栏进行设置，如图 1-75 所示。

6. 基本形状🔲：通过属性栏的形状选择菜单，可以选择绘制不同的形状，如图 1-76 所示。

7. 箭头形状🔯：通过属性栏的形状选择菜单，可以选择绘制不同形状的箭头，如图 1-77 所示。

图 1-75

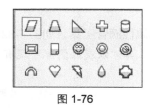

图 1-76

图 1-77

8. 流程图形状😊：通过属性栏的形状选择菜单，可以选择绘制不同形状的流程图，如图 1-78 所示。

9. 标题形状🏷：通过属性栏的形状选择菜单，可以选择绘制不同的标题形状，如图 1-79 所示。

10. 标注形状🔲：通过属性栏的形状选择菜单，可以选择绘制不同形状的标注，如图 1-80 所示。

23

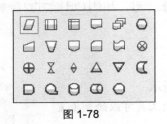

图 1-78

图 1-79

图 1-80

1.5.9　文本工具

文本工具 字 是服装设计中的常用工具之一。利用该工具可以进行中文、英文和数字的输入。

1.5.10　阴影工具

该类工具包括阴影、轮廓图、调和、变形、封套、立体化等工具，如图 1-81 所示。这里着重介绍阴影、轮廓图、调和工具。

图 1-81

1. 阴影工具 □：利用该工具可以对任何图形添加阴影，加强图形的立体感，使效果更逼真。

2. 轮廓图工具 ◎：利用该工具可以方便地对服装衣片添加缝份。

3. 调和工具 ♣：利用该工具可以在任意两个色彩之间进行任意层次的渐变调和，以获得我们需要的色彩，还可以在任意两个形状之间进行任意层次的渐变处理，尤其在进行服装推板操作时非常方便。

1.5.11　透明度工具

透明度工具 ♠：利用该工具可以对已有填色图形进行透明渐变处理，以获得更加漂亮的效果。

1.5.12　颜色滴管工具

该类工具包括颜色滴管工具和属性滴管工具，如图 1-82 所示。

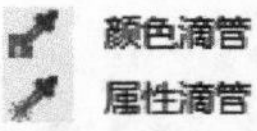

颜色滴管
属性滴管
图 1-82

1. 颜色滴管工具 ✎：利用该工具可以获取图形中现有的任意一个颜色，以便对其他图形进行同色填充。

2. 属性滴管工具与颜色滴管工具的使用基本一致，不再叙述。

1.5.13　轮廓工具

该类工具是关于轮廓的宽度、颜色的一系列工具，包括轮廓画笔对话框、轮廓颜色对话框、无轮廓和轮廓从最细到最粗的系列工具，如图 1-83 所示，这里重点介绍轮廓画笔对话框及常用轮廓宽度工具。

轮廓笔 ✐：单击该图标可以打开【轮廓笔】对话框，如图 1-84 所示。通过该对话框可以设置轮廓的颜色、宽度，还可以设置画笔的样式、笔尖的形状等。

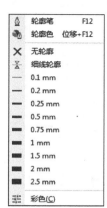

图 1-83

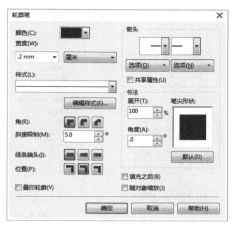

图 1-84

1.5.14　交互式填充工具

该类工具包括交互式填充和网状填充工具，如图 1-85 所示。

图 1-85

1．交互式填充 ：利用该工具，配合属性栏的其他工具，可以对图形进行多种填充，以获得不同的填充效果。

2．网状填充 ：利用该工具可以对已经填充的图形进行局部填充、局部突出的处理，实现立体化的效果。

1.5.15　编辑工具

该类工具包括均匀填充、渐变填充、图样填充、底纹填充、PostScript 填充、无填充和彩色等
7 种工具，这里重点介绍均匀填充、渐变填充、图样填充、底纹填充、无填充等工具，如图 1-86 所示。

图 1-86

1．均匀填充 ：单击该图标，可以打开【均匀填充】对话框，如图 1-87 所示。通过该对话框，可以调整色彩并进行填充。

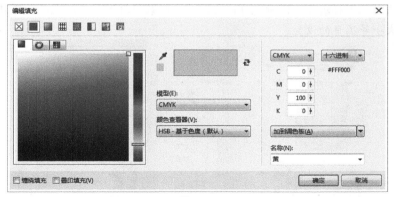

图 1-87

2．渐变填充 ：单击该图标可以打开【渐变填充方式】对话框，如图 1-88 所示。通过该对话框，

25

可以进行不同类型的渐变填充，包括线性渐变填充、射线渐变填充、圆锥渐变填充、方角渐变填充等。

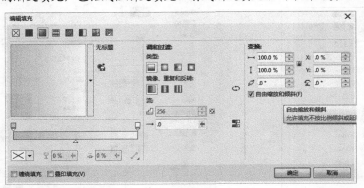

图 1-88

3. 向量图填充▦：单击该图标可以打开【向量图样填充】对话框，如图 1-89 所示。通过该对话框可以进行矢量图样填充，同时还可以装入已有服装材料图样，以及对图样进行位置、角度、大小等项目的设置。

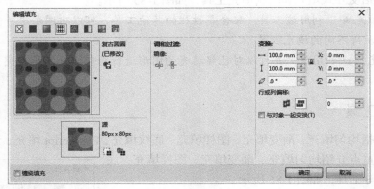

图 1-89

4. 位图图样填充▦：单击该图标可以打开【位图图样填充】对话框，如图 1-90 所示。通过该对话框可以进行位图样填充，同时还可以装入已有服装材料图样，以及对图样进行调和过渡、位置、角度、大小等项目的设置。

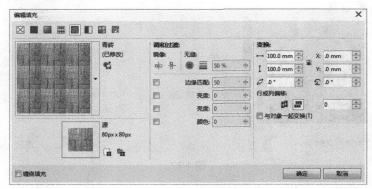

图 1-90

5. 双色图样填充 ▥: 单击该图标可以打开【双色图样填充】对话框，如图 1-91 所示。通过该对话框可以进行双色图样填充，以及对图样进行位置、角度、大小等项目的设置。

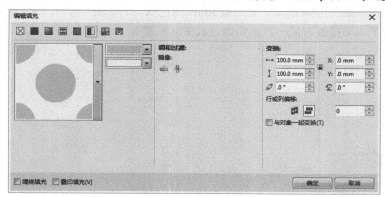

图 1-91

6. 底纹填充 ▨: 单击该图标可以打开【底纹填充】对话框，如图 1-92 所示。通过该对话框可以选择多种不同形式的底纹，并可以对底纹进行多种项目的设置，以实现设计效果。

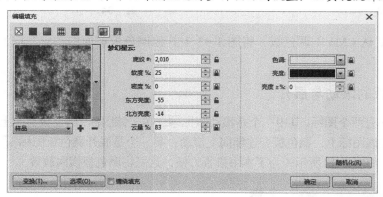

图 1-92

本节内容主要介绍了 CorelDRAW X7 工具箱中涉及服装设计方面的各种工具。要求读者通过学习能够在界面上熟练地找到各种工具，并且了解各种工具的基本功能，为以后的学习奠定一定的基础。

 # 1.6 CorelDRAW X7 调色板

调色板可以为封闭图形填充颜色，改变图形轮廓和线条的颜色，是重要的设计工具之一。主要包括调色板的选择、调色板的滚动与展开以及调色板的使用等内容。

1.6.1 调色板的选择

程序界面右侧是调色板，默认状态下显示的是"CMYK 调色板"。通过单击界面的【窗口】→

【调色板】，可以打开一个二级菜单，如图 1-93 所示。

通过该二级菜单，可以选择【默认 CMYK 调色板】、【默认 RGB 调色板】等，这时界面右侧会出现 2 个调色板，如图 1-94 所示，上面是 RGB 调色板，下面是 CMYK 调色板（软件的调色板是竖向放置，为了本书排版方便，这里将调色板横向放置）。

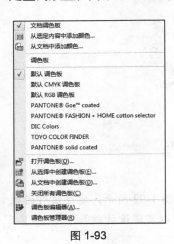

图 1-93

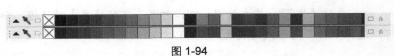

图 1-94

一般选用默认 CMYK 调色板，将图 1-93 中其他调色板前面的"√"取消，关闭其他调色板。

1.6.2　调色板的滚动与展开

调色板下部有两个图标，其中一个是滚动图标 ▼，单击该图标，调色板会向上滚动一个颜色，将鼠标指针按在该图标上，调色板会连续向上滚动；另一个是展开调色板图标 ◄，单击该图标，会展开调色板，如图 1-95 所示（为了本书排版方便，这里将调色板横向放置）。

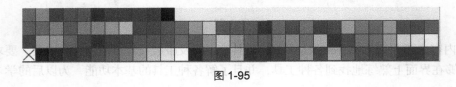

图 1-95

1.6.3　调色板的使用

1. 填充颜色：利用工具箱中的任何一种绘图工具（手绘工具、矩形工具、椭圆工具、基本形状工具）绘制一个封闭图形，将其选中，再单击调色板中的某个颜色，该颜色即可填充图形。

2. 改变填充：如果对已经填充的颜色不满意，在选中图形的状态下，单击调色板中的另一个颜色，即可将该颜色填充到图形中。

3. 取消填充：如果想取消一个图形的填充，单击调色板上部的取消填充图标 ⊠，即可取消该图形的填充。

1.7　CorelDRAW X7 常用对话框

CorelDRAW X7 提供了许多非常有用的对话框，帮助我们进行绘图操作。现将与数字化服装设计关系密切的部分对话框进行逐一介绍，它们是辅助线设置对话框、对象属性对话框、变换对话框和造型对话框。

1.7.1　辅助线设置对话框

辅助线设置是数字化服装设计绘图的常用操作。选择程序界面中的菜单【工具】→【选项】→【文档】→【辅助线】命令，可以打开辅助线设置对话框，如图 1-96 所示。

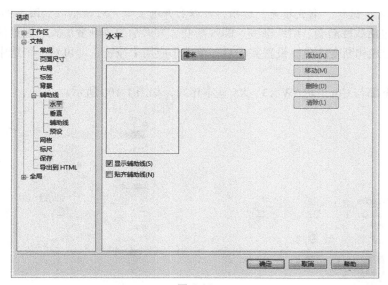

图 1-96

通过该对话框，可以在图中左侧选择"水平""垂直""辅助线"等项目，在右侧紧靠项目名称下方的数值栏中输入需要的数值，单击【添加】按钮，即可添加一条辅助线。按要求反复操作，即可设置所有辅助线。

1.7.2　对象属性对话框

选择程序界面中的菜单【对象】→【对象属性】命令，可以打开【对象属性】对话框，如图 1-97 所示。

该对话框中包括填充、轮廓等项目。单击对话框中的填充图标，可以展开二级对话框，其中包括均匀填充、渐变填充、图样填充和底纹填充等，现在分别介绍如下。

1. 均匀填充：选择"均匀填充"选项，可以打开一个对话框，如图 1-97 所示。滚动调色盘，选择合适的颜色，单击【应用】按钮，可以将该颜色填充到选中的图形中。

通过该对话框，可以选择色彩模式和设置任意颜色，以满足我们设计需要。同时还可以准确给出选定颜色的基本色调和比例，如图 1-98 所示。

图 1-97

图 1-98

2．渐变填充：选择"渐变填充"选项，可以打开渐变填充对话框，如图 1-99 所示。

该对话框包括线性渐变、射线渐变、圆锥渐变、方形渐变等渐变形式。通过该对话框可以选择不同的渐变形式和渐变颜色。设置完成后，单击【应用】按钮，即可对一个选中的封闭图形进行渐变填充。

对话框的下部与 CorelDRAW X3、X5 基本相同，如图 1-100 所示。

图 1-99

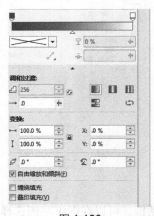

图 1-100

通过该对话框，不但可以进行上述操作，还可以设置渐变的角度、边界、中心位置、自定义中点，还可以进行预设样式渐变填充等。

3．图样填充：选择"图样填充"选项，可以打开【图样填充】对话框，如图 1-101 所示。

该对话框包括双色图样填充、全色图样填充、位图图样填充等形式。通过该对话框，可以选择不同的填充形式，也可以设置双色图案填充的颜色，还可以选择现有的图案样式。设置完成后，单击【应用】按钮，即可对一个封闭图形进行填充。

对话框的下部与 CorelDRAW X3、X5 基本相同，如图 1-102 所示。

通过该对话框，不但可以进行上述操作，还可以设置装入其他样式文件、创建双色图案、改变原点、改变大小，以及进行倾斜、旋转、位移、平铺尺寸、是否与对象一起变换等设置。

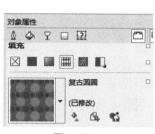

图 1-101

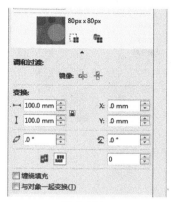

图 1-102

4. 底纹填充：选择"底纹填充"选项，可以打开【底纹填充】对话框，如图 1-103 所示。

通过该对话框，可以选择底纹样本，选择底纹样式，选择完成后，单击【应用】按钮，即可对一个封闭图形进行底纹填充。

对话框的下部与 CorelDRAW X3、X5 基本相同，如图 1-104 所示。

通过该对话框，不但可以进行上述操作，还可以对底纹的众多属性进行设置。

图 1-103

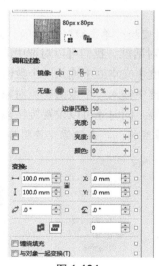

图 1-104

1.7.3　变换对话框

选择程序界面中的菜单【对象】→【变换】→【大小】命令，可以打开【变换】对话框，如图 1-105 所示。

该对话框中包括位置、旋转、镜像、大小、斜切等项目，现在分别介绍如下。

1. 位置变换：单击位置图标，显示的是位置对话框，如图 1-106 所示。

图 1-105   图 1-106

    通过该对话框，我们可以对选中的图形对象进行精确位置的设置。如在相对位置模式下，在对话框的水平位置"X"中输入一个数值，单击【应用】按钮，图形对象会自原位水平向右移动输入的距离；如在垂直位置"Y"中输入一个数值，单击【应用】按钮，图形对象会自原位垂直向上移动输入的距离。如果在【副本】框中输入一个数值，原对象会保留在原位，并在输入数值的位置上移动再制输入数值的图形对象等。同时还可以设置移动模式、移动基点等。

    2. 旋转变换：单击旋转图标 ↻，显示的是旋转对话框，如图 1-107 所示。

    通过该对话框，我们可以对选中的图形对象进行旋转设置操作。如在相对中心模式下，在对话框的【角度】文本框中输入一个数值，单击【应用】按钮，图形对象会旋转输入的角度；如果在【副本】框中输入一个数值，原对象会保留在原位，并在输入数值的位置上旋转再制输入数值的图形对象等。同时还可以设置旋转模式、中心位置等。

    3. 镜像变换：单击镜像变换图标 ⬔，显示的是镜像变换对话框，如图 1-108 所示。

图 1-107   图 1-108

通过该对话框，我们可以对选中的图形对象进行镜像变换和比例缩放的设置。一般情况下，我们不去改变图形的比例。单击水平镜像按钮 ，再单击【应用】按钮，图形对象会水平镜像翻转一次。如果在【副本】框中输入一个数值，原对象会保留在原位，并在输入数值的位置上移动再制输入数值的水平镜像翻转图形对象等。同时还可以设置镜像模式、镜像翻转的中心基点等。

4. 大小变换：单击大小变换图标 ，显示的是大小变换对话框，如图 1-109 所示。

通过该对话框，我们可以对选中的图形对象，进行大小的设置操作。如在不按比例模式下，在水平大小"X"中输入一个数值，再单击【应用】按钮，图形对象会按输入的数值，在水平方向出现大小变化；如果在【副本】框中输入一个数值，原对象会保留在原位，并在输入数值的位置上再制输入数值的变化后的图形对象等。垂直大小"Y"的变换原理同上。同时还可以设置大小变换模式、变换的中心基点等。

5. 斜切变换：单击斜切变换图标 ，显示的是斜切变换对话框，如图 1-110 所示。

通过该对话框，我们可以对选中的图形对象进行斜切变换的设置操作。在水平斜切"X"中输入一个数值，再单击【应用】按钮，图形对象会按输入的数值，在水平方向出现斜切变化。如果在【副本】框中输入一个数值，原对象会保留在原位，并在输入数值的位置上再制输入数值的斜切变换后的图形对象等。垂直斜切"Y"的变换原理同上。同时还可以设置斜切变换模式、变换的中心基点等。

图 1-109

图 1-110

1.7.4 造型对话框

选择程序界面的菜单【对象】→【造型】→【造型】命令，可以打开一个二级菜单，打开造型对话框。

该对话框中包括焊接、修剪、相交等项目，现在分别介绍如下。

1. 焊接：单击对话框中的下拉按钮，打开下拉菜单，选择【焊接】命令，显示的是焊接对话框，如图 1-111 所示。

通过该对话框，可以将两个或多个选中的图形对象，焊接为一个图形对象，并且除去相交部分，保留焊接到的某个图形对象的颜色。同时还可以选择保留来源对象、目标对象或不保留等。

2. 修剪：单击对话框中的下拉按钮，打开下拉菜单，选择【修剪】命令，显示的是修剪对话框，如图 1-112 所示。

通过该对话框，可以对一个图形对象，用一个或多个图形对象进行修剪，得到需要的图形。同时还可以选择保留来源对象、目标对象或不保留等。

图 1-111

图 1-112

3. 相交：单击对话框中的下拉按钮，打开下拉菜单，选择【相交】命令，显示的是相交对话框，如图 1-113 所示。

通过该对话框，可以对两个图形对象进行相交操作，保留两个图形重叠相交的部分。同时还可以选择保留来源对象、目标对象或不保留等。

4. 简化：单击对话框中的下拉按钮，打开下拉菜单，选择【简化】命令，显示的是简化对话框，如图 1-114 所示。

通过该对话框，可以减去后面图形对象中与前面图形对象重叠的部分，并保留前面和后面的图形对象。

图 1-113

图 1-114

1.8 Corel PHOTO-PAINT 简介

PAINT 分为 CorelDRAW X7 自带的 Corel PHOTO-PAINT 应用程序和独立的 Corel Painter 两种。Corel PHOTO-PAINT 程序结合了 CorelDRAW X7 的【位图】，其功能与 Photoshop 相似，因此使用 CorelDRAW X7 对于绘制服装效果图十分方便。独立的 Corel Painter 程序与前者有所不同，功能较多，能够进行绘画创作，绘制逼真的美术作品，尤其能够绘制逼真的裘皮服装效果，结合使用可以绘制更好的服装效果图。

一、Corel PHOTO-PAINT 的界面

1. 打开程序：打开 Corel DRAW X7，在标准工具栏中单击打开其他程序图标 ，在下拉菜单中选择 Corel PHOTO-PAINT ，可以打开 Corel PHOTO-PAINT 应用程序，如图 1-115 所示。

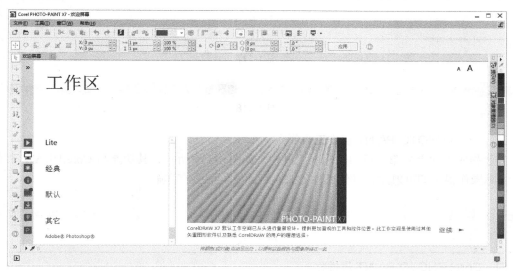

图 1-115

2. 设置图纸：单击【新建】图标，即可打开一个图纸设置对话框，如图 1-116 所示。

通过该对话框，可以设置颜色模式、背景颜色、图纸大小、绘图单位、分辨率等，如图 1-117 所示。

3. 界面内容：Corel PHOTO-PAINT 的界面与 CorelDRAW 的界面十分相似，同样包括标题栏、菜单栏、标准工具栏、属性栏、工具箱、调色板、状态栏、标尺和原点、图纸和工作区等内容。

二、Corel PHOTO-PAINT 菜单栏

处于程序界面上方第二行的是菜单栏，如图 1-118 所示，其下拉菜单和命令功能与 CorelDRAW 相似，通过实际操作很快即可熟悉，具体操作方式在后面案例中会有详解。

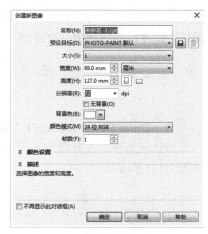

图 1-116

35

图 1-117

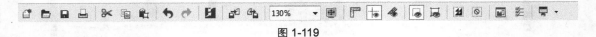

图 1-118

三、Corel PHOTO-PAINT 标准工具栏

处于程序界面上方第三行的是标准工具栏，如图 1-119 所示，其功能与 CorelDRAW 相似，通过实际操作很快即可熟悉，具体操作方式在后面案例中会有详解。

图 1-119

四、Corel PHOTO-PAINT 属性栏

处于程序界面上方第四行的是属性栏，如图 1-120 所示，其功能与 CorelDRAW 相似，它也是交互式属性栏，与工具选择、对象选择、命令操作相联系，通过实际操作很快即可熟悉，具体操作方式在后面案例中会有详解。

图 1-120

五、Corel PHOTO-PAINT 工具箱

默认状态下，工具箱位于程序界面的左侧，竖向放置。为了排版方便，我们将其横向放置，如图 1-121 所示。

图 1-121

工具箱包括我们经常使用的工具，大部分工具的使用方法与 CorelDRAW X7 和 Photoshop 类似，这里重点将使用较多且与服装效果图绘制相关的绘画工具、效果工具和颜色设置工具介绍如下。

1．绘画工具：单击绘画工具的黑三角，展开一个菜单，如图 1-122 所示。其中主要工具是绘制工具 、图像喷涂工具 、替换颜色笔刷工具 等。

单击绘制工具图标 ，其属性栏会自动切换到绘制工具属性栏，如图 1-123 所示。

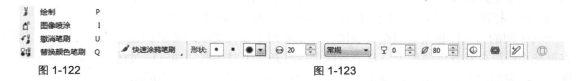

图 1-122　　　　　　　　　　　　　　　　　　图 1-123

我们可以通过改变绘制工具属性栏的设置，选择符合要求的绘制工具属性进行绘画，包括艺术笔刷的选择、笔刷类型的设置、笔尖形状的选择、笔尖大小的设置、绘制模式的选择、透明度设置、光滑处理设置和羽化设置等，如图 1-124～图 1-126 所示。

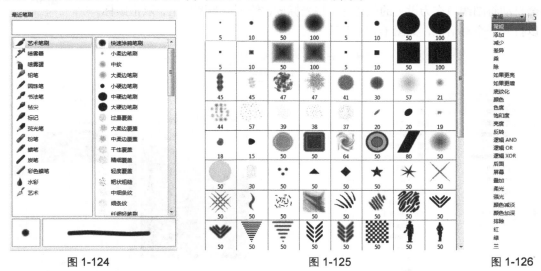

图 1-124　　　　　　　　　　　　　图 1-125　　　　　　　　　　　　图 1-126

单击图像喷涂工具图标 ，其属性栏会自动切换到图像喷涂工具属性栏，如图 1-127 所示。

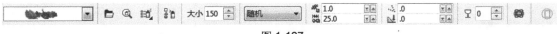

图 1-127

我们可以通过改变图像喷涂工具属性栏的设置，选择符合要求的图像喷涂工具属性进行绘画。包括笔刷类型的选择，如图 1-128 所示，修改喷涂列表 、大小的设置、色块的图像数量和间隔、扩展和淡出、透明度设置等。

2．效果工具：单击工具箱上的效果工具图标 ，其属性栏会自动切换到效果工具属性栏，如图 1-129 所示。

我们可以通过改变效果工具属性栏的设置，选择符合要求的效果工具属性进行绘画。包括效果类型的选择，如图 1-130 所示，笔刷类型的设置、笔尖形状的选择、笔尖大小的设置、绘画模式的选择、透明度设置、光滑处理设置等。

3．颜色设置工具：工具箱最下方的是颜色设置工具█，分别用于设置绘画的前景色、背景色和对象填充色。

其中上方的绿色图标是前景色设置图标，主要用于设置绘画工具的颜色。单击右侧调色板的一个色标，前景色会改变为单击的颜色。利用绘画工具绘图时，画笔绘制效果即是设置的颜色；也可以将鼠标指针放在对象填充图标上，双击鼠标，打开一个对话框，通过对话框进行颜色设置，如图 1-131 所示。

其中间的白色图标是背景色设置图标，主要用于设置图纸的背景颜色。将鼠标指针放在背景色图标上，双击鼠标可以打开一个对话框，通过该对话框选择需要的颜色，单击【确定】按钮即可设置不同的背景颜色。当删除或擦除绘制的图像后，留下的即是设定的背景颜色，如图 1-132 所示。

其下部的橘红色图标是填充颜色设置图标，主要对绘制图形填充颜色。利用绘图工具 ☐ 绘制一个图形，程序会自动填充设定的颜色，绘制一条线时，程序会自动将图线填充为设定的颜色等。将光标放在绘图颜色图标上，双击鼠标，可以打开一个对话框，如图 1-133 所示。

图 1-128

图 1-129

图 1-130

图 1-131

图 1-132

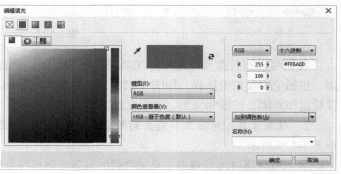

图 1-133

38

通过该对话框，可以选择绘图颜色为"使用前景色"填充设置、"使用背景色"填充设置，也可以选择使用不同的图案填充设置 ⊠ ■ ▦ ▦ ▦ 等。通过单击【编辑】按钮，可以打开颜色和图案编辑对话框，进行颜色设置、图案设置。

最下部是重置图标 ▬ ，单击该图标，前景色和填充色同时变为黑色。

六、Corel Painter 2015

我们可以通过网络下载一个 Corel Painter 2015 独立软件，安装后打开程序。

1. Corel Painter 2015 的界面，如图 1-134 所示。

图 1-134

2. 利用仿制笔的毛发仿制工具 ，可以绘制逼真的毛发效果，如图 1-135 所示。

3. 绘制不同颜色的毛发效果：通过双击工具箱中的主要颜色图标 ，可以打开一个对话框，如图 1-136 所示。

通过对话框改变颜色，可以绘制不同颜色的毛发效果，如图 1-137 所示。

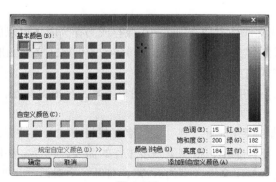

图 1-135　　　　　　　　　　　图 1-136　　　　　　　　　　　图 1-137

CorelDRAW 服装设计实用教程（第四版）

4. Corel painter 2015 的其他使用方法与 Corel PHOTO-PAINT X5 相似，请大家自行使用熟悉即可。

通过本节内容，我们认识了 Corel PHOTO-PAINT X5、Corel Painter 2015 的基本功能和一些与服装设计关系密切的工具。这两个程序与 Corel DRAW X7 配合使用，在 CorelDRAW X7 中绘制完成一幅服装效果图，将其在 Corel PHOTO-PAINT X7 或 Corel Painter 2015 中打开，利用相关工具进行效果处理，可以获得更为完美的服装设计效果图，如图 1-138 所示。

CorelDRAW X7 效果图　　　　PHOTO-PAINT X7 效果图　　　Corel Painter 2015 效果图

图 1-138

 ## 1.9　CorelDRAW X7 的打印和输出

一、文件格式

CorelDRAW X7 的默认文件格式是"cdr"，在保存或另存为时还可以保存为其他多种图形格式。程序可以导出多种格式图形文件，也可以导入同样的多种格式文件图形；可以打开"cdr"文件，也可以打开其他多种格式的文件。

1. 导出保存转换格式：利用选择工具选中图形，单击导出图标，打开【导出】对话框，如图 1-139 所示。

在"保存在"栏目中选择保存地址，在"文件名"栏目中输入文件名，勾选"只是选定的"复选框，展开"保存类型"下拉菜单，根据下一步工作的需要，选择文件格式类型，其他默认即可。单击【导出】按钮，选择导出文件类型为 JPEG，打开一个对话框，如图 1-140 所示。

通过该对话框可以设置图形的高度和宽度，可以设置图形的比例、单位、分辨率、颜色模

40

式等，一般保持默认状态即可。单击【确定】按钮，后面连续单击【确定】按钮直至完成保存工作。

图 1-139

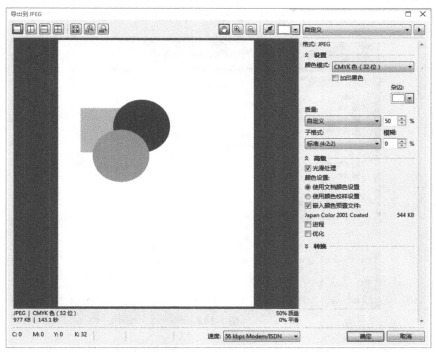

图 1-140

常用的文件格式包括 52 种文件格式。单击图 1-139 所示对话框的"保存类型"下拉菜单，其文件格式类型选项如图 1-141 所示。其中常用的文件格式包括：JPG、GIF、TIF、PSD、AI 等。

图 1-141

2. 保存或另存为的文件格式：当绘制完成一个图形，并进行保存时，选择程序界面菜单栏的【文件】→【保存】或【另存为】命令，会打开一个对话框，如图 1-142 所示。

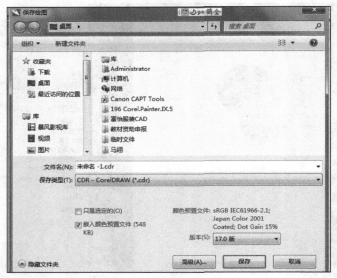

图 1-142

在"保存在"栏目中选择保存地址，在"文件名"栏目中输入文件名，展开"保存类型"下拉菜单，根据下一步工作的需要，选择文件格式类型，其他默认即可。单击【保存】按钮即可完成保存工作。

常用的文件格式有 20 种。单击图 1-142 所示对话框的"保存类型"下拉菜单，其文件格式类型选项如图 1-143 所示。其中常用的文件格式包括 CDR、CMX、AI 等。

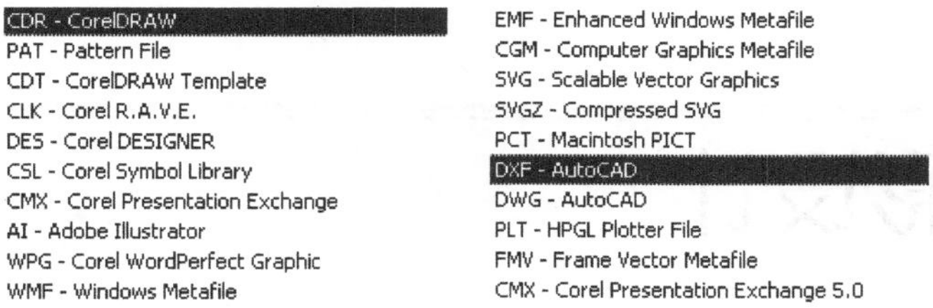

CDR - CorelDRAW	EMF - Enhanced Windows Metafile
PAT - Pattern File	CGM - Computer Graphics Metafile
CDT - CorelDRAW Template	SVG - Scalable Vector Graphics
CLK - Corel R.A.V.E.	SVGZ - Compressed SVG
DES - Corel DESIGNER	PCT - Macintosh PICT
CSL - Corel Symbol Library	DXF - AutoCAD
CMX - Corel Presentation Exchange	DWG - AutoCAD
AI - Adobe Illustrator	PLT - HPGL Plotter File
WPG - Corel WordPerfect Graphic	FMV - Frame Vector Metafile
WMF - Windows Metafile	CMX - Corel Presentation Exchange 5.0

图 1-143

二、文件打印与输出

1. 当要作为一般作业或文档输出时，可以直接在程序中打印文件。操作方法与大部分程序相同。

2. 当要输出服装 CAD 样板图或排料图时，首先将文件另存为与输出仪的文件格式相同的格式，将计算机与输出仪连接，输出打印即可。CorelDRAW X7 的兼容性很强，所有计算机设备基本上都可以使用。

3. 当要使用自动裁剪设备时，同样要先将文件另存为与自动裁剪设备的文件格式相同的格式，再将计算机与自动裁剪设备连接，即可自动裁剪。

第 2 章
服装色彩设计

色彩是服装美术基础课程中重要的内容之一，是服装外观最引人注意的因素，所以色彩基础的好坏直接关系到设计师设计服装的成败。

 ## 2.1 色光原理

光的物理性质由光波的振幅和波长两个因素决定。波长的长度差别决定色相的差别，波长相同，而振幅不同，则决定色相明暗的差别，如图 2-1 所示。

从物理学角度解析，物体本身并没有色彩，但它能够对不同波长色光进行吸收、透射、反射、折射，从而显示出发光体中的某一色彩面貌。在可见光谱中，红色光的波长最长，它的穿透性也最强。比如：清晨的太阳为什么是红的？这是因为清晨的太阳光要照到我们身

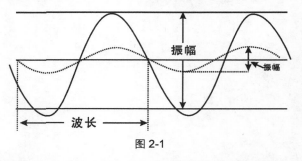

图 2-1

上需穿过比中午几乎厚三倍的大气层，而且清晨的空气中含有大量水分子。阳光穿过它时，其他色光许多被吸收、折射或反射了，只有红光以巨大的穿透力，顽强地穿过大气层、水蒸气来到地面，在此其间，大部分蓝紫色光都被折射在大气层及水蒸气里，而到达地面上的太阳光大部分是红橙色，所以太阳看上去是红的。

如果光波全部被反射，物体呈白色，如果光波全部被吸收则呈黑色。在没有光照的情况下，人们看不到任何色彩，光线越弱，人们看到的物体色彩越模糊，因此可以说，没有光就没有色彩感觉。

 ## 2.2 色彩的三要素

色彩的要素就是色彩的基本属性，是色彩的相貌、明暗和艳丽程度，是区别色彩的重要依据。因此，把色彩的色相、明度、纯度称为色彩三要素。

2.2.1 色相

一、色相概述

色相就是指各种色彩在视觉上产生的不同感觉，通俗地讲就是色彩的相貌。色相用名称来表示如红、黄、蓝、绿、黑、白等。

色相中最基本的有红、橙、黄、绿、蓝、紫。在各色之间插入中间色，按照光谱的顺序，组成红、橙红、橙、黄橙、黄、黄绿、绿、绿蓝、蓝、蓝紫、紫、红紫，这些色彩有规律地组成环形，称为 12 色相环，如图 2-2 所示。如果再进一步插入中间色，便可得到 24 色相，构成环形色相关系。色相环是人们研究色彩相貌的重要工具之一。

在色相环中，距离越近的颜色所含的成分就越相近，色相也相似，如黄色与橙黄色；相隔越远的色，它们中所含的同类成分越少，如红色与蓝紫色。在色相环中，相距 15°左右的色称为同类色；相距 45°左右的色称为邻近色；相距 120°左右的色称为对比色；相距 180°左右的色称为互补色。

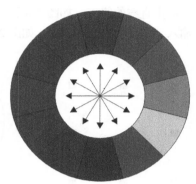

12 色相环
图 2-2

二、绘制色相环

接下来利用 CorelDRAW X7 绘制色相环（如图 2-2 所示），共分为 3 个步骤，分别是绘制同心圆、切割同心圆和色环填色。

1．绘制同心圆。

（1）单击工具箱中的椭圆工具 ◯，按住键盘上的 Ctrl 键，画一个圆形。

（2）单击选择工具 ▯，选中刚才画好的圆形，通过属性栏，如图 2-3 所示，对对象的大小进行设置，如图 2-4 所示。

图 2-3

（3）选中圆形，选择【编辑】→【复制】命令，再选择【编辑】→【粘贴】命令，在同一位置复制出一个新圆形，如图 2-5 所示。

（4）单击选择工具 ▯，选中步骤（3）复制的新圆形，通过属性栏对对象的大小进行设置，如图 2-6 所示。

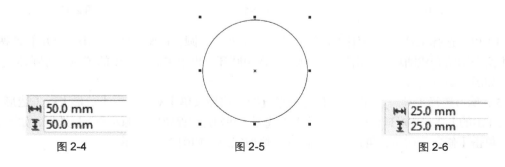

图 2-4   图 2-5   图 2-6

（5）单击选择工具 ，画一个可以包含两个圆形的选取框，选中大小两个圆形，选择【对象】→【对齐和分布】→【水平居中对齐】命令，选择菜单【对象】→【对齐和分布】→【垂直居中对齐】命令，大小两个圆形中心对齐，如图 2-7 所示。

2. 切割同心圆。

（1）画一条直线。单击贝塞尔工具 ，在任意位置单击直线起点，按住键盘上的 Ctrl 键，再单击直线的终点，如图 2-8 所示。单击选择工具 ，选中直线，在属性栏中的 后的文本框中输入 "30°"，按 Enter 键，如图 2-9 所示。

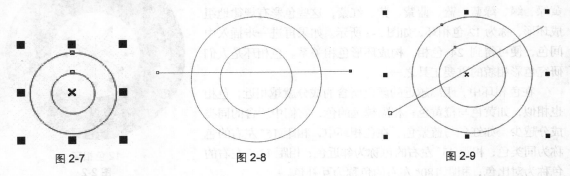

图 2-7   图 2-8   图 2-9

（2）单击选择工具 ，选中直线，按住键盘上的 Shift 键，再选择大圆，这时直线和大圆都被选中。选择菜单【对象】→【对齐和分布】→【水平居中对齐】命令，再选择菜单【对象】→【对齐和分布】→【垂直居中对齐】命令，使直线和两个圆中心对齐，如图 2-10 所示。

（3）单击选择工具 ，选中直线，再选择菜单【对象】→【变换】命令，然后单击【旋转】按钮，在【旋转】对话框中设置角度及要旋转的位置，如图 2-11 所示。单击【应用】按钮，如图 2-12 所示。

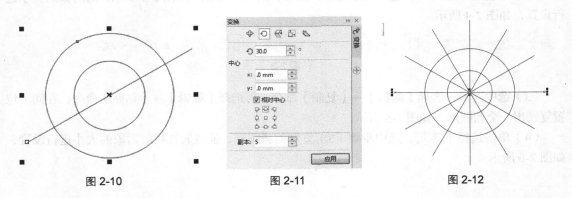

图 2-10   图 2-11   图 2-12

（4）单击选择工具 ，按住 Shift 键，选择大、小两个圆，在属性栏中单击【合并】 按钮，使大小两个圆结合成圆环。单击选择工具 ，选中圆环，再单击调色板中的黄色，将圆环填充为黄色，如图 2-13 所示。

（5）单击选择工具 ，再单击任意一条直线，选择菜单【对象】→【造形】→【造形】命令，在弹出的【造形】对话框中选择 "修剪" 选项，并勾选 "保留原始源对象" 复选框，如图 2-14 所示。单击【修剪】按钮，再选择黄色圆环，修剪完成，如图 2-15 所示。

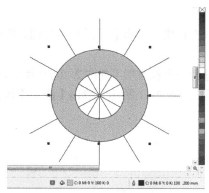

图 2-13

图 2-14

（6）单击选择工具 ，同时按住 Shift 键，依次选择剩下的 5 条直线，重复步骤（5），效果如图 2-16 所示。

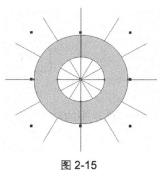

图 2-15

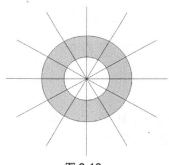

图 2-16

（7）单击选择工具 ，同时按住 Shift 键，依次选择直线，将 6 条直线全部选中，单击属性栏中的【组合对象】 按钮，将直线全部群组。按 Shift 键，拖曳四个角上的任意一个方形节点，进行等比例缩放（如图 2-17 所示）。单击工具箱中的 ，在弹出的【轮廓笔】对话框的【宽度】输入框中选择 "0.2mm"，在【箭头】栏中选择一种箭头（如图 2-18 所示）。选择黄色的色环，在属性栏的 图标后的文本框中输入 "15°"，效果如图 2-19 所示。

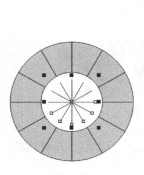

图 2-17

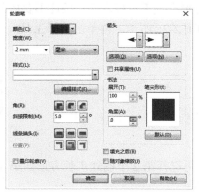

图 2-18

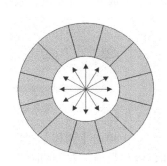

图 2-19

3. 色环填色。

（1）单击选择工具 ，选择黄色的色环，再单击属性栏中的【拆分】 按钮，将色环拆分成 12 等份。

（2）单击矩形工具 ，在页面的空白位置任意画一个长方形（如图 2-20 所示），选择【对象】→【变换】→【位置】命令，设置对话框中的位置，如图 2-21 所示，单击【应用】按钮，效果如图 2-22 所示。

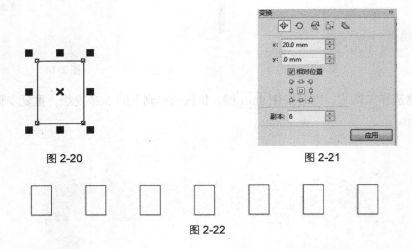

图 2-20   图 2-21

图 2-22

（3）单击选择工具 ，从左向右依次选取长方形，并填充色盘中的红、橘红、黄、绿、青、紫、红 6 种颜色，效果如图 2-23 所示。

图 2-23

（4）单击工具箱的 中的【调和】工具 ，在属性栏的调和对象对话框中输入"1"，如图 2-24 所示，在第 1 个红色长方形上点下鼠标左键，按住不要放开，将箭头拖曳至第 2 个橘红色长方形上放开鼠标左键，效果如图 2-25 所示。再单击选择工具 ，确定操作。

图 2-24 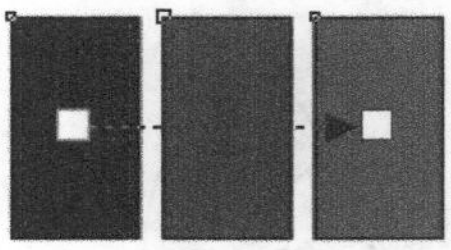   图 2-25

（5）单击【调和】工具 ，再选择第 2 个橘红色长方形到第 3 个黄色长方形，并对其进行调和，依次类推，效果如图 2-26 所示。

（6）单击滴管工具 ，点选第 1 个长方形，选取颜色，再单击色环中的最顶端的色块，颜色就被填充到了色环中；继续单击 ，点选第 2 个长方形，选取颜色，再单击色环中刚才填充过的颜色旁边的（顺时针旋转）色块，颜色就被填充到了色环中。依次类推，完成 12 个色块的填充过程，效果如图 2-27 所示。

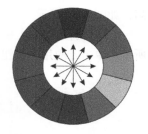

图 2-26   图 2-27

2.2.2 明度

一、明度概述

色彩的明暗程度叫明度。不同的颜色之间有不同的明度。从色相环中我们可以看到，颜色越亮即明度越高，颜色越暗即明度越低。

认识明度，最好从黑白两色入手，这样容易辨识。在黑白之间有不同程度的灰，它们具有明暗强弱的细微变化，白色最亮，明度最高；黑色最暗，明度最低。按照一定的间隔划分，就构成了"明度序列"，如图 2-28 所示。

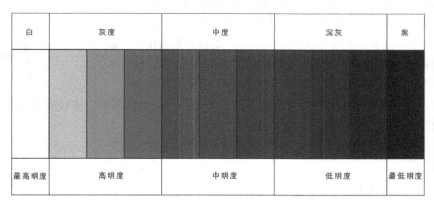

图 2-28

明度可以由没有任何色相特征的色彩通过黑白灰的关系表现出来，而色相和纯度则必须依赖一定的明暗才能显现。色彩一旦发生，明暗关系就会同时出现。例如，同一物象，用彩色照片表现的是该物象的全部色彩关系。如果同一物象用黑白照片表现，则只是反映了物象色彩的明度关系。

掌握好明度的变化关系是处理好画面的深浅变化和色彩层次的关键。以明度等级序列可组成明度秩序结构，可以增加空间感、深度感和光感。

二、绘制明度序列

利用 CorelDRAW X7 绘制明度序列（如图 2-28 所示）共分为 3 个步骤，分别是绘制长方形、长方形填色和文字注明。

1. 绘制长方形。

（1）单击矩形工具 ▭，在新建页面中的空白位置画一个长方形，并设置宽和高，如图 2-29 所示。

图 2-29

（2）选择【对象】→【变换】→【位置】命令，设置长方形的位置，如图 2-30 所示，单击【应用】按钮，效果如图 2-31 所示。

图 2-30

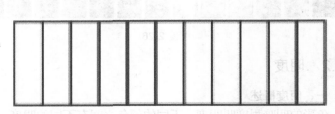

图 2-31

（3）单击矩形工具 ▭，在画好的这组长方形的上、下方各画一个长为 110mm、宽为 10mm 的长方形，效果如图 2-32 所示。

（4）单击选择工具 ▨，按住键盘上的 Shift 键，依次选择上面的长方形和下面的长方形，再选择中间一组的第 6 个长方形，如图 2-33 所示。选择【对象】→【对齐和分布】→【垂直居中对齐】命令，将上、下两个长方形和中间一组长方形居中对齐，单击页面空白位置取消选取。然后选择上面的长方形，按住 Ctrl 键，将其垂直移动，使它的下边与中间一组长方形的上边完全重合，再继续选择下面的长方形，按住 Ctrl 键，将其垂直移动，使它的上边与中间一组长方形的下边完全重合，效果如图 2-34 所示。

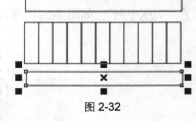

图 2-32

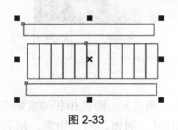

图 2-33

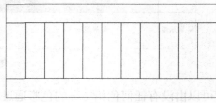

图 2-34

（5）单击贝塞尔工具 ✎，在中间一组长方形第 1 个的右边，按住 Ctrl 键，画一条垂直的直线，再单击 ▨，确定直线已经画好。用同样的方法在第 4 个长方形的右边、第 7 个长方形的右边和第 10 个长方形的右边，各画一条垂直的直线（选择【视图】→【贴齐】→【对象】命令，可使直线起点贴近所需对齐的节点），如图 2-35 所示。

2. 长方形填色。

（1）单击选择工具![icon]，选中中间一组长方形中的第 1 个，单击页面右侧调色盘中的白色，再选择中间一组长方形中的最后一个，单击页面右侧调色盘中的黑色，如图 2-36 所示。

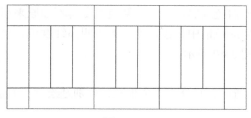

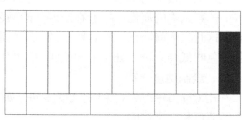

图 2-35   图 2-36

（2）单击交互式调和工具![icon]，在属性栏的步数文本框中输入"9"，如图 2-37 所示。在第 1 个白色长方形上按住鼠标左键不要放开，将箭头拖到最后一个黑色长方形上后放开鼠标左键，效果如图 2-38 所示。

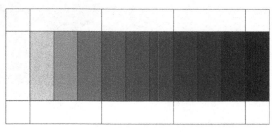

图 2-37   图 2-38

3. 文字注明。

单击文本工具![字]，在最上一排的最左边的方格中单击鼠标左键，输入文字"白"，再单击![icon]，在属性栏的字体列表中选择黑体，字体大小选择 6 号，然后在第二个方格中输入"灰度"，用同样方法更改字体以及字体大小，最终效果如图 2-39 所示。

白	灰度	中度	深灰	黑
最高明度	高明度	中明度	低明度	最低明度

图 2-39

51

2.2.3 纯度

一、纯度概述

色彩的纯度又称彩度、饱和度，即色彩的艳丽程度，也就是所含色彩的成分比例。色彩的纯度也是色彩基本的属性。一般在未调和的颜色中调入白色或黑色，这个颜色就变得不如原来那么艳丽，这时纯度就降低。在这些由纯色灰色混合产生的色谱中，接近纯色的色叫高纯度色，接近灰色的色叫低纯度色，处于中间的叫中纯度色，如图 2-40 所示。

二、绘制纯度序列

利用 CorelDRAW X7 绘制纯度序列，如图 2-40 所示，共分为 3 个步骤，分别是绘制长方形、长方形填色和文字注明。

1. 绘制长方形。

（1）单击矩形工具 ▫，在新建的页面中空白位置画一个长方形，宽和高设置如图 2-41 所示。

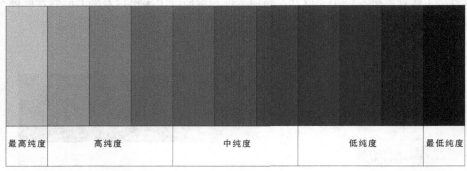

| 最高纯度 | 高纯度 | 中纯度 | 低纯度 | 最低纯度 |

图 2-40

（2）选择【对象】→【变换】→【位置】命令，在对话框中设置长方形，如图 2-42 所示，单击【应用】按钮，效果如图 2-43 所示。

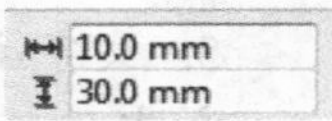

图 2-41

图 2-42

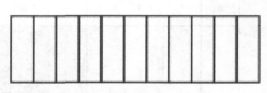

图 2-43

（3）单击矩形工具 ▫，在画好的这组长方形的下方画一个长为 110mm、宽为 10mm 的长方形，如图 2-44 所示。

（4）单击选择工具 ▫，选择下面的长方形，再选择上面一组的第 6 个长方形，选择【对象】→【对齐和分布】→【垂直居中对齐】命令，将下面的长方形和上面一组长方形居中对齐，然后点选下面的长方形，按住 Ctrl 键，垂直移动长方形，使它的上边与上组长方形的下边完全重合，效果如图 2-45 所示。

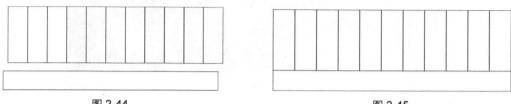

图 2-44　　　　　　　　　　　　图 2-45

（5）单击贝塞尔工具 ✎，在上面一组长方形第 1 个的右边下方，按住 Ctrl 键，画一条垂直的直线，再单击 ⬚，确定直线已经画好。用同样的方法在第 4 个长方形的右边下方、第 7 个长方形的右边下方和第 10 个长方形的右边下方，各画一条垂直的直线（选择【视图】→【贴齐】→【对象】命令，可使直线起点贴近所需对齐的节点），如图 2-46 所示。

2．长方形填色。

（1）单击选择工具 ⬚，选中上面一组长方形中的第 1 个，单击页面右侧调色板中的黄色，再选中上面一组长方形中的最后一个，单击调色板中的黑色，如图 2-47 所示。

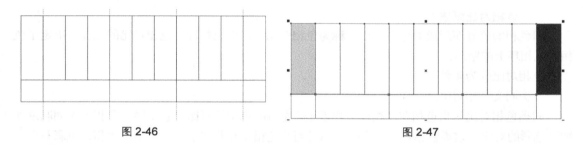

图 2-46　　　　　　　　　　　　图 2-47

（2）单击交互式调和工具 ⬚，在属性栏的步数文本框中输入“9”，如图 2-48 所示，在第 1 个白色长方形上按住鼠标左键不要放开，将箭头拖到最后一个黑色长方形上后放开鼠标左键，效果如图 2-49 所示。

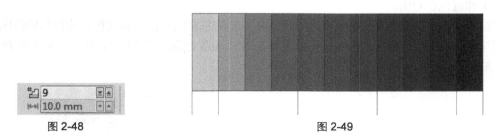

图 2-48　　　　　　　　　　　　图 2-49

3．文字注明。

单击文本工具 ⬚，参照前一案例的方法输入文字，最终效果如图 2-50 所示。

色彩的色相、明度和纯度是色彩的基本属性，是相辅相成的。有色相而无明度和纯度的色彩是没有的，有纯度而无色相和明度的色彩也是不存在的。所以，正确掌握色彩三要素的特征，是

研究服装配色的必要条件。

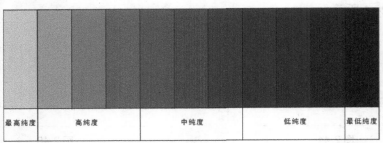

图 2-50

2.3 色彩对比

色彩中各颜色间存在的差异产生了色彩对比。在同样的条件下，两种或两种以上的色彩放置在一起比较其色相差异、明度差别、纯度差异以及其间的相互关系，就形成了色彩间的对比关系。

2.3.1 色相对比

一、色相对比概述

因色相的差异而形成的色彩对比，称为色相对比。借助色相环，色相对比的强弱，决定了色相在色相环上的距离。

色相对比分为 4 种。

（1）同类色相对比。

同类色相对比是指色相在色相环上相差 15°左右的色彩的对比。它是同一色相里不同明度和纯度色彩的对比，这类色相在视觉中所能感受到的色相差异非常小，对比比较柔和，色彩与色彩之间有微妙的变化。

在色相中，要想使一种颜色的色彩特征加强，可以用另一种颜色来比较以达到效果。如将同一块黄色放在橙色上偏向柠檬黄色，放在蓝色上则偏向中黄，如图 2-51 所示。

（2）邻近色相对比。

邻近色相对比是指色相在色相环上相差 45°左右的色彩的对比。邻近色相的色彩感觉比同类色相要丰富、活泼，在整体色调上可以保持一致或为暖色调，或为冷暖中调，或为冷色调，如图 2-52 所示。

同类色相

图 2-51

邻近色相

图 2-52

（3）对比色相对比。

对比色相对比是指色相在色相环上相差 120° 左右的色彩的对比。对比色相的色彩感觉比邻近色相要鲜明、饱满。但是由于色相对比强烈，难以造成调和与统一，如图 2-53 所示。

（4）互补色相对比。

互补色相对比是指色相在色相环上相差 180° 左右的色彩的对比，是色相中最为强烈的对比。一对互补色放在一起，可以使对方的色彩更加鲜明，互补色相的对比具有强烈的视觉冲击力，但运用不当容易产生生硬的消极作用。因此，可以借助调整色彩的明度、纯度，达到色彩的和谐统一，如图 2-54 所示。

对比色相
图 2-53

互补色相
图 2-54

二、绘制色相对比

利用 CorelDRAW X7 绘制色相对比共分为两个步骤，分别是制作单个图形、制作多个图形和标注文字。

1. 制作单个图形。

（1）单击矩形工具 ▫，在页面的空白位置按住 Ctrl 键，画一个正方形，将大小设置为 50mm×50mm，如图 2-55 所示。

（2）单击贝塞尔工具 ✎，在矩形框内，按照如图 2-56 所示的图形，画出几何形体并填充内容为黄色，用鼠标右键单击页面右侧的色盘中的 ⊠，去掉图案中的轮廓线（注意：在画的时候要将起点和终点完全结合）。

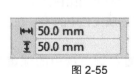

图 2-55

图 2-56

（3）单击形状工具 ⤵，选择黄色几何形体，在两个节点中的直线上单击鼠标右键，在弹出的对话框中选择"到曲线"，再拖动线段以使它变得圆滑（注意：在节点上双击鼠标左键可以删除节点，在需要增加节点的地方双击鼠标左键可以增加新的节点），将几何形体进行调整，最后效果如图 2-57 所示。

（4）单击选择工具 [图]，在黄色几何形体上单击两次鼠标左键，使选取范围成为可旋转区域，并用鼠标拖动中心点 ⊙ 到如图 2-58 所示的位置。

图 2-57

图 2-58

（5）选择【对象】→【变换】→【旋转】命令，打开【旋转】对话框，按照如图 2-59 所示的参数设置对话框中的角度和中心，单击【应用】按钮，如图 2-60 所示。

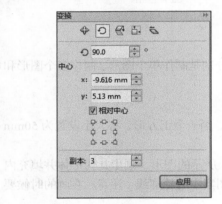

图 2-59

图 2-60

（6）单击选择工具 [图]，按住 Shift 键点选 4 个黄色图形，单击属性栏中的 [图] 按钮，将图形合并成一个整体。

（7）单击选择工具 [图]，选择整个图形，按住 Shift 键，单击选取框四角的任意一角，向内拖动鼠标指针，在释放鼠标左键的同时单击鼠标右键，可以复制一个同比例图形。

（8）单击选择工具 [图]，再单击调色盘中的橘红色，然后单击属性栏中的 [图]，在后面输入"60°"，如图 2-61 所示。

（9）单击选择工具 [图]，选中正方形，左键单击页面右侧色盘中的深黄色（色值为：C:0;M:20;Y:100;K:0），将正方形填充为深黄色，如图 2-62 所示。

2. 制作多个图形和标注文字。

（1）单击选择工具 [图]，拖动鼠标从正方形的左上角到右下角，画一个大于正方形的方形，将页面中的正方形和图案全部选中，按住 Ctrl 键，向右平移图形，在释放鼠标左键的同时单击鼠标右键，可以复制一个相同图形。以同样的方式向下复制 2 个图形，以上下左右的位置排列好，如

图 2-63 所示。

图 2-61

图 2-62

图 2-63

（2）单击选择工具 ，选中右上角的正方形，单击工具栏的编辑填充工具 ，设置颜色为 C:20 M:0 Y:100 K:0。

（3）单击选择工具 ，选中左下角的正方形，单击工具栏的编辑填充工具 ，设置颜色为 C:60 M:0 Y:60 K:20。

（4）单击选择工具 ，选中右下角的正方形，单击工具栏的编辑填充工具 ，设置颜色为 C:60 M:80 Y:0 K:20，如图 2-64 所示。

（5）单击文本工具 ，在左边第一组图案下面输入文字"同类色相"，单击选择工具 ，在属性栏的字体列表中选择黑体，字体大小选择 10 号。然后在右边第一组图案下面输入文字"邻近色相"，在左边第二组图案下面输入文字"对比色相"，在右边第二组图案下面输入文字"互补色相"，用同样方法更改字体以及字体大小，最终效果如图 2-65 所示。

图 2-64

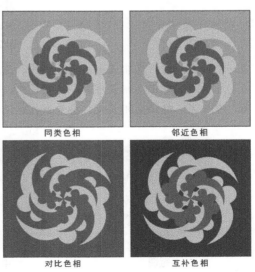

图 2-65

2.3.2　明度对比

一、明度对比概述

因色彩的明暗差异而形成的对比，称为明度对比。根据明度序列表，我们将明度分为 11 级，0°为明度最低，10°为明度最高，0°～3°为低调色，4°～6°为中调色，7°～10°为高调色，如图 2-66 所示。

高调色				中调色			低调色			
10	9	8	7	6	5	4	3	2	1	0

图 2-66

色彩间明度差别的大小，决定明度对比的强弱。3°差以内的对比称为短调对比；3～5°差的对比称为中调对比；5°差以上的对比称为长调对比。

明度对比在视觉上和心理上有着不同的效应。

1. 高短调：对比度相差小，感觉轻柔、明净、含蓄，如图 2-67 所示。
2. 高中调：对比度相差不大，感觉愉快、优雅、有女性感，如图 2-68 所示。
3. 高长调：对比度相差大，感觉活泼、明亮、富有刺激感，如图 2-69 所示。

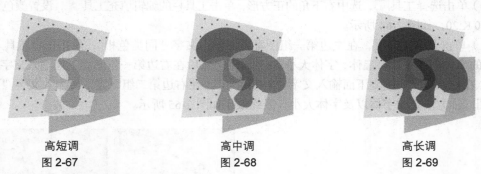

高短调　　　　　　　　　高中调　　　　　　　　　高长调
图 2-67　　　　　　　　　图 2-68　　　　　　　　　图 2-69

4. 中短调：对比度相差小，感觉模糊、朦胧、平淡，如图 2-70 所示。
5. 中中调：对比度相差不大，感觉适中、舒适、丰富，如图 2-71 所示。
6. 中长调：对比度相差大，感觉强健、坚实、有男性感，如图 2-72 所示。

中短调　　　　　　　　　中中调　　　　　　　　　中长调
图 2-70　　　　　　　　　图 2-71　　　　　　　　　图 2-72

7. 低短调：对比度相差小，感觉深沉、忧郁、寂静，如图 2-73 所示。

8. 低中调：对比度相差不大，感觉朴实、厚重、内向，如图 2-74 所示。

9. 低长调：对比度相差大，感觉强烈、苦闷、有爆发力，如图 2-75 所示。

 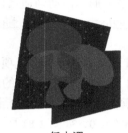 

低短调　　　　　　　　　　低中调　　　　　　　　　　低长调

图 2-73　　　　　　　　　　图 2-74　　　　　　　　　　图 2-75

10. 最长调：最长调是由黑白两色构成的，明度对比最强的调性，感觉醒目、生硬、明晰、简单化。

对服装设计色彩的应用而言，明度对比的正确与否，是决定配色的光感、明快感、清晰感以及心理作用的关键。

二、绘制色相对比

接下来利用 CorelDRAW X7 绘制明度对比，共分为两个步骤，分别是制作单个图形和制作多个图形。

1. 制作单个图案。

（1）单击贝塞尔工具 ![tool]，在页面空白处画两个不规则的四边形，并填充浅蓝色，色值分别为 C:10 M:0 Y:0 K:0 和 C:30 M:0 Y:0 K:0，并用鼠标右键单击色盘中的 ⊠，去掉图案中的轮廓线，如图 2-76 所示。

（2）单击椭圆工具 ○，按住 Ctrl 键，在左侧的四边形上画一个圆形，大小如图 2-77 所示，单击左键填充颜色为红（色值为 C:0 M:100 Y:100 K:0），并用鼠标右键单击色盘中的 ⊠，去掉图案中的轮廓线。

（3）随意拖动红色的小圆到任意位置，释放鼠标左键的同时单击鼠标右键，进行复制。在左侧四边形上复制若干个红色小圆，如图 2-77 所示。

（4）单击贝塞尔工具 ![tool]，在左侧的四边形内，按照如图 2-78 所示的图形，画出一个几何形体并填充蓝色（色值为 C:40 M:0 Y:0 K:0），并用鼠标右键单击色盘中的 ⊠，去掉图案中的轮廓线。

图 2-76　　　　　　　　　　图 2-77　　　　　　　　　　图 2-78

（5）单击形状工具 ，选择蓝色几何形体，在两个节点中的直线上单击鼠标右键，在出现的对话框中选择"到曲线"，再拖动线段使它变得圆滑。将几何形体进行调整，最后效果如图 2-79 所示。

（6）单击选择工具 ，选择蘑菇形图形，拖动到适当位置释放鼠标左键，同时单击鼠标右键，进行复制，并填充蓝色（色值为 C:20 M:0 Y:0 K:0）。随后在图形上单击两下鼠标左键，可以旋转至适当位置，如图 2-80 所示。

（7）选择【对象】→【造型】→【造型】命令，在选项框中选择【相交】选项，并勾选【保留原始源对象】和【保留原目标对象】复选框。单击前面的浅色蘑菇图形，单击【造型】对话框中的【相交】，再单击后面颜色较深的蘑菇图形，在两个蘑菇图形相交的部分又复制出一个新的图形，将新的图形填充颜色为 C:30 M:0 Y:0 K:0，如图 2-81 所示。

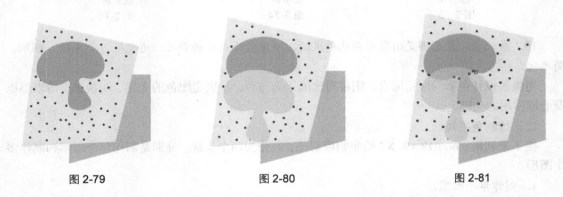

图 2-79　　　　　　　　图 2-80　　　　　　　　图 2-81

（8）按照步骤（6）的方法再复制一个蘑菇图形，填充颜色 C:35 M:0 Y:0 K:0，并将其旋转到适当的角度。用步骤（7）的方法将最后边的蘑菇形和其他两个相交。相交后的两个图形分别填充颜色为 C:10 M:0 Y:0 K:0 和 C:30 M:0 Y:0 K:0，如图 2-82 所示。

2．制作多个图形

（1）单击选择工具 ，画一个方形选取框将所有图形都选中，按住 Ctrl 键，鼠标左键选取物件中心的"x"，向右拖动鼠标到空白位置，再释放鼠标，同时单击鼠标右键一次，复制图形，如图 2-83 所示。

（2）单击选择工具 ，将图 2-82 标注的 1～8 个色块分别按照下列色值来更改，①：C:70 M:0 Y:0 K:0；②：C:60 M:0 Y:0 K:0；③：C:50 M:0 Y:0 K:0；④：C:50 M:0 Y:0 K:0；⑤：C:40 M:0 Y:0 K:0；⑥：C:70 M:0 Y:0 K:0；⑦：C:10 M:0 Y:0 K:0；⑧：C:30 M:0 Y:0 K:0，如图 2-84 所示。

图 2-82

（3）按照步骤（1）和步骤（2）的方法，在页面的右侧再复制第三组图形，并填充颜色为：①：C:70 M:0 Y:10 K:30；②：C:40 M:0 Y:10 K:10；③：C:50 M:0 Y:10 K:10；④：C:50 M:0 Y:10 K:10；⑤：C:40 M:0 Y:10 K:10；⑥：C:70 M:0 Y:10 K:30；⑦：C:10 M:0 Y:0 K:0；⑧：C:20 M:0 Y:0 K:0，如图 2-85 所示。

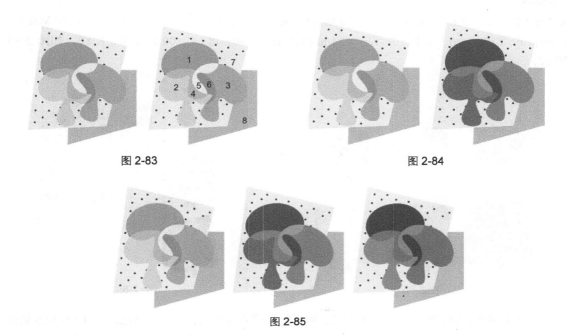

图 2-83　　　　　　　　　　　　　图 2-84

图 2-85

（4）按照步骤（3）的方法，在第一排正下方再复制第四组图形，并填充颜色，①：C:40 M:0 Y:10 K:20；②：C:30 M:0 Y:10 K:20；③：C:30 M:0 Y:10 K:10；④：C:30 M:0 Y:10 K:10；⑤：C:20 M:0 Y:10 K:10；⑥: C:40 M:0 Y:10 K:20；⑦: C:40 M:0 Y:0 K:10；⑧: C:50 M:0 Y:0 K:10，如图 2-86 所示。

（5）按照步骤（3）的方法，在第二排中间位置再复制第五组图形，并填充颜色，①：C:40 M:0 Y:0 K: 0；②：C:30 M:0 Y:0 K:0；③：C:20 M:0 Y:0 K:0；④：C:20 M:0 Y:0 K:0；⑤：C:30 M:0 K:0；⑥: C:40 M:0 Y:0 K:0；⑦: C:40 M:0 Y:0 K:10；⑧: C:50 M:0 Y:0 K:10，如图 2-87 所示。

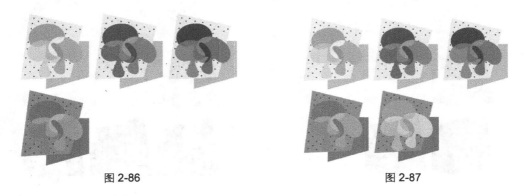

图 2-86　　　　　　　　　　　　　图 2-87

（6）按照以上的方法，在第二排右侧位置再复制第六组图形，并填充颜色，①：C:20 M:0 Y:0 K: 0；②：C:15 M:0 Y:0 K:0；③: C:10 M:0 Y:0 K:0；④: C:10 M:0 Y:0 K:0；⑤: C:15 M:0 Y:0 K:0；⑥: C:20 M:0 Y:0 K:0；⑦: C:40 M:0 Y:0 K:10；⑧: C:50 M:0 Y:0 K:10，如图 2-88 所示。

（7）按照以上的方法，在第三排左侧位置再复制第七组图形，并填充颜色，①：C:90 M:0 Y:0

K:70；②：C:60 M:0 Y:0 K:60；③：C:40 M:0 Y:0 K:50；④：C:60 M:0 Y:0 K:50；⑤：C:60 M:0 Y:0 K:60；⑥：C:90 M:0 Y:0 K:70；⑦：C:100 M:0 Y:0 K:90；⑧：C:100 M:0 Y:0 K:80，如图 2-89 所示。

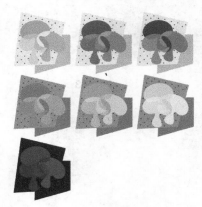

图 2-88　　　　　　　　　　　　　　　　图 2-89

（8）按照以上的方法，在第三排中间位置再复制第八组图形，并填充颜色，①：C:70 M:0 Y:10 K:30；②：C:70 M:0 Y:20 K:20；③：C:55 M:0 Y:20 K:20；④：C:55 M:0 Y:20 K:20；⑤：C:70 M:0 Y:20 K:20；⑥：C:70 M:0 Y:10 K:30；⑦：C:100 M:0 Y:0 K:90；⑧：C:100 M:0 Y:0 K:80，如图 2-90 所示。

（9）按照以上的方法，在第三排右侧位置再复制第九组图形，并填充颜色，①：C:50 M:0 Y:0 K:0；②：C:30 M:0 Y:0 K:0；③：C:20 M:0 Y:0 K:0；④：C:20 M:0 Y:0 K:0；⑤：C:30 M:0 Y:0 K:0；⑥：C:50 M:0 Y:0 K:0；⑦：C:100 M:0 Y:0 K:90；⑧：C:100 M:0 Y:0 K:80，如图 2-91 所示。

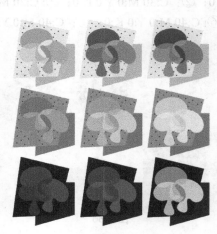

图 2-90　　　　　　　　　　　　　　　　图 2-91

（10）单击文本工具，在第一排第一组图形下面输入文字"高短调"，单击选择工具，在属性栏的字体列表中选择"黑体"，并选择比例适合的字号。按相同方法在每组图形下面分别输入相应的文字，如图 2-92 所示。

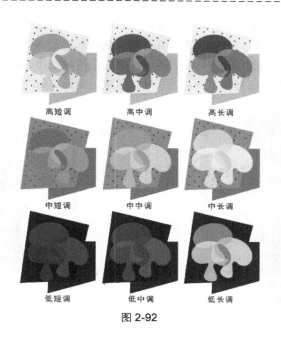

高短调　　　　　高中调　　　　　高长调

中短调　　　　　中中调　　　　　中长调

低短调　　　　　低中调　　　　　低长调

图 2-92

2.3.3 纯度对比

一、纯度对比概述

纯度对比指色彩鲜艳与混浊的对比，纯度也可称为彩度。把纯度序列分成 5 段，纯色所在段为最高纯度，无彩色所在的段为最低纯度，靠近纯色的一方的一段为高纯度，靠近无彩色的一方的一段为低纯度，余下的中间段为中纯度。

一般来说色彩间纯度的大小决定着纯度对比的强弱，我们用 4 种组合进行对比，所产生的个性和感觉是不同的。

1. 高彩对比：在纯度对比中，如果主体物的颜色和其他颜色都属于高纯度色，称为高彩对比。高彩对比的色彩鲜艳夺目、华丽，色彩效果强烈，但是容易造成视觉疲劳，如图 2-93 所示。

2. 低彩对比：在纯度对比中，如果主体物的颜色和其他颜色都属于低纯度色，称为低彩对比。低彩对比的色彩含蓄、郁闷，具有神秘感，如图 2-94 所示。

高彩对比
图 2-93

低彩对比
图 2-94

3. 中彩对比：在纯度对比中，如果主体物的颜色和其他颜色都属于中纯度色，称为中彩对比。中彩对比的色彩温和柔软，具有稳重、浑厚的视觉效果，如图 2-95 所示。

4. 艳灰对比：在纯度对比中，如果主体物的颜色是高纯度色，其他颜色都属于低纯度色，称为艳灰对比。艳灰对比的色彩相互映衬，生动、活泼，如图 2-96 所示。

中彩对比

图 2-95

艳灰对比

图 2-96

二、绘制纯度对比

利用 CorelDRAW X7 绘制纯度对比共分为两个步骤，分别是制作单个图形、制作多个图形和标注文字。

1. 制作单个图案。

（1）单击矩形工具 □，在页面空白的位置画长方形，在属性栏中将大小设置为 50mm×65mm，并填充蓝色（色值为：C:100 M:0 Y:0 K:0），并用鼠标右键单击色盘中的 ⊠，去掉图案中的轮廓线。

（2）单击椭圆工具 ○，按住 Ctrl 键，在蓝色长方形区域内画一个直径为 20mm 的圆形，填充黄色（色值为：C:0 M:0 Y:100 K:0），并用鼠标右键单击色盘中的 ⊠，去掉图案中的轮廓线，如图 2-97 所示。

（3）单击选择工具 ，拖动圆形到适当位置，在释放鼠标左键的同时单击鼠标右键进行复制，并按住 Ctrl 键，拖住选取框的一角进行等比缩放。采用同样的方法复制 11 个大小、位置不同的圆形，如图 2-98 所示。

图 2-97

图 2-98

（4）单击椭圆工具 ◯，按住 Ctrl 键，在蓝色长方形区域内画一个直径为 23mm 的圆形，填充 ⊠，在属性栏上设置轮廓线宽度为 1.0mm。并在调色盘上的深黄色上单击鼠标右键，设为轮廓线的颜色（色值为：C:0 M:20 Y:100 K:0）。单击选择工具 ▧，按住 Shift 键，拖动选取框对角位置的方形向内拖动到适当位置，在释放鼠标左键的同时单击鼠标右键，复制一个小圆圈，设置直径为 2mm，轮廓线宽度为细线，如图 2-99 所示。

（5）单击交互式调和工具 ▣，在属性栏中的步数文本框中输入"8"，在小圆圈上点下鼠标左键，拖住不要放开，将箭头拖到大圆圈上放开鼠标左键，效果如图 2-100 所示。

（6）单击选择工具 ▧，选择层叠的圆环，拖动到适当位置，在释放鼠标左键的同时单击鼠标右键进行复制，并将最大的圆环的轮廓线宽度设为 0.5mm，直径设为 12mm，将轮廓线设置为杏黄色（色值为：C:0 M:15 Y:30 K:0），如图 2-101 所示。

图 2-99 图 2-100 图 2-101

（7）单击椭圆工具 ◯，按住 Ctrl 键，在蓝色长方形区域内再画一个直径为 8mm 的圆形，填充嫩苗色（色值为：C:10 M:0 Y:80 K:0）。按照步骤（3）再复制 3 个大小不一的圆形，移动到适当位置，如图 2-102 所示。

（8）单击矩形工具 ▭，在页面上画一个 3mm×30mm 的长方形，单击形状工具 ⬚，拖动长方形选取框的任意一个角，使长方形的 4 个角变成圆角，填充黄色（色值为：C:0 M:0 Y:100 K:0），鼠标右键单击 ⊠，取消轮廓线，如图 2-103 所示。

（9）按照步骤（8）的方法，再画两个圆角长方形，并填充相应的颜色，如图 2-104 所示。

2. 制作多个图形和标注文字。

（1）双击选择工具 ▧，选择页面中所有图形，按住 Ctrl 键，鼠标左键点住选取物件中心的 "x"，向右拖动鼠标到空白位置，再释放鼠标，同时单击鼠标右键一次，复制图形。再次双击 ▧，将两个图形全部选取，按照前面的方法向下拖动鼠标到空白位置，再释放鼠标，同时单击鼠标右键一次，复制图形，如图 2-105 所示。

（2）单击选择工具 ▧，选择右上角图形的长方形蓝色背景，将颜色改为 C:0 M:0 Y:10 K:0；按住 Shift 键，依次选择黄色的一组图形，将颜色改为 C:0 M:0 Y:0 K:20；选择嫩苗色的一组图形，将颜色改为 C:0 M:0 Y:0 K:10；选择深黄色的圆环，将轮廓线的颜色改为 C:0 M:0 Y:0 K:10；选择杏黄色的圆环，将轮廓线的颜色改为 C:20 M:0 Y:20 K:40，如图 2-106 所示。

图 2-102

图 2-103

图 2-104

（3）单击选择工具 ，选择左下角图形的长方形蓝色背景，将颜色改为 C:40 M:40 Y:0 K:60；按住 Shift 键，依次选择黄色的一组图形，将颜色改为 C:60 M:40 Y:0 K:0；选择嫩苗色的一组图形，将颜色改为 C:20 M:0 Y:20 K:20；选择深黄色的圆环，将轮廓线的颜色改为 C:100 M:0 Y:20 K:20；选择杏黄色的圆环，将轮廓线的颜色改为 C:20 M:0 Y:20 K:0，如图 2-107所示。

图 2-105

（4）单击选择工具 ，选择右下角图形的长方形蓝色背景，将颜色改为 C:20 M:0 Y:20 K:20；按住 Shift 键，依次选择黄色的一组图形，将颜色改为 C:100 M:0 Y:0 K:0；选择嫩苗色的一组图形，将颜色改为 C:100 M:100 Y:0 K:0；选择深黄色的圆环，将轮廓线的颜色改为 C:0 M:0 Y:100 K:0；选择杏黄色的圆环，将轮廓线的颜色改为 C:0 M:0 Y:0 K:20，如图 2-108所示。

（5）单击文字工具 ，在第一排第一组图形下面输入文字"高彩对比"，单击选择工具 ，在属性栏的字体列表中选择黑体，字体大小选择 10 号，在每组图形下面分别输入相应的文字，如图 2-109 所示。

图 2-106

图 2-107

图 2-108

| 高彩对比 | 低彩对比 | 中彩对比 | 艳灰对比 |

图 2-109

2.4 色彩心理

色彩心理是研究、探讨不同色彩对人的心理感情产生的影响。主要包括色彩的心理功能、色彩的象征性、色彩的心理感受、色彩的冷暖感、色彩的轻重感、色彩的强弱感、色彩的华丽感与朴素感、色彩的柔软感与坚硬感、色彩的兴奋感与沉静感等内容。

2.4.1 色彩的心理功能

色彩心理是指来自色彩的物理光刺激对人的心理反应。不同波长的光作用于人的视觉器官产生色感的同时，产生的心理活动也是不同的。心理学家实验发现，红色能使人的脉搏加快、血压上升、情绪兴奋；蓝色能使人的脉搏减缓、情绪沉静。色彩生理和心理过程是同时交叉进行的，它们之间相辅相成，有一定的生理变化必然会产生一定的心理活动；在有一定的心理活动的同时也会发生一定的生理变化。例如，儿童对色彩反应比较单纯，只对纯度、明度高的鲜艳色较为敏感；而老人对色彩反应较迟钝，辨色能力下降，这是由于生理功能衰竭造成的。兴奋型的人对色彩的反应敏感，尤其对暖色、纯色反应强烈；安静型的人对色彩的反应缓慢，多偏爱冷色和深色。设计师为了赋予服装更多的魅力，充分了解不同的对象的色彩心理是十分必要的。只有掌握了人们认识色彩和欣赏色彩的心理规律，才能合理地将色彩运用到服装设计中。

2.4.2 色彩的象征性

在服装设计作品中，恰如其分、合理有效地应用色彩及多种对比调和的效果，可以使作品更加丰富多彩。因此，对典型色彩的象征性进行研究是有必要的。

色彩的象征内容，并不是人们想象的产物，它是人们在长期的生活中感受、认识和应用过程中总结的一种说法，当然，所谓的象征的内容并不是绝对的。它和地域、时代、民族等文化环境的差异有着密切的联系。以下列举几种主要色彩的象征意义。

（1）红色。

红色在光谱中光波最长，在视网膜上成像的位置最深，具有较为强烈的刺激作用，极易引起兴奋、紧张等情绪。心理学家通过实验发现，红色能够使肌肉的机能和血液循环加强。由于红色具有刺激性，所以常常用红色作为革命旗帜、报警信号、交通标示等的指定色。在中国人的用色习惯中，红色表示喜庆和吉利，是传统的节日色彩；中华民族婚庆嫁娶喜欢挂红灯、穿红衣、配红花等。而西方人则将红色用于小面积的装饰。

红色与柠檬黄搭配：红色变暗，呈现出被征服的效果。

红色与粉红色搭配：有平衡、减小热度的感觉。

红色与蓝绿色搭配：红色变得如燃烧的火焰。

红色与橙色搭配：红色显得暗淡无光。

红色与黑色搭配：红色即刻迸发出最大的、不可征服的、超凡的热情。

（2）橙色。

橙色是黄色和红色的混合色，处于最辉煌色的交点，是色环中最温暖的色彩。也是一种令人激奋的色彩，具有轻快、明朗、华丽、活泼、时尚的效果。橙色是易引起食欲的色彩，常用于食品包装的设计上。

（3）黄色。

黄色是色相环中最明亮、最辉煌的色彩，具有快乐、希望、智慧和明朗的个性。黄色有着金色的光芒，在东方，黄色是帝王专用色，中国皇帝的龙袍、龙椅以及其他器具都使用黄色，象征权利和崇高。

黄色与白色搭配：黄色变暗，白色将黄色推到了次要地位。

黄色与黑色搭配：黄色变得更加辉煌、积极。

黄色与橙色搭配：就像阳光照射在成熟的麦田中一样强烈。

黄色和绿色搭配：由于绿色中含有黄色的成分，所以有亲和力。

黄色和红色搭配：有着强有力的视觉效果，表现出一种欣喜、辉煌夺目。

（4）绿色。

绿色的视觉观感比较舒适、温和，它令人联想起郁郁葱葱的森林、草坪和绿油油的田野。意味着生长、富饶、充实、和平与希望。绿色在伊斯兰教国家是最受欢迎的颜色，因为绿色象征生命之色。

当绿色向黄色倾斜变成黄绿色时，使我们联想到大自然的清新美好的春天。

（5）蓝色。

蓝色是色环中最冷的颜色，短光波。蓝色使人联想到了宇宙、天空与海洋，是最具清爽、清新感觉的色彩。在西方，蓝色象征着贵族，所谓"蓝色血统"是说明出身名门或具有贵族血统，身份高贵。在中国传统陶瓷艺术中，青花瓷器上的蓝色，则表现了中国人沉稳内敛的民族性格。现代人把蓝色作为科学探讨领域的代表色，因此，蓝色也就成了科技的色彩，使人联想到空旷的远景、宁静的思考、纯净的天空。

蓝色与黄色搭配：蓝色变暗，缺乏明亮度。

蓝色与黑色搭配：蓝色表现出一种明亮的高纯度的力量，如同黑暗中的一丝光线一样闪耀。

蓝色与深褐色搭配：蓝色能使深褐色变得生动、明快。

（6）紫色。

紫色在色相环中，是明度最低的颜色，知觉度也较低。鲜明的紫色高贵庄重，是古代中国和日本高官的官袍色；在古希腊里是国王的服饰色。紫色也是象征虔诚的色相，当紫色变深变暗时，是蒙昧迷信的象征，给人以消极、动荡不安的感觉。

紫色被认为是具有女性化的色彩，因为紫色容易让人想起紫丁香、紫罗兰一类的花儿。在服装设计中，紫色经常使用在女性服饰中，体现了一种温柔、优雅、浪漫的情调。

（7）黑色。

黑色是整个色彩体系中最暗的颜色，很容易使人联想到黑暗、悲伤、死亡和神秘，因此，西方国家把黑色视为丧礼的服装颜色。实际上，黑色具有男性坚实、刚强的性格，黑色服饰可以体现男性庄重、沉稳、肃穆的仪表和气质。

（8）白色。

白色是由全部可见光均匀混合而成的，为全色光，是光明的象征，白色明亮、朴素、贞洁、神圣。在中国传统的习俗上，白色表示对故去亲人的缅怀、悲哀，一般是丧事用色。白色在西方是结婚礼服的色彩，象征神圣和纯洁。

（9）灰色。

灰色从光感上看，居于白色和黑色之间，属于中等明暗，无彩度的色彩。由于它对眼睛的刺激适中，所以在生活中，灰色的应用越来越广泛，变化也更加丰富。灰色可以给人消极和积极两方面的感觉。消极方面即视觉心理对灰色的反应平淡、乏味，甚至沉闷、寂寞、颓废；积极方面灰色给人以精致、含蓄、高雅等印象。

2.4.3　色彩的心理感受

色彩使人产生某种情感，当人们看到某一色彩时，都会产生某种特殊的感觉。如在炎热的夏天，看到蓝底白色的雪花，顿时就会有清静、凉爽的感觉。

生活中的这些色彩感情，根据每个人的年龄、阅历和民族的不同会有不同，但共性还是有很多，如色彩的冷暖感、色彩的轻重感、色彩的强弱感等。

（1）色彩的冷暖感。

色彩的冷暖是人们最为敏感的，不同的色彩会产生不同的温度感。红、橙、黄色常常使人联想到冉冉升起的太阳和熊熊烈火，因此会有温暖的感觉，这类色彩称为暖色系；蓝、青、紫色常常使人联想起蔚蓝大海、万里晴空和阴郁的森林等，因此有寒冷的感觉，称为冷色系。

暖色容易使人兴奋，但是使人感到疲劳和烦躁不安；冷色使人镇静，但灰暗的冷色容易使人感到沉重和阴森。

（2）色彩的轻重感。

色彩的轻重感一般由明度决定，兼顾色相和纯度。高明度的色彩感觉比较轻，低明度的色彩感觉重，白色最轻，黑色最重；低明度色调的搭配具有重感，高明度的色调的搭配具有轻感。

（3）色彩的强弱感。

色彩的强弱色调与色相、明度和纯度三属性同时都有关联，高纯度色有强感，低纯度色有弱感；对比度大的具有强感，对比度小的具有弱感。

（4）色彩的华丽感与朴素感。

色彩的华丽感与朴素感，主要取决于色彩的纯度，其次是色相和明度。红色和黄色等暖色纯度高，具有华丽感；青、蓝等冷色纯度低、明度低，具有朴素感。

色彩的华丽感与朴素感与色彩的搭配组合也有关系，从色相方面看，对比色相的组合显得华丽，同一色相和邻近色相的组合显得朴素。

（5）色彩的柔软感与坚硬感。

色彩的柔软感和坚硬感主要与纯度和明度有关，高明度的灰色具有柔软感；低明度的纯色具有坚硬感；纯度越高坚硬感越强，纯度越低越具有柔软感；强对比色调具有坚硬感，弱对比色调具有柔软感；白色是最软的色，黑色是最硬的色。

（6）色彩的兴奋感与沉静感。

产生兴奋感和沉静感，与色彩的色相、明度和纯度三要素都有关联，其中纯度影响最为明显。如果纯度降低了，其兴奋感和沉静感会大大减弱。暖色系的高纯度色能给人以兴奋感，可以振奋精神，如红、橙；冷色系的纯度色，能给人以沉静感，可安定情绪，如蓝、青。

研究色彩的心理感受，对于服装设计是非常重要的。夏天的服装采用冷色调，冬天的服装采用暖色调，这样可以调节人的冷暖感觉；儿童的服装采用强烈、跳跃、明快的色彩，这样能够充分地表现出儿童的活泼可爱。色彩有着强大的感染力，通过运用不同的色彩效果，可以使服装色彩的变化更加生动。

2.4.4 色彩的通感

一、色彩通感的概述

色彩的通感就是通过色彩的印象来表现人们对外界事物的感觉，如视觉、听觉、触觉和味觉等。"春、夏、秋、冬"、"男、女、老、幼"、"酸、甜、苦、辣"、"早、午、晚、夜"都可以用色彩通感来表现，如图 2-110 所示。

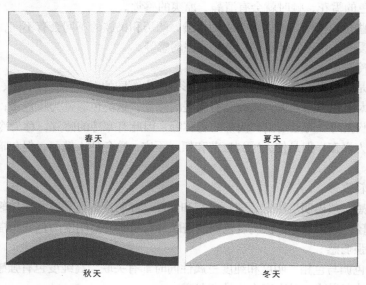

图 2-110

二、绘制"春、夏、秋、冬"

利用 CorelDRAW X7 绘制"春、夏、秋、冬"（如图 2-110 所示）共分为两个步骤，分别是绘制"春"和复制"夏、秋、冬"。

1．绘制"春"。

（1）单击矩形工具 ▢ ，画一个长方形。在属性栏中将对象的大小改为 70mm×50mm。单击选择工具 ▨ ，选中长方形，单击页面右侧的色盘中的白黄色（色值为：C:0 M:0 Y:40 K:0），如图 2-111 所示。

（2）按照步骤（1）的方法再画一个 70mm×15mm 的长方形。填充颜色为：C:5 M:0 Y:40 K:0。轮廓线填充为无色。单击选择工具 ▨ ，按住 Shift 键，选择两个长方形，选择【对象】→【对齐与分布】→【垂直居中对齐】命令，再选择【对象】→【对齐与分布】→【底端对齐】命令，如图 2-112 所示。

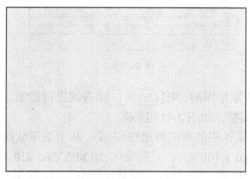

图 2-111

图 2-112

（3）单击贝塞尔工具 ✎ ，在黄色长方形内，按照如图 2-113 所示的图形，画出这个几何形体并为其填充白色。

（4）单击选择工具 ▨ ，选择白色的几何形，用鼠标右键单击色盘中的⊠，去掉图案中的轮廓线。单击透明度工具 ▨ ，将透明度类型选择为均匀度透明 ▤ ，透明度数值设为 25。

（5）选择【对象】→【变换】→【旋转】命令，打开【旋转】对话框，按照如图 2-114 所示的参数设置对话框中的角度和中心，单击【应用】按钮。

图 2-113

图 2-114

（6）单击矩形工具 ▢ ，在画好的图形中下位置上画一个 70mm×3mm 的矩形。单击选择工具 ▨ ，按住 Shift 键，选择白黄色的长方形和新画的矩形，选择【对象】→【对齐与分布】→【左对齐】命令，如图 2-115 所示。

（7）单击选择工具，选择矩形图形，按住 Ctrl 键，向下移动矩形，到和原矩形并列的位置释放鼠标左键，同时单击鼠标右键进行复制，然后按 Ctrl + D 组合键 3 次进行再制，如图 2-116 所示。

图 2-115　　　　　　　　　　　图 2-116

（8）单击选择工具，按住 Shift 键，选择 5 个矩形图形，按 Ctrl + G 组合键进行群组。单击封套工具，对群组在一起的一组矩形图形进行调整，如图 2-117 所示。

（9）单击选择工具，单击飘带型线条，选择属性栏的取消群组按钮。从上至下依次将图形填充为绿：C:100 M:0 Y:100 K:0；酒绿：C:40 M:0 Y:100 K:0；月光绿：C:20 M:0 Y:60 K:0；嫩苗绿：C:10 M:0 Y:80 K:0；黄：C:0 M:0 Y:100 K:0，并填充外轮廓线为无色，如图 2-118 所示。

图 2-117　　　　　　　　　　　图 2-118

（10）单击矩形工具，在长方形的上方画一个宽于长方形的长方形，使长方形的下边与黄色长方形的上边完全重合，如图 2-119 所示。

（11）单击选择工具，选择【对象】→【造型】→【造型】命令，打开【造型】对话框中的"修剪"，选择长方形，单击【修剪】选项，接着选择白色的光芒部分，将多余的图形修剪掉，如图 2-120 所示。

（12）使用步骤（10）和步骤（11）的方法，将左右两边多余的图形修剪掉。单击选择工具，按住 Shift 键，将飘带形的 5 个图形全部选中，单击鼠标右键，选择【顺序】→【到页面前面】命令，如图 2-121 所示。

2. 复制"夏、秋、冬"。

（1）双击选择工具，将页面中全部图形都选中，再按住 Ctrl 键，并按住鼠标左键将图形水平向右移动，在释放鼠标左键的同时单击鼠标右键，复制图形。按照同样的方法，垂直向下复制图形，如图 2-122 所示。

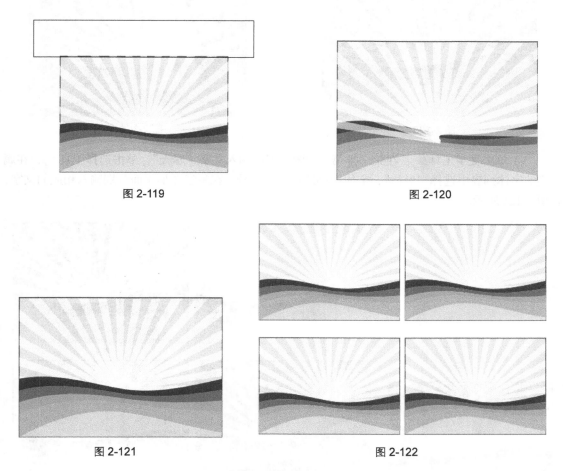

图 2-119 　　　　　　　　　　　　　　　　图 2-120

图 2-121 　　　　　　　　　　　　　　　　图 2-122

（2）单击选择工具，选择右上角图形的长方形背景，将颜色改为 C:100 M:0 Y:10 K:0，选择最上方的飘带形图形，依次向下将颜色改为 ①C:100 M:100 Y:0 K:0；②C:50 M:100 Y:100 K:0；③C:0 M:100 Y:100 K:0；④C:0 M:60 Y:80 K:0；⑤C:0 M:20 Y:100 K:0；⑥C:0 M:30 Y:100 K:0，如图 2-123 所示。

（3）单击选择工具，选择左下角图形的长方形背景，将颜色改为 C:10 M:65 Y:80 K:0；选择最上方的飘带形图形，依次向下将颜色改为 ①C: 0 M:60 Y:80 K:0；②C: 0 M:40 Y:80 K:0；③C:0 M:20 Y:100 K:0；④C:0 M: 0 Y:100 K:0；⑤C:0 M:10 Y:70 K:0；⑥C:40 M:75 Y:100 K:0，如图 2-124 所示。

（4）单击选择工具，选择右下角图形的长方形背景，将颜色改为 C:20 M:20 Y:30 K:0；选择最上方的飘带形图形，依次向下将颜色改为 ①C:20 M:0 Y:0 K:60；②C:20 M:0 Y:0 K:40；③C:10 M: 0 Y: 0 K:20；④C:0 M: 0 Y:0 K:10；⑤C:0 M:0 Y:0 K:0；⑥C:0 M:0 Y:0 K:10，如图 2-125 所示。

图 2-123

图 2-124

（5）单击文字工具 字 ，在第一排第一组图形下面输入文字"春天"，单击选择工具 ，在属性栏的字体列表中选择"黑体"，字体大小选择"10"号，在每组图形下面分别输入相应的文字，如图 2-126 所示。

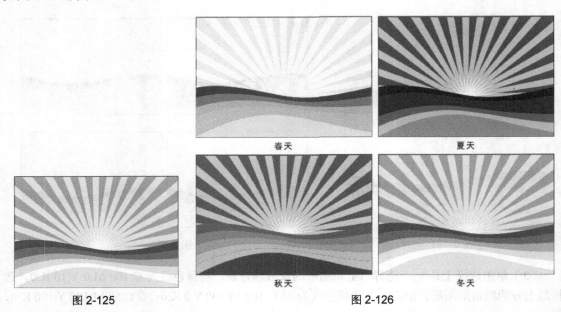

春天　　　　　　夏天

秋天　　　　　　冬天

图 2-125　　　　　　　　　　图 2-126

 ## 2.5　服装色彩设计的原则与方法

作为一名服装设计师，在对色彩的基本知识有所了解后，对于服装色彩设计的特殊性也要熟练掌握。

2.5.1　服装色彩设计的原则

（1）整体性。

当设计师设计出了服装的整体风格，那么服装的款式、色彩、材料都要为表现这一风格来服

74

务，其中包括运用色彩知识中的色彩心理来表现服装所要表达的浪漫、华贵、活泼等风格。同时，色彩的组合关系也是服装整体性中的关键要素。当服装的风格追求稳重时，色彩之间的对比要弱一点；当服装的整体风格追求活泼时，色彩之间的对比要强一些。

（2）实用性。

在服装的色彩设计中，服装可以分为生活装、舞台装、制服等。不同的服装对色彩的要求也是不一样的，不仅要具有艺术性，还要考虑其实用性。例如：演员的舞台装色彩要符合节目内容的需要，医务人员的服装一般使用白色或淡蓝色等。

（3）审美性。

服装设计必须针对对象的年龄、性别、气质、形体的不同而进行，每个人的审美需求也因人而异，所以不仅要注意流行色的应用，还要根据消费者的审美特点来设计。

（4）色彩与材料的搭配。

在前面的色彩基础知识中，我们知道由于人的联想会使色彩具有了情感效应。因此，在服装设计中，色彩的情感效应与材料的特性结合起来就会变得更加丰富。

2.5.2　服装的配色与调和

（1）同一色的配色。

同一色的配色，是指同一个色系的明暗、深浅及其明度对比关系的配色变化。具体表现为整体的色彩是暗的还亮的，是明度对比强烈的，还是明度对比柔和的。

我们可以将任何一个色相系统按此归类成一个大家族，在每一个色系中它们都有共同的色素，就像同一个家族中的各个成员，它们都拥有共同的血统一样。若将配色的关系比喻成人际间的交往，我们更可理解，在同一个家族中，沟通起来就比较容易，彼此也相处得非常和谐。因此，同一色的配色，在所有配色技巧中是最简单容易的。不管两色还是多色的搭配，它永远都是安稳、安全、恰当的安排，因此它就无所谓调和与不调和的问题，配色的成功率也非常高。所以，凡是同一色的配色，我们都可以放心大胆地去使用。当然，我们也要了解，搭配的方式不同，也会产生不同的感觉差异。如色阶差太小，会有温和的调和感，但也可能因气氛太平淡而缺乏活力；如色阶差距大的配色，则较具活泼感，如图 2-127 所示。

（2）类似色的配色与调和。

在色相环中，相邻接的色都是彼此的类似色。彼此间都拥有一部分相同的色素，因此在配色上，也是属于较容易调和的配色。

类似色的搭配，主要就是靠其间共有的色素来产生调和作用。如黄与黄橙的共同色素是黄，而蓝绿、蓝、蓝紫的共同色素是蓝。通常类似色的搭配，主色与副色较不明显，明度和彩度的考虑也很少，比较注重在各类似色之间维持一定的饱和度，发挥鲜明色彩的调和作用。对于服装配色而言，进行部分配色，如领子、口袋、袖口、滚边等设计时较容易区分出主色与副色来，色彩面积大的为主色，面积小者为副色。

由于类似色的色彩饱和度高，色阶又明快、清楚，因此搭配时感觉上也较为生动活泼、年轻有朝气。但如果以相差较远的类似色搭配，由于共有色素渐减，有时也会形成轻浮、不协调的感觉，此时面积大小的比例，就必须成为考虑的因素了，如图 2-128 所示。

图 2-127 　　　　　　　　　　　　　　图 2-128

（3）对比色的配色与调和。

在配色法中，对比的情形有许多种。

冷暖对比，如红色与蓝色、橙色与绿色等，凡是属于暖色系的任何一色与冷色系的任何一色搭配都是冷暖配色。

明度对比，如暗红与淡红、暗绿与淡绿或黑与白等色彩的搭配都是明度对比配色。

彩度对比，如鲜橙与灰蓝、鲜蓝与灰绿或鲜红与红等彩度鲜艳的色彩与彩度低的色彩搭配都是彩度对比配色。

在色相环中，凡是处于指定的任何一个颜色直径上的对立色彩，以及这个对立色彩左右两旁的邻接色，都称为这个指定色的对比色。对比色的两色个性非常强烈，水火不容互不相让，尤其直径两端的"色对"更难以并排在一起。若要使它们柔和些有如下方法。

① 改用偏左或偏右的色彩搭配，可缓和对比情形，避免色对的直接冲突。

② 避免同样强度、同样面积的两色搭配，可采用明度一高一低的方式，彩度一强一弱或在面积上使用一大一小的搭配，也就是让它们形成显著的宾主关系。

对比色的调和是美感度很高的配色，其色调变化多端，有明朗、活跃的感觉，但若搭配不协调，颜色间会相互排斥，产生格格不入的感觉，如图 2-129 所示。

（4）多色的配色与调和。

多色搭配要达到调和的效果是不容易的，也是比较头疼的。我们在服装的穿着上可以发现，两件式的上下装，搭配出色的例子比较多，而三件式的穿法中，除了同色调的套装外，能够搭配3 个不同色彩，形成美好感觉与印象的并不多见。至于 4 色、5 色或 6 色的搭配，几乎很少有人去尝试。

多色调和的方法，通常要以其中一个色彩为主色，其他色彩为副色，而副色最好能是主色的类似色，变换副色的明度或彩度，来达到多色变化的调和效果。

此外，多色调和的情形，也有多色都处于均势的时候，即常见的 3 色调和、4 色调和、6 色调和等。

76

　　在 12 色相环内，任何内接正三角形或等边三角形、四方形或长方形等，由几何图形之角所连结的色彩，都可以得到多色搭配上的均势调和。

　　多色配色若能达到调和，则整体上的色彩丰富、色调优美充实，颇为大家所喜爱。一般生活中的物品与服装配色，也有采用多色搭配的例子，但是多色配色如果缺乏秩序整理，会造成轻浮不实、力量分散、视觉紊乱的现象，所以在应用时应仔细斟酌，如图 2-130 所示。

图 2-129

图 2-130

　　（5）无彩色与有彩色的配色。

　　色彩分为两大类即无彩色与有彩色，无彩色包括黑色、灰色系、白色等，而有彩色则包括红、橙、黄、绿、青、紫等各纯色系，以及各色所演化而产生的各种色彩。

　　无彩色没有强烈的个性，因此与任何色彩搭配容易取得调和的效果。在服装配色上，一般常以无彩色为主色或底色来使用，也就是大面积以无彩色为主，再配衬上其他有彩色，那么这个色彩效果将更显得明亮鲜艳。

　　由于无彩色属于中性色彩，具有不偏向任何色彩的特性，因此也常被用作缓冲色，以分割或冲淡色彩之间的不协调。在服装配色上常可看到，当上衣与裙子色彩处于排斥状态时，往往以一个宽形黑、白或灰色腰带来区隔开两个色彩，同时也缓和了两色对立的生硬感。因为无彩色独特的性格，所以常在配色中扮演协调的角色，因此在色彩调和上具有不可忽视的功能。

　　无彩色与无彩色的搭配是永无禁忌、永远美丽的组合，常见的黑白条纹、格子，黑、白、灰的交互配色，明显、清晰、自成一派，不受任何色彩感情因素影响的风格，也是许多人所钟爱的配色，如图 2-131 所示。

图 2-131

（6）配色与面积的关系。

从色彩感觉的心理因素来观察，即使是同样的配色，不同的面积也会带来不同的感受。同一种色彩的面积由大到小，或由小到大其配色结果是不同的。一般情形是，面积的变化对色相不产生影响，但明度和彩度将会因面积变大而增强，面积缩小而减弱。这纯粹是心理上的视觉作用，实际上明度与彩度并无增减。

另外，当面积没有变化而形状不同的时候，色彩的感觉也会随色彩形状的变化而产生不同的感觉。如果配色时能够注意到这些问题，能将形状和色彩的共同感觉做适当的调配，配色效果将更好，如图 2-132 和图 2-133 所示。

图 2-132   图 2-133

2.5.3 服装画的配色原理

配色虽因个人修养、时代风尚、地理环境、色彩喜好，甚至是各民族的生活习性有所差异，但服装配色的最终目标都是要发挥色彩的美感。不管是艳丽的原始色彩，灿烂华丽的高贵色调，或是冷漠严峻的个性色感，这些色彩感觉的运用，虽然巧妙繁复不太相同，但基本上，我们还是可以归纳出几种配色美的原则，如统调配色、均衡配色、律动配色、强调配色、分离配色、模仿配色等。

（1）统调配色。

将复杂色彩中所共同的色素提出，加强其共同色素的特质，使其产生一体的感觉，这种方法叫做统调配色。这种配色方法，运用在造型或色彩上时，整体来看，就像是被某一种气氛所支配，在色彩方面称为主调色，在造型上则具有结实的统一感。

在多色搭配时，采用统调配色是最稳妥的方法。常见于服装配色上统调配色的情形，如：在花色复杂的印花布中，取其中一色作为领子、滚边、口袋或腰带的用色，其统调的效果相当好。又如衣服、饰品鞋子、袜子、围巾手提包等采用统调配色，能产生调和的感觉，这些都是主色调支配的原因。统调配色使得所有色彩在变化中有共同的规律，不至于发生矛盾与分离的现象，如图 2-134 所示。

（2）均衡配色。

有些颜色即使少量使用，也能给人存在感，有的颜色则要大量使用才能显眼。配色时，不管颜色是否具有存在感，要是搭配时不协调，都会失去色彩的各自风格。

色彩有寒暖、强弱、轻重之分，将两种以上的色彩配置在一起时，由于质与量的不等，配色时必须依照色彩的特质加以调整，使其产生份量相等的感觉。也就是说，搭配时强色的份量要少，弱色的份量要多，这样才能取得平衡。

配色能够达到均衡的原则是：

① 凡是高彩度、纯色或暖色在面积比例上要小于低彩度、浅色或冷色；

② 明度高的色彩具有轻感，明度低的色彩具有重量感，故高明度宜在上而低明度宜在下，这样才有稳重均衡感，如白衣黑裙的搭配，反之，则有不安定的轻快感觉。

③ 其他，如左右或前后的对称均衡，容易显得呆板。若采用不对称的均衡，则较具活泼与变化，相应的也需要更出色的配色技巧，如图 2-135 所示。

图 2-134

图 2-135

（3）韵律配色。

配色时，若将色彩做等差或等比极数的次第变化，使色调由浅而深，或由深而浅；面积由大而小，或由小而大，形成渐层的视觉效果，都可称为"韵律配色"。

色彩的律动就像音乐的音阶一般，具有节奏感，令人有连贯舒适的感觉。如果配色不当时，反而形成杂乱无秩序的印象。

配色时能够形成韵律配色的方法有：

① 色相韵律配色：依照色相环上红、橙、黄、绿等排列，很有秩序感。

② 明度韵律配色：如明度系列并排，由明到暗或由暗到明的色彩变化。

③ 彩度韵律配色：如彩度系列一样，彩度由高至低排列，或由低至高排列。

④ 面积韵律配色：色彩面积由大到小或由小到大，如图 2-136 所示。

（4）强调配色。

配色时为了调节服装上的视觉效果，弥补整体的单调感，在某一小部分使用醒目的色彩，使整体看来更加紧凑，这种方式称为"强调配色"。

常在服装上作为强调形式，如单色洋装或套装上的胸针饰品、特殊的腰带环、腰带扣，或者小面积的配色如领子、袖子、口袋等。

使用强调色时，要注意下列原则：

① 强调色必须比衣服上的各种主副色更鲜艳；

② 强调色的面积不宜太大，以免喧宾夺主；

③ 强调色可选用对全体色调上具有对比性的色彩，如图 2-137 所示。

图 2-136

图 2-137

（5）分离配色。

分离配色大部分是利用特殊色彩，如黑、白、灰、金、银等作为配色时的缓冲作用。如果色彩不调和或色彩间关系暧昧，用这种分离式的色彩来补救就非常理想。分离色彩可以用直线，也可以用曲线，线本身也可以随意变化粗细宽度。

分离配色的运用，除了用来分隔对立或暧昧的色彩之外，有时对被分隔后的色面和形态也会造成意想不到的效果。我们日常服饰品中的腰带、围巾、领带以及衣服的花边、滚边等都属于分离配色的形式，如图 2-138 所示。

（6）支配性配色。

支配是"支配的""优势的"的意思，例如自红、黄、绿、蓝、紫中任取一色为主的配色。就好比下雪时的景色，虽然白茫茫的一片，不过在整体上具有共同的视觉效果。好比戴上太阳眼镜来观赏景色，由于透过镜片的关系，所呈现的颜色常随着镜片的颜色而改变，若镜片为蓝色则所看到的景物均为蓝色。还比如日落时，碧绿的大地受夕阳余晖的影响，而呈现一片橙红的色彩。像这类可以改变全局，并且具支配性的色彩或色调间的配色，即称为"支配性配色"。

图 2-138

烹调时，也常会有此种类似现象出现。不同的佐料或调味料往往可以调理出不同的味道，即佐料与调味料左右了烹调的结果，这种现象称为味觉的支配性配色。

如以粉淡色调或微灰色调为支配性色调，用于表现春天柔和的印象。

支配性色调，就是从各种复杂要素的共通性中，寻求同一感受的有效方法。

（7）模仿配色。

模仿是人的天性，服装配色也不例外。不过，原封不动的仿效往往不合乎实际上的需要，甚至有时会发生反效果。虽然目的一样，但是配色的对象变化后，就会有不同的配色效果。

"举一反三""师法自然"这两句古训，是模仿他人配色时不可忘的方法。"举一反三"可以让我们获得所需的配色效果，"师法自然"是创新配色的理想跳板。

自然界中有很多东西值得作为我们配色的参考，尤其是自然物的颜色，有时候会有出乎意料的美。无论从形状、面积、空间上的距离，以及色彩的分配各方面去观察，均能激发我们配色的灵感；另外，别人的服装配色技巧与方式，更是我们参考运用的资源。学习服装设计、从事服装配色的朋友，不妨多多收集有关这方面的资料，平常多接触这些美的配色范例，在实际应用时才能得心应手。

总而言之，配色的技巧与方式变化多端，配色者除了针对服装来选择最佳的配色方式外，对上述配色原则，能加以理解、灵活运用，相信对服装配色技巧的熟练应用，会有很大帮助。

 ## 2.6 服装色彩搭配技巧

在这里分别以 5 种最具有代表性的色彩为例，来表现服装色彩的搭配技巧，分别是艳丽色、黑白灰、粉彩色、深色、自然色等，如图 2-139 所示。

图 2-139

艳丽色：这是最鲜艳的颜色群，可以表现华丽、热情及异国情调。

黑白灰：这是穿着最基本的单色，因搭配不同，可表现时尚，也可表现正式。

粉彩色：这是明亮而轻快的颜色群，从女人味到活泼感，为夏天不可缺少的清爽色调。

深色：这是深沉的颜色群，厚重中不失华丽和优雅。

自然色：这是以褐色为中心，稳重而温暖的色调。在最基本的搭配中，有许多颜色变化。

下面具体介绍各种色彩的特性及搭配要点。

（1）红色。

红色是鲜艳而醒目的颜色，从华丽的套装到轻松的运动服均可采用，应用范围广泛。红色和黑色搭配适于任何场合，而搭配白色显得清新活泼。艳丽色中的蓝、绿色搭配红色最出色；搭配黄色或紫色则代表热情。但不适合和粉彩色搭配，只能用来点缀。搭配深色十分优雅，搭配自然色可表现出柔和感，如图 2-140 所示。

图 2-140

（2）橙色。

橙色最能够表现大胆，作为点缀色也是很出色的。和红色相比，橙色较难配色。要表现时尚，搭配黑色最适合；要表现健康活泼，可搭配白色。橙色还可搭配艳丽色中单色对比色紫色，和绿色系也可搭配，但适当的加上黑色效果更好。此外，搭配深色或自然色显得自然，如图 2-141 所示。

图 2-141

（3）黄色。

黄色是高纯度色彩，在艳丽色中和任何颜色搭配均适宜。搭配黑色、白色和灰色，时尚而不失庄重；和对比色蓝色搭配，是最适合夏天的清爽配色；而搭配红色系则显得热情。由于颜色明亮，若要搭配粉色，还是以对比色蓝色系较佳。至于和自然色，因两者是类似色，所以显得稳重，如图 2-142 所示。

图 2-142

（4）绿色。

绿色搭配白色显得清爽健康；搭配黑色则闪烁着神秘的光辉；而搭配灰色则较冷峻，可以用暖色系弥补。与红色搭配非常抢眼，搭配粉彩色仍以对比色较好，在褐色系中以搭配肤色最高雅，如图 2-143 所示。

图 2-143

（5）青色。

青色和白色十分相配，整体看来亮丽，搭配黑色则光芒耀眼，但搭配灰色反而逊色。搭配黄色，富有夏天气息，和粉彩色搭配感觉爽快，搭配褐色系又是另一类效果，如图 2-144 所示。

（6）黑白灰。

黑白灰是相当普遍的颜色，这类颜色实用性高，是基本服装不可缺少的。白色和黑色能和任何颜色搭配，但需注意色调。白色搭配淡雅的粉彩色比较养眼，灰色配粉彩色也很相称；黑色搭配较深的颜色时要谨慎，因为容易失败；和自然色搭配则需要注意明度，以表现柔和感，如图 2-145所示。

（7）粉红色。

粉红色系柔和甜美，是粉彩色中最具有代表性的颜色。因搭配方法不同，这类颜色可表现城市色彩，也可表现女人味。在质料方面，从休闲装到麻料均可采用。视情绪而定，这类颜色既能展现浪漫的少女情怀，也能展现成熟女性的风韵。粉红色可说是永远美丽的色彩，黑、白、灰三色能使粉红色更生动。和艳丽色搭配要注意，除蓝色系外均需要技巧。和粉彩色是同色调容易搭配，和深蓝色是基本搭配，和自然色搭配，既柔和又轻松，如图 2-146 所示。

图 2-144

图 2-145

图 2-146

（8）浅黄色。

黄色能给人活泼开朗的印象，明亮的黄色系容易搭配颜色，尤其是浅黄色，因为明度对比清晰，容易使整体看来清爽。除了粉彩色以外的色调，和蓝色系很搭配。另外，和自然色的中间色搭配最为自然，如图 2-147 所示。

图 2-147

（9）天蓝色。

天蓝色是略带紫色的颜色，柔和而富有早春气息，能够令人感觉到生命的跳动。天蓝色搭配白色可以表现年轻，搭配少量的黑色可以表现典雅，但搭配任何粉彩色和艳丽色就应慎选颜色。虽然可搭配黄色系，但其他艳丽色只适合作点缀，而深色不宜太出色。搭配自然色时，天蓝色适于当点缀色，如图 2-148 所示。

图 2-148

（10）葡萄色。

葡萄色是适合秋天的颜色，代表古典与优雅。葡萄色所能搭配的颜色有限，适于搭配单色或肤色。艳丽色只能用冷色作点缀。粉彩色除了淡色以外，也适宜用冷色。而深色中，可搭配绿色或深蓝色。至于其他颜色，通常用在表现特殊个性时，如图 2-149 所示。

图 2-149

（11）深褐色。

深褐色不仅适合秋天，也适合春夏穿着，属于中间色。可搭配黑、白、灰三色，比较容易引人注意，搭配其他的颜色也较和谐，和艳丽色、粉彩色及深色等各色调均可搭配成为多姿多彩的配色。搭配自然色时，最好加上第三色，其中以搭配带灰的粉彩色最能表现深褐色的特点，如图 2-150 所示。

图 2-150

（12）墨绿色。

墨绿色能够把秋天表现得淋漓尽致。搭配黑、白、灰三色能够使这三色更鲜明。和艳丽色、粉彩色及深色都可搭配，特别是搭配深色看起来典雅。而各色调中的暖色系，由于华丽可作点缀色，也可搭配自然色的肤色、茶褐色与红褐色等，如图 2-151 所示。

（13）深蓝色。

深蓝色因明度不同而会改变印象，但配色原则不变。深蓝色是属于蓝色系，所以适合搭配白色。和灰色搭配是传统的配色法。对于黑色，除非经过刻意修饰，否则应尽量避免。也可搭配对比的艳丽色、粉彩色、深色。至于自然色以肤色搭配最佳，如图 2-152 所示。

图 2-151

图 2-152

（14）肤色。

肤色是自然色中的基本色，种类繁多，包括偏黄的、偏红的及偏蓝的，但中间色的性质全都相同。肤色服装一年四季都可穿着，常用为基本色。准备一件这样颜色的裙子或外套，便能穿出各种变化，如图 2-153 所示。

图 2-153

（15）卡其色。

卡其色是自然色中的代表色，夏天穿的棉质长裤或裙子，最常用这颜色，适于轻松的装扮。因偏黄色而不够清晰，较适合用在下装。和艳丽色或深色都可搭配，如图 2-154 所示。

图 2-154

（16）橄榄绿。

橄榄绿是基本的自然色，能搭配任何颜色。从夏天的棉质到冬天的羊毛料子均适合采用，应用范围广泛。橄榄绿还可以表现季节感，用在秋天的套装上，则显得成熟稳重，如图 2-155 所示。

图 2-155

第 3 章
服装图案设计

3.1　图案概论

一、图案的概念

图案有广义与狭义两种解释，广义的图案是指工艺美术领域（实用美术、装饰美术、建筑美术、工业美术，通称为工艺美术）中关于形式（造型）、色彩、结构及工艺处理的预先设计，在工艺材料、用途、经济、美观条件、生产条件制约下所制成的图样、装饰纹样等的统称。狭义的图案是指工艺品及某些器物上的具体的装饰性纹样，如染织纹样（绸布上的花样，衣服、服饰上的纹样及装饰图案等）、陶瓷纹样，玻璃器皿、家具上的装饰纹样，建筑物上的雕刻纹样等。

二、图案的分类方法

图案的分类方法因标准的不同而有所不同，大致分为以下 6 类：

① 从工艺美术应用设计来看，可分为基础图案、服饰图案、装潢图案；

② 从教学上来看，可分为基础图案和工艺性图案；

③ 从艺术的层次来看，可分为专业设计图案和民间图案；

④ 从历史的沿革关系来看，可分为古代图案和现代图案；

⑤ 从图案的构成来看，可分为单独图案、二方连续图案、四方连续图案、混合图案；

⑥ 从图案的工序特点来看，可分为基础图案和专业图案设计。

3.2　图案的形式美法则

无论是视觉焦点的突出还是虚实空间的制造都离不开一个法则：形式美法则。它是经几代艺术家的发现与挖掘，逐步总结出来的规律，适用于建筑、绘画等，同样也适用于图案。从设计图案的角度出发，形式美法则共有 5 个方面，分别是对称与均衡、对比与调和、条理与反复、节奏与韵律、比例与尺度。

3.2.1　对称与均衡

一、对称与均衡概述

对称与均衡是图案构成的基本平衡形式。它不仅是图案求得重心平稳的两种结构形式，也是体现形态动静关系的重要法则。

（1）对称：对称一般解释为左右相称，主要是指相对的两个或两个以上的图案，在形象的形、色、量方面的相称，包括外表的匀称和一致性，也包括内容上的联系。图案对称的表现形式有多种，如镜面对称、三面对称、多面对称、回转对称、反射扩大对称等，如图 3-1 和图 3-2 所示。对称是服装造型中最常用的，也是最普遍的一种形式法则，在我国传统服饰的造型中尤其如此。对称具有严肃、大方、稳定、理性的特征，在服装款式的构成中，一般采用左右对称和局部对称的形式。

图 3-1

图 3-2

（2）均衡：以假定中心轴线配置不同形、同量、同色；不同形、不同量、不同色；不同形、同量、不同色；不同形、不同量、同色。可分为视觉重心均衡、色彩感觉均衡、形式对比均衡。根据中心支点或图案的骨骼分布，均衡的形式是千变万化的，如图 3-3、图 3-4 和图 3-5 所示。

图 3-3

图 3-4

图 3-5

对称和均衡分别体现了理性秩序和平衡原则。对称给人以稳定的视觉感觉，均衡给人以活泼、运动的视觉感觉。

二、绘制对称与均衡图案

利用 CorelDRAW X7 绘制对称图案，如图 3-2 所示，共分为两个步骤，分别是绘制几何图形和复制图形。

1. 绘制几何图形。

（1）单击矩形工具 ▭ ，画一个矩形，并在属性栏中设定其宽为 38mm，高为 70mm。

（2）单击选择工具 ▶ ，选中刚才画好的矩形，在属性栏中单击 ⟳ ，将矩形的外轮廓线转为曲线，按键盘上的 F12 键，弹出轮廓画笔对话框，将外轮廓线样式改为虚线，设置宽度为 0.2mm，效果如图 3-6 所示。

（3）单击贝塞尔工具 ✑ ，在矩形框内，按照如图 3-7 所示的图形，画出这 7 块几何形体（注意：在画的时候要将起点和终点完全结合）。

（4）单击选择工具 ▶ ，按住 Shift 键，依次选择编号为 1、6 的两块几何形，在页面右侧的色盘中用鼠标右键单击 ⊠ ，使两块几何形体去掉黑色外轮廓线，双击页面下方状态栏上的 ◇ ，在弹出的对话框中选择 ▬ 均匀填充，设置颜色为 C:40，M:40，Y:0，K:0；单击选择工具 ▶ ，选择编号为 2 的几何形，按照上述方式，将几何形体去掉黑色轮廓线，并填充颜色为 C:20，M:80，Y:0，K:20；再选择编号为 3 的几何形，去掉黑色轮廓线，并填充颜色为 C:0，M:40，Y:0，K:20；然后选择编号为 4 和 7 的几何形，去掉黑色轮廓线，并填充颜色为 C:60，M:80，Y:0，K:0；最后选择编号为 5 的几何形，去掉黑色轮廓线，并填充颜色为 C:0，M:40，Y:0，K:0，如图 3-8 所示。

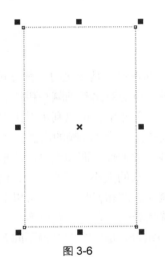 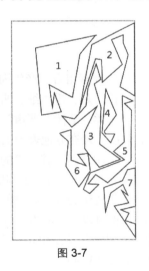 

图 3-6　　　　　　　　　　　图 3-7　　　　　　　　　　　图 3-8

（5）单击形状工具 ⌇ ，选择一个几何形体，在两个节点中的直线上单击鼠标右键，在弹出的快捷菜单中选择"到曲线"，再拖动线段以使它变得圆滑（注意：在节点上双击鼠标左键可以删除节点，在需要增加节点的地方双击鼠标左键可以增加新的节点），将所有的几何形体都进行调整，最后效果如图 3-9 所示。

（6）单击椭圆工具 ○ ，按住 Ctrl 键，在编号为 3 的几何形左侧画 3 个圆形，并填充编号 2 几何形的色彩，效果如图 3-10 所示。

（7）单击选择工具 ▶ ，选择虚线矩形，按键盘上的 Delete 键，将其删除。

2. 复制图形。

双击选择工具 ，将几何图形全部选中，单击页面上方属性栏中的 ，将几何形体群组，再按一下小键盘上的 + 键，对几何形体进行复制，最后单击属性栏中的水平镜像 。选择复制好的图形，按住 Ctrl 键，水平向右移动，使原图形的右边和复制好的图形的左边完全重合，效果如图 3-11 所示。

图 3-9　　　　　　　　　　图 3-10　　　　　　　　　　图 3-11

3.2.2　对比与调和

一、对比与调和概述

（1）对比：是指图案中相异、相悖的因素组合而产生因素差异的现象，是变化的一种方式。形的对比有大与小、方与圆、曲与直、长与短、粗与细、凹与凸等；质的对比有细腻与粗糙、透明与不透明等；感觉对比有动与静、刚与柔、活泼与严肃等。在图案创作中，可以利用对比力度的可控性加强或减弱矛盾方面的对立强度，最充分地表现图案形式特征，传达隐喻的内涵。

（2）调和：是指图案统一的体现，强调形态及其要素的同一性和类似性。调和也可以简单地理解为"同一"或"类似"。如纹样以圆形或接近圆形的形状组成，形状的大小一样或类似，色彩相同或相近。依次类推，组织排列、制作技法的统一和类似也是调和。调和就是统一，可以取得安宁、严肃、少变化的装饰效果。调和也可以从大的方面理解，就是舒适、安定、完整等。

对比和调和是装饰图案中各种构成因素差异性和同一性的恰当组合，是使图案取得不同艺术效果的法则和艺术手段，如图 3-12 和图 3-13 所示。

 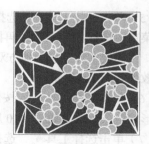

图 3-12　　　　　　　　　　　　　　　　　图 3-13

二、绘制对比与调和图案

1. 利用 CorelDRAW X7 绘制对比与调和图案，参见图 3-13。

（1）单击矩形工具 ，按住 Ctrl 键画一个正方形，并在页面上方的属性栏中设定宽为 80mm 为 80mm。

（2）单击贝塞尔工具 ，在矩形框内画一些封闭的几何形体作为底纹，如图 3-14 所示（注意：每两个节点之间的线段必须是直线）。

（3）单击选择工具 ，按住 Shift 键，选择除矩形框以外的所有几何形体，单击页面上方的属性栏中的 ，将几何形体群组。在页面右侧的色盘中用鼠标右键单击 ，使几何形体去掉黑色外轮廓线，双击页面下方状态栏上的 ，在弹出的对话框中选择 均匀填充，设置颜色为 C:20，M:80，Y:0，K:20，如图 3-15 所示。

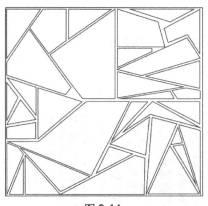

图 3-14

图 3-15

2. 绘制图案。

（1）单击椭圆形工具 ，按住 Ctrl 键画一个圆形，并在页面上方的属性栏中设定宽为 5mm 为 5mm。

（2）单击选择工具 ，选择圆形，填充颜色为 C:0，M:15，Y:30，K:0，轮廓线为白色，并在页面上方的属性栏中将轮廓线宽度改为 0.5mm。

（3）单击选择工具 ，选择圆形，拖动其到适当的位置，在释放鼠标左键的同时单击鼠标右键，对圆形进行复制，可以拖动圆形选区的 4 个角中的任意一个，放大或缩小复制的圆形。按照此步骤，将圆形图案不断复制出自己认为满意的组合，如图 3-16 所示。

（4）双击选择工具 ，选中所有图形；再按住 Shift 键，反选紫色底纹和黑色正方形边框，这样可以选择所有的圆形，并单击页面上方属性栏中的 ，将所有圆形图案群组。

（5）单击矩形工具 ，在正方形的上方画一个宽于正方形的长方形，使长方形的下边同正方形的上边完全重合，如图 3-17 所示。

（6）单击选择工具 ，选择【对象】→【造型】→【造型】命令，打开【造型】对话框中的"修剪"选项；选择长方形，单击【修剪】按钮，接着选择已经群组的圆形图案，将正方形以外的部分进行修剪。按照上述的资料，将 4 个边多余的部分全部修剪掉，效果如图 3-18 所示。

图 3-16

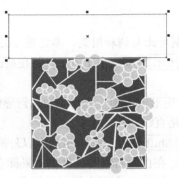

图 3-17

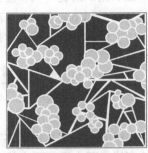

图 3-18

3.2.3 条理与反复

一、条理与反复概述

条理与反复是图案构成的基本组织方法（如图 3-19 和图 3-20 所示）。

图 3-19

图 3-20

（1）条理：指图案变化和组织中显示出来的规律性的美或规律化的因素，也称为"秩序感"。装饰图案是较为典型的秩序性艺术，人在审美中体验的美与人对秩序的感受是联系在一起的，任何有机变化过程都是秩序性的。

（2）反复：图案组织上的一种处理手法。它使单位纹样和元素在连续的排列重复中呈现出一种有规律的变化，在组织元素相对的动静之间体现出既有条理性又有跳跃性的节奏，它使图案造型在组织结构上形成独特的重复效果。

二、绘制条理与反复图案

利用 CorelDRAW X7 绘制条理与反复图案，如图 3-20 所示。

（1）单击矩形工具 ▢ ，画一个矩形，并在属性栏中设定宽为 80mm，高为 50mm。

（2）单击基本形状工具 ▣ ，在属性栏中选择心形工具 ♡ ，在矩形框内左上角位置画一个心形，在属性栏中设定其宽为 3mm，高为 3mm。并均匀填充为 C:100，M:10，Y:10，K:0，设置轮廓线为无色，如图 3-21 所示。

（3）单击选择工具 ，选择蓝色的心形图形，按住 Ctrl 键，向下垂直拖动到适合位置，在释放鼠标左键的同时单击鼠标右键，复制一个新的心形图形，然后按 Ctrl + D 组合键 16 下，可以再制 16 个心形图形。选择所有的心形图形，单击属性栏的 ，将所有蓝色心形图形群组，如图 3-22 所示。

图 3-21

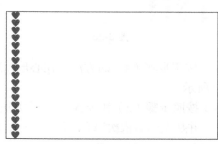
图 3-22

（4）单击矩形工具 ，在蓝色的心形图形右侧画一个矩形，并在属性栏中设定其宽为 0.3mm，高为 50mm，单击调色盘中的洋红 ■ C: 0，M:100，Y:0，K:0，并在调色盘中的 ⊠ 上单击鼠标右键，去掉外轮廓线。按住 Shift 键，单击红色矩形线，再单击矩形框，选择【对象】→【对齐分布】→【顶端对齐】命令，如图 3-23 所示。

（5）按照步骤（2）和步骤（3）的方法，在红色矩形线右侧画 3 组新的心形图形，并选择均匀填充，从左到右依次填充①酒绿 C: 40，M:0，Y:100，K:0；②绿松石 C: 60，M:0，Y:20，K:0；③蓝紫 C: 40，M:100，Y:0，K:0，在调色盘中的 ⊠ 上单击鼠标右键，去掉外轮廓线，如图 3-24 所示。

图 3-23

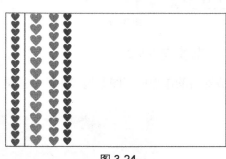
图 3-24

（6）按照步骤（4）的方法，在蓝紫色心形图形右侧画矩形，填充为 C: 100，M:0，Y:0，K:0，如图 3-25 所示。

（7）按照步骤（2）和步骤（3）的方法，在蓝色矩形线右侧画七组新的心形图形，调整为适合大小，并选择均匀填充，从左到右依次填充①酒绿 C: 40，M:0，Y:100，K:0；②洋红 C: 0，M:100，Y:0，K:0；③高贵紫 C: 80，M:100，Y:30，K:0；④酒绿 C: 40，M:0，Y:100，K:0；⑤碧绿 C:100，M:10，Y:10，K:0；⑥紫红 C:10，M:100，Y:0，K:0；⑦酒绿 C: 40，M:0，Y:100，K:0，在调色盘中的 ⊠ 上单击鼠标右键，去掉外轮廓线，如图 3-26 所示。

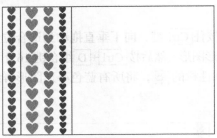

图 3-25

图 3-26

（8）按照步骤（4）的方法，在心形图形右侧画矩形，填充为 C: 100，M:0，Y:0，K:0，如图 3-27 所示。

（9）按照步骤（2）和步骤（3）的方法，在蓝色矩形线右侧画 4 组新的心形图形，调整为适合大小，并从左到右依次填充①洋红 C: 0，M:100，Y:0，K:0；②蓝紫 C: 40，M:100，Y:0，K:0；③青 C: 100，M:0，Y:0，K:0；④酒绿 C: 40，M:0，Y:100，K:0，在调色盘中的☒上单击鼠标右键，去掉外轮廓线，如图 3-28 所示。

图 3-27

图 3-28

3.2.4　节奏与韵律

节奏与韵律形成了图案构成中的动态美，如图 3-29 和图 3-30 所示。

图 3-29

图 3-30

96

（1）节奏：指有秩序、有规律的变化和反复。变化的元素是一定量的单位元素或形体变化过程系列阶段。节奏分为重复节奏和渐变节奏，重复节奏无论在延伸方面和循环次数的长短方面，其变化周期和各个重复元素都是等距排列，没有空间距离和形态的变化，呈单一的反复状态；渐变节奏则离不开周期和形态的反复，但在每个周期和单位元素中，元素的形态渐渐发生变化，使周期和单位之间的分界模糊，有秩序有规律地拉长了变化的周期，形成平滑流畅的运动形式。它变化的秩序和方向是多元化的，变化的周期是按一定的数理关系有秩序进行的。

（2）韵律：指节奏运动性的变化。它与节奏一样，有内在秩序性，但变化的周期长短和变化元素的自由度的多样性是节奏所不能包含的。韵律的规律往往隐藏在内部，呈现出渐进、重复、回旋、流动、疏密、方向等复杂的状态。

节奏和韵律有密切的内在联系。节奏是韵律的基础，是条理性、重复性、连续性图案的表现形式。韵律是在节奏基础上的个性表现，也同样是一种有秩序、有变化的完美重复，是节奏的艺术深化。没有节奏就没有韵律，韵律又包含着节奏的因素，节奏和韵律是相辅相成、不可分割的两个部分。

3.2.5 比例与尺度

一、比例与尺度概述

图案设计是为人服务的，所以必须研究产品造型与人的关系，以及造型各部分之间的关系。设计上把这个过程叫比例与尺度法则。

物体的尺度大小要适合于人的使用。

比例是物体整体与局部之间所形成的关系，它反映了世界上一切事物在结构上的关系。比例也是图案构成中的重要因素，主要是图案中对象自身的比例，因为美感是建立在各个部分之间的比例关系上的。

比例与尺度本身既是人为约定的，又是客观实在的。在装饰图案中，离开了比例与尺度，就意味着失去了形状比例的参照。因此，比例与尺度这个人为的数量关系不仅是形体的定量行为，也是美感特征数据化、理性化的集中反映。它将感知因素转化为理性认识，作为形成美感的衡量器来衡量美。

不同的时期、不同的地域、不同的民族和不同的文化群体对形式美的比例与尺度都有各自的标准。如"黄金比""人体尺度比""等比分割比"等，传统上还有很多世人公认的比例与尺度，如"米字格分割比""太极分割比""九宫格分割比"等。图 3-31 所示为"太极分割比"，图 3-32所示为"九宫格分割比"。在装饰图案中应该对比例和尺度灵活运用。

图 3-31

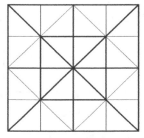

图 3-32

二、绘制九宫格

利用 CorelDRAW X7 绘制九宫格，如图 3-32 所示，共分为两个步骤，分别是绘制方格和加工线条。

1. 绘制方格。

（1）单击表格工具■，在属性栏中设置图纸的行数和列数都为 4，如图 3-33 所示，在页面中心画一个 4×4 的方格。

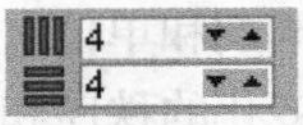

图 3-33

（2）单击选择工具 ，选择画好的方格，在属性栏中将方格改为 80mm×80mm，如图 3-34 所示。

（3）单击贝塞尔工具 ，按住 Ctrl 键，在方格上边的第 3 个节点上单击，为所要画的菱形的第 1 个起点，继续按住 Ctrl 键，在方格左边第 3 个节点上单击菱形的第 2 个点，在方格下边的中心点单击菱形的第 3 个点，在方格右边中心点单击菱形的第 4 个点，再单击第 1 个起点，使 4 个节点组成一个封闭的菱形，如图 3-35 所示。

图 3-34

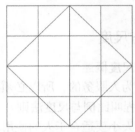

图 3-35

2. 加工线条。

（1）单击矩形工具 □ ，按住 Ctrl 键，画一个 80mm×80mm 的正方形，在属性栏中，将轮廓宽度改为 0.75mm，并将正方形移至与九方格完全重合，如图 3-36 所示。

注意：因为无法对表格外框单独进行加粗操作，所以直接绘制一个正方形覆盖在表格外框上，以体现加粗效果。

（2）单击贝塞尔工具 ，按住 Ctrl 键，在九方格上画两条对角线，并在属性栏中将轮廓宽度改为 0.75mm，如图 3-37 所示。

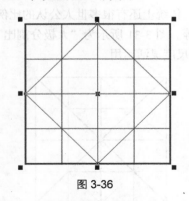

图 3-36

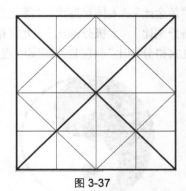

图 3-37

（3）单击贝塞尔工具 ，按住 Ctrl 键，以菱形的最左边点为起点，以菱形最右边点为终点，画一条直线，并在属性栏中将轮廓宽度改为 0.75mm，再以菱形的最上边点为起点，以菱形最下边点为终点，再画一条直线，并在属性栏中将轮廓宽度改为 0.75mm，如图 3-38 所示。

（4）单击矩形工具 ⬜，按住 Ctrl 键，画一个 40mm×40mm 的正方形，在属性栏中，将轮廓宽度改为 0.75mm。

（5）单击选择工具 ▸，按住 Shift 键，依次点选步骤（1）画好的 80mm×80mm 的正方形和步骤（4）画好的正方形，选择【对象】→【对齐和分布】→【水平居中对齐】命令，再选择【对象】→【对齐和分布】→【垂直居中对齐】命令，使两个正方形居中对齐，如图 3-39 所示。

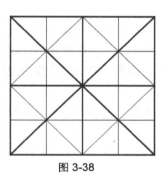

图 3-38

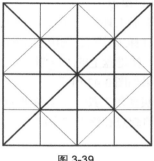

图 3-39

 ## 3.3　图案构成

图案结构不仅要适应工艺制作和装饰要求的制约，还要尽可能使图案结构形式趋于完美。图案结构的形式种类可以分为单独纹样、适合纹样、连续纹样和综合纹样。

3.3.1　单独纹样

一、单独纹样概述

单独纹样是指与四周无联系、独立、完整的纹样。它是图案组织的基本单位，是组成适合纹样、二方连续、四方连续纹样的基础。

单独纹样构成方式有对称式和均衡式两种。

（1）对称式：对称式又称均齐式，表现形式分为绝对对称和相对对称。绝对对称是以一条直线为对称中心，在中轴线两侧配置等形等量纹样的组织方式，如图 3-40 和图 3-41 所示。

图 3-40

图 3-41

（2）均衡式：均衡式单独纹样，是以中轴线或中心点采取等量而不等形的纹样的组织方法，上下左右的纹样组织不受任何制约，只要求空间与实体在分量上达到稳定平衡，如图 3-42 所示。

单独纹样是组成适合纹样、连续纹样的基础，其构图形式变化万千、丰富多彩。

二、绘制单独纹样

利用 CorelDRAW X7 绘制单独纹样，参见图 3-41，共分为两个步骤，分别是绘制几何图形和复制图形。

1. 绘制几何图形。

（1）单击矩形工具 □，画一个矩形，并在页面上方的属性栏中设定宽为 38mm，高为 70mm。

（2）单击选择工具 ▣，选中刚才画好的矩形，在页面上方的属性栏中单击 ○，将矩形的外轮廓线转为曲线，按键盘上的 F12 键，弹出轮廓画笔对话框，将外轮廓线样式改为虚线，设置宽度为 0.2mm，效果如图 3-43 所示。

（3）单击贝塞尔工具 ▚，在矩形框内，按照如图 3-44 所示的图形，画出几何图形（注意：在画的时候要将起点和终点完全结合）。

图 3-42

图 3-43

图 3-44

（4）单击选择工具 ▣，按住 Shift 键，依次选择几何形体，在页面右侧色盘的 ⊠ 上单击鼠标右键，使几何形去掉黑色外轮廓线，再双击页面下方状态栏上的 ◇，在弹出的对话框中选择 ■ 均匀填充，设置颜色为 C:0, M:100, Y:0, K:0，如图 3-45 所示。

（5）单击形状工具 ▚，任意选择一个几何形体，在两个节点中的直线上单击鼠标右键，在出现的对话框中选择"到曲线"，再拖动线段以使它变得圆滑（注意：在节点上双击鼠标左键可以删除节点，在需要增加节点的地方双击鼠标左键可以增加新的节点），将所有的几何形体都进行调整，最后效果如图 3-46 所示。

（6）单击选择工具 ▣，选择虚线矩形，按键盘上的 Delete 键，进行删除。

2. 复制图形。

双击选择工具 ▣，将几何形体全部选中，再单击页面上方的属性栏中的 ▥，将几何形体群组，然后按小键盘上的"＋"按钮，对几何形体进行复制，最后单击属性栏中的水平镜像 ◨。选择复制好的图形，按住 Ctrl 键，水平向右移动，使原图形的右边和复制好的图形的左边完全重合，效果如图 3-47 所示。

图 3-45

图 3-46

图 3-47

3.3.2 适合纹样

一、适合纹样概述

适合纹样是具有一定外形限制的图案造型。它是将图案素材经过加工变化，组织在一定的轮廓线内，既适应又严谨。即使去掉外形，仍有外形轮廓的特点。花纹组织结构具有适应性，所以称为"适合纹样"。其要求纹样的变化既有物象的特征，又要穿插自然，构成独立的装饰美。

适合纹样可分为形体适合、角隅适合、边缘适合等几种。

（1）形体适合。

形体适合纹样是最基本的一种，它的外轮廓具有一定的形体，这种形体是根据被装饰的形体而定的。从纹样的外形特征看，有几何形体和自然形体。其中几何形体中有圆形、三角形、多边形、综合形等；综合形体中包括桃形、扇形、梅花形等。无论是几何形体还是自然形体，基本上都和单独纹样一样，可以概括为对称式与均衡式两种主要形式。

● 对称式：属于规则的组织，它的纹样通常采用上下对称或左右对称的等量分格形式，结构严谨，有庄重大方的特点，如图 3-48 和图 3-49 所示。

● 均衡式：是一种不规则的自由格式，依照力量的平衡法则，使纹样保持一定的平衡姿态，以取得灵活和优美的画面效果，如图 3-50 所示。

图 3-48

图 3-49

图 3-50

（2）角隅适合。

角隅适合纹样是适合装饰在形体转角部位的纹样，所以又叫"角花"，角隅适合纹样一般都根据客观对象的不同而有区别。大于 90°，或小于 90°的，如梯形和菱形等的角隅适合纹样，可以单独使用。形体的每个角饰可以用相同纹样，也可以用不同大小的纹样，可以有的角装饰，有的角不装饰，根据具体需要而定，如图 3-51 所示。

（3）边缘适合。

边缘适合纹样是适合于形体周边的一种纹样。它一般是用来衬托中心纹样或配合角隅纹样，但也可以成为一种独立的装饰纹样。边缘纹样和二方连续不同，二方连续可以无限延伸，而边缘纹样则受到外形的限制。边缘纹样如果是圆形的边缘，一般采用二方连续的组织形式；如果是方形或其他形式，则应注意转角部分的纹样结构要穿插自然，如图 3-52 所示。

图 3-51　　　　　　　　　　　　　　　　　　图 3-52

二、绘制适合纹样

利用 CorelDRAW X7 绘制适合纹样，如图 3-49 所示，共分为 3 个步骤，分别是复制基本图形、绘制圆形适合纹样和绘制中心图案。

1．复制基本图形。

（1）选择【文件】→【打开】命令，打开之前做好的"单独纹样"文件，如图 3-53 所示。

（2）单击选择工具，选中图形，选择单独图形，按 Ctrl + C 组合键，进行复制。

（3）选择【文件】→【新建】命令，新建一个页面，按 Ctrl + V 组合键，把刚才复制的单独图形复制到这个新的页面。

（4）单击选择工具，选中单独图形，单击页面右侧的色盘中的黑色，将图形填充为黑色，再单击页面上方属性栏中的 ，使它成为弹起状态，可以等比例缩放宽为 20mm 的图形，如图 3-54 所示。

图 3-53　　　　　　　　　　　　　　　图 3-54

2．绘制圆形适合纹样。

（1）单击椭圆工具，按住 Ctrl 键，画两个圆形，大小分别为 64mm×64mm、24mm×24mm。

（2）单击选择工具 ，按住 Shift 键，将两个圆形选中，选择【对象】→【对齐和分布】→
【水平居中对齐】命令，再选择【对象】→【对齐和分布】→【垂直居中对齐】命令，将两个圆形
中心对齐，如图 3-55 所示。

（3）单击选择工具 ，按住 Shift 键，依次选择单独纹样图形和大圆，选择【对象】→【对
齐和分布】→【顶端对齐】命令，再选择【对象】→【对齐和分布】→【垂直居中对齐】命令，
效果如图 3-56 所示。

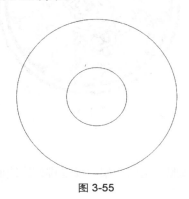

图 3-55

图 3-56

（4）双击选择工具 ，按住 Shift 键，依次选择单独纹样图形和大圆，选择【对象】→【变
换】→【旋转】命令，打开旋转对话框。将旋转角度设置为"45°"，副本设置为 7，并单击【应
用】按钮，如图 3-57 所示。

（5）单击选择工具 ，选择大圆，将属性栏的轮廓宽度设置为"1.4mm"，按住 Ctrl 键，向
外拖住选取框任意一角，到适当位置，释放鼠标左键，同时按下鼠标右键，复制一个新的大圆，
再选择小圆，将轮廓宽度设置为"0.5mm"。按照以上方法，复制一个小圆，如图 3-58 所示。

图 3-57

图 3-58

3．绘制中心图案。

（1）单击星形工具 ，将属性栏的星形属性设置为 ，画一个八边形星形图形，
在属性栏中设置宽高为"19mm×19mm"，设置轮廓线宽度为"0.5mm"，如图 3-59 所示。

（2）单击选择工具 ，选择星形图形，按住 Ctrl 键，拖动星形图形选取框四角中的任意一角，
向内拖动，在适当位置释放鼠标左键，并同时单击鼠标右键，复制一个新的星形图形。用以上方

法，复制 3 个星形，并将最中心的一个星形图形填充为"黑色"，如图 3-60 所示。

图 3-59   图 3-60

3.3.3　连续纹样

连续纹样是由一个或几个单位纹样作为最小单位，按照一定的骨架做反复排列连续而成的图案。连续纹样具有一种规律的节奏美和较强的装饰性。

连续纹样，可以分为二方连续和四方连续两大类。

一、二方连续

二方连续是指成为带状的一种纹样，因此又称"带纹"或"花边"。用一个或数个单独纹样向左右连续的，称横式二方连续；向上下连续的，称为纵式二方连续；斜向连续的，称为斜式二方连续。

二方连续纹样是在装饰中用途较广泛的一种图案组织形式，在我们日常生活中，衣、食、住、行等方面，到处可以见到这种二方连续纹样，如图 3-61 和图 3-62 所示。

图 3-61   图 3-62

二、绘制二方连续图案

利用 CorelDRAW X7 绘制二方连续图案，如图 3-62 所示。共分为两个步骤，分别是绘制基本图形和绘制二方连续。

1．绘制基本图形。

（1）单击矩形工具 ▢ ，画一个矩形框，设置长宽为 190mm×20mm，并设置轮廓宽度为 0.25mm，再单击属性栏上的 ◌ ，将矩形框转为曲线。

（2）单击形状工具 ⟍ ，在矩形框的左下角的节点上单击鼠标右键，在出现的对话框中选择【拆分】，再次点击拆分后的节点，按键盘上的 Delete 键，将线段删除，如图 3-63 所示。

（3）单击形状工具 ⟍ ，再单击矩形框的右下角，按照步骤（2）的方法，将线段进行删除。

图 3-63

（4）选择【文件】→【打开】命令，打开前面画好的"对称"图案，如图 3-64 所示，选择图形，按 Ctrl + C 组合键，进行复制，回到刚才的页面，按 Ctrl + V 组合键，进行粘贴。

（5）单击选择工具 ⟍ ，选择图形，再双击页面下方状态栏上的 ◌ ，在弹出的对话框中选择■均匀填充，设置颜色为 C:40，M:20，Y:0，K:40，如图 3-65 所示，单击属性栏的群组按钮 ⊞ 并同比例缩放，设置图形高度为"20mm"。

图 3-64

图 3-65

2．绘制二方连续。

（1）单击选择工具 ⟍ ，按 Shift 键，选中群组好的图形和矩形框，选择【对象】→【对齐和分布】→【水平居中对齐】命令，再选择【对象】→【对齐和分布】→【左对齐】命令，将两者对齐，如图 3-66 所示。

图 3-66

（2）单击选择工具 ⟍ ，选择单独纹样图案，按住 Ctrl 键，向右水平拖动，至和原图形平行时，释放鼠标左键，同时，单击鼠标右键，复制一个图形，再按 Ctrl + D 组合键，可以连续等距离再复制一组图形，如图 3-67 所示。

图 3-67

（3）单击选择工具 ▣ ，选择矩形边框，并将轮廓线设置为"荒原蓝"（C:40，M:20，Y:0，K:40）。选择矩形图形，按住 Ctrl 键，拖动矩形框，选取四角中的任意一角，向外拖动，在适当位置释放鼠标左键，并同时单击鼠标右键，复制一个新的矩形框，设置轮廓线为"1mm"，如图 3-68 所示。

图 3-68

三、四方连续

四方连续是用一个单位纹样向上、下、左、右四面延展的一种纹样，它循环反复、连绵不断，又称网纹，如图 3-69 和图 3-70 所示。

图 3-69

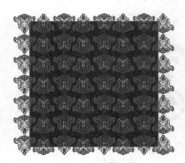

图 3-70

四方连续要求单位面积之间彼此联系呼应。它既要有生动多姿的单独纹样，又要有匀称协调的布局；既要有反复连续的单独纹样，又要有花纹的宾主层次；既要使纹样穿插连续，又要活泼自然；既要穿插有序，又要不露出空档间道。所以它有疏有密，有虚有实，有变化而不凌乱，统一而不呆板。总之，要注意一个单位内的协调，还要注意几个单位内的连成大面积整体的艺术效果。

四方连续在染织图案中用途最广，在其他工艺方面如塑料布、瓷砖、印刷底纹等也被广泛应用。

四、绘制四方连续图案

利用 CorelDRAW X7 绘制四方连续（如图 3-70 所示），分为两个步骤，分别是复制基本图形和绘制四方连续。

1. 复制基本图形。

（1）选择【文件】→【打开】命令，打开前面画好的"对称"图案，选择图形，按 Ctrl + C 组合键，进行复制，回到新建的页面，按 Ctrl + V 组合键，进行粘贴，并单击属性栏的群组按钮 ▣ 。

（2）单击选择工具 ▣ ，选择图形，按小键盘上的"+"按钮，复制一个新的图形，再单击属性栏中的垂直镜像按钮 ▣ ，选择刚才镜像的图形，按住 Ctrl 键，将图形平行向右拖动，如图 3-71 所示。单击属性栏的 ▣ ，将两个图形群组。

（3）单击矩形工具 ▭，画一个矩形，设置其长宽为 120mm×90mm，并单击页面右侧色盘中的"黑"，将矩形填充为黑色。

图 3-71

2. 绘制四方连续。

（1）单击选择工具 ▷，选择群组好的图形，按住 Ctrl 键，水平向右移动至平行时，释放鼠标左键，同时按下鼠标右键，进行复制，再按 Ctrl + D 组合键一次，等距离再复制几个新的图形，如图 3-72 所示。

图 3-72

（2）双击选择工具 ▷，将页面上的图形全部选中，再按住 Ctrl 键，垂直向下移动图形，到适当位置时，释放鼠标左键，同时单击鼠标右键，复制这排图形，接着按 Ctrl + D 组合键 5 次，将图形再等距离复制 5 次，如图 3-73 所示。

（3）双击选择工具 ▷，将图形全部选中，单击属性栏上的群组按钮 ▦，将图形群组。

（4）单击选择工具 ▷，按住 Shift 键，依次点选黑色矩形和群组的全部图形，选择【对象】→【对齐和分布】→【水平居中对齐】命令，再选择【对象】→【对齐和分布】→【垂直居中对齐】命令，将两者对齐，如图 3-74 所示。

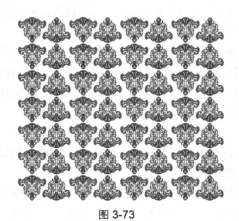

图 3-73

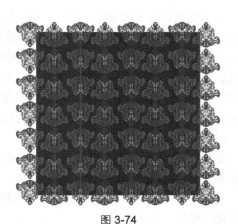

图 3-74

3.4　图案的变化形式

图案的基本形态分为具象形态和抽象形态。具象形态是以具象特征来表现实物的外貌轮廓，人们能够从其形态表征上来感知它们；抽象形态是以提取图形相关因素来表现其内容的。

一、具象变化造型

图案的造型从某个角度来看，是根据自然物象处理成图案形象，通过不同的变化手段把现实生活中各种形象加工成适应于艺术的图案纹样。

服装图案常用的具象变化造型有以下 4 种。

（1）植物图案。

植物图案是以自然界的植物形象为素材创作出来的图案，如花卉图案、蔬菜图案、树叶图案等。植物图案中花卉形态的变化最为灵活。可以写实，可以变形；可以用整枝，也可以只用花头，甚至只用花叶；可以作单纯的装饰，也可以被赋予特定的含义。同时，花卉图案的适应性也非常强，它们的造型和结构可以在设计者的安排下，适应各种服装任何部位、任何工艺形式的需要。因此，花卉图案能在服装中（特别是女装）运用广泛，如图 3-75 所示。

图 3-75

（2）动物图案。

动物是装饰图案的重要题材。装饰图案中的动物不是自然形象的再现，它经过设计师的艺术加工，融进了作者的感情，已成为形态高度概括又有寓意的艺术形象。

一般来说，装饰图案中的动物图案不能像花卉图案那样变化丰富，大多只是用动物头部或全身的形象去做装饰。但是，动物图案所具有的动态特征和表情特征是花卉图案不及的。将动物形象拟人化，刻画成有趣的、活泼的卡通形象，也是装饰图案中常常用到的方式。因此，用动物图案做服饰图案能够为服装增添更多的活力和情趣，如图 3-76 所示。

（3）龙凤图案。

龙凤图案是具象图案中比较特殊的一种图案，它们不是直接来源于客观世界，而是人们以客观世界为依据，综合多种物象，通过组合、夸张创作出来的一种图案。

龙凤图案是我国各民族共同的吉祥纹样，过去的龙曾经是皇权的象征，今天的龙则是中华民族文化的象征。而凤凰自古以来就是我国人民讴歌的对象，是我国人民一切美好愿望的化身。龙凤图案运用在服装装饰上能够充分体现出迷人的东方魅力，如图 3-77 所示。

（4）人物图案。

一般运用在服装装饰上的人物图案是一种通过艺术加工过的人物形象，包括从人物中提取的手、足、嘴、眼等局部形象，能够产生有趣的视觉效果，也有少部分是以斜式照片来表现明星等人物形象，如图 3-78 所示。

图 3-76 　　　　　　　　　　　　图 3-77

图 3-78

二、抽象变化造型

抽象图案是形象在变化的过程中，相对脱离形的具体内容，趋向使用纯粹与理性的形态——点、线、面来构成图案造型的方法。这样的图案不但有新的"象"可指认，同时也保留了原有物象的某些特征和神韵。

（1）几何图案。

几何图案是指用规矩、整齐的点、线、面组成的抽象图案，几何图案能比较方便地在服装材料和服装缝制的过程中融入服装，如机织的色织布、针织的毛衣等。因此，几何图案能广泛地运用于服装的装饰。为了丰富图案的变化，几何图案也常常与具象图案组合起来运用，如图 3-79 所示。

图 3-79

（2）任意形图案。

任意形图案是指用随手画的点、线、面组成的抽象图案，这类图案看上去像漫不经心画出来的，但实际上是设计者根据具体装饰对象的需要精心设计出来的。由于任意图案具有随意性，表现出一种轻松、自然、柔美的形态，因此，常常被用来装饰女装，如图 3-80 所示。

图 3-80

（3）文字图案。

文字是人类创造的用于交流的符号，将文字运用到服装上，不仅能像其他图案一样具有装饰性，还具有无法比拟的文化特征，如图 3-81 所示。

图 3-81

3.5 服装图案设计的原则与方法

服装图案是图案艺术的一个门类。它是针对服装、配饰及附属构建的装饰设计和装饰纹样。作为整个图案艺术的一部分，服装图案自然具备图案的一般属性和共同特点——审美性、功用性、附属性、工艺性、装饰性等。但作为一个相对独立的门类，服装图案也有自身的特性。下面从服装图案的特点和服装图案的设计原则来分析服装图案。

一、服装图案的特点

（1）民族性。

受各民族宗教信仰、审美心理的影响，服装图案具有鲜明的民族特征。

把中国、日本传统的服装图案与法国、意大利的传统服装图案作比较，就可以明显地看出东西方服装图案的风格的区别。东方的服装图案比较精细，而西方的服装图案比较粗犷，且多用花边或荷叶边做装饰。即使均为东方民族，因文化传统不同对图案的喜好也是不相同的，如荷花图案在中国象征高洁，在日本却象征死亡，如图 3-82 所示。

图 3-82

（2）时代性。

受现代文化和审美心理影响，现代的服装图案纹样和表现形式均有了很大的改变，大量反映现代新鲜事物的图形，如宇宙飞船、机器人、明星头像，以及符合现代人审美情趣的表现形式，如夸张的抽象图案、拟人的卡通图案，使现代的服装图案充满了时代的气息，如图 3-83 所示。

图 3-83

（3）从属性。

运用在服装中的图案主要起装饰作用，因此，图案的设计必然会受到服装款式、色彩、材料甚至着装者的制约，具体体现在图案的组织形式由服装相应装饰面的形态来决定，图案的色彩不能破坏服装整体色调，服装的加工形式必须适应服装的材料等方面。

服装图案的民族性、时代性和从属性都是服装图案设计创作中不能忽视的重要因素。

二、服装图案设计原则

（1）纤维性。

服装面料有棉、毛、丝、麻、天然纤维、天然毛皮、皮革以及人造革等。服装图案附着于面料上，使得面料的种种特点渗透入图案中。因此，面料所引起的特殊效果在服装设计中必须预先考虑。一般来讲，服装图案所呈现的疏松的结构、叠起凹凸的纹理，便是体现其纤维性的形式特征，此外，纤维性还赋予服装图案以温厚、柔美、亲和的感受。

（2）饰体性。

饰体性，是服装图案结合着装人的体态而呈现的相应的特性。

服装最基本的功能就是裹体，作为服装的装饰图案要和人的结构、形态、部位以及活动特点都有紧密的关系。如：较为宽阔、平坦的背部，宜用自由的大面积图案，这可以加强它作为人体背面主要视角的装饰效果。而隆起的胸部和环形的领口，则是仅次于头部的视线关注部位，所以图案往往要求醒目而精巧。肩部、腰部是人体的躯肢和上下躯体的分界部位，其图案装饰往往有着既鲜明界定又自然连贯的特点。另外，人体几个大关节转折部位的折凹处一般都不以图案装饰，这是由人体的活动特点所决定的。因此，服装图案不能停止于平面的完美，还应该充分估计到它穿在人体上的实际效果。上述这些，都说明了服装图案的饰体性形式特征。脱离了人体的特点，服装图案就成了无本之木。

（3）动态性。

动态性是服装图案随着装束展示状态的变动而呈现的响应美学特征。

人是在不断运动的，人身上的服装图案也相应地处在不断的运动之中，它向观者展示了一种不断变化的动态美。一件黑白条纹的衬衣，平铺着看缺乏魅力，但是，一旦穿着起来，它便会随着运动方向的不同而发生丰富的变化。再如，两块完全相同的花布被做成床单和连衣裙，两者的效果完全不同，床单是通过平面的、静止的状态显示效果的，而连衣裙上的图案似被赋予了生命，显得丰富多彩，若隐若现。这就是服装图案表现出的动态美。

（4）多义性。

多义性是服装图案配合服装的多重价值及服装自身结构形式的要求而呈现的相应的美学特征。

一般来说，服装除具有最基本的裹体的价值外，还体现着穿戴者追逐时尚、表现个性、隐喻人格、标示地位等多样价值要求。因此，服装图案不仅是服装的美化形式，而且也是其体现多种价值的重要手段。

服装图案的设计要根据着装者的不同类型要求而设计。同样是职业女性，却有文静与豪爽、气质优劣等差异，服饰图案就有可能针对性格文静、气质大方的职业女性来逐项定义。都市年轻人有着乐观豁达的性格、自信洒脱的生活态度，他们喜欢有着大方明快的漫画式图案的服装。通过一定的服装图案形式，我们能体会到着装者的爱好、修养和所处层次，也能够领悟到一定时期的流行趋势和社会风尚。

上述几方面，是服装图案的特点和设计原则，深入研究，把握这些特性和原则，有利于全面认识、了解服装图案的本质，增强其设计与应用的针对性。

第 4 章

服装部件和局部设计

　　服装款式是服装的基本形态，服装的造型设计一般从服装的款式构思入手。在具体的服装中，服装的款式由服装的外形、领子、门襟、袖子、口袋、腰头等组合表现。因此，我们也从组成服装款式的这些元素入手开始进行服装造型的设计研究。

 ## 4.1　领子的设计与表现

　　领子是目光最容易触及的地方，同时，领子也在上衣各局部的变化中总是起主导作用。因此，领子的设计常常是上衣设计的重点。

4.1.1　领子的分类和设计要点

　　根据领子的结构特征，领子可以分为领口领、立领、贴身领、驳领、悬垂领、蝴蝶结领和罗纹领等，如图 4-1 所示。

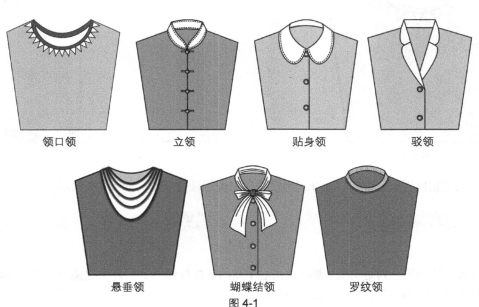

领口领	立领	贴身领	驳领

悬垂领	蝴蝶结领	罗纹领

图 4-1

各种类型的领除了结构不同以外，给人的审美感受也不相同。下面分别研究各种领子的设计要点和表现方法。在领子的设计中，应该注意以下几点：

① 在批量生产的服装中，应尽可能运用流行元素设计领子；

② 针对具体穿衣人时，领子的设计要符合穿衣人的脸型和颈项特征；

③ 领子的造型要与服装的整体风格一致。

4.1.2 领口领的设计与表现

领口领是指没有领面，只有领口造型的领子。领口领的形态由衣片的领口线或服装吊带的形态来确定，常常能给人简洁、轻松的美感。

用电脑设计和表现领口领，应先确定并画好衣身上部图形，然后在肩颈点以外的适当位置设计并画好领口线，最后再对领口线做适当装饰。装饰领口线的方法有很多，如辑明线、包边、嵌边、加缝花边或荷叶边等，设计中应根据服装的整体需要去把握。用明线装饰领口是所有领都可以用的方法，也是缝合衣片常用的方法。学会用电脑表现明线，不仅可以装饰其他的领，也可以用来处理服装中需要用明线装饰的其他部位。以下面款式图为例，介绍领口领的电脑绘制方法，如图 4-2 所示。

1. 图纸设置。

（1）打开 CorelDRAW X7，单击程序界面上的【新建】图标 ，新建一张空白图纸，如图 4-3 所示。

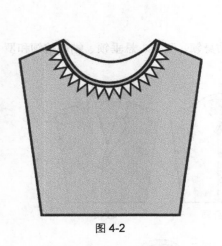

图 4-2

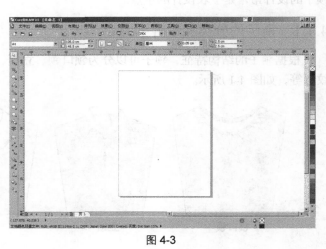

图 4-3

（2）通过程序界面上方的"交互式属性栏"对图纸进行设置，如图 4-4 所示。

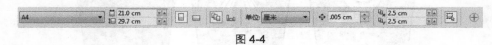

图 4-4

（3）属性栏的第一列是图纸规格，单击右下角的下拉按钮 ，展开下拉菜单，选择 A4 图纸，完成了对 A4 图纸的规格设置，如图 4-5 所示。

（4）属性栏的第三列是图纸方向设置按钮 。单击纵向按钮，设置图纸纵向摆放，完成了对图纸方向的设置。

（5）属性栏中间是绘图数据单位的设置菜单，单击下拉按钮，展开绘图单位设置下拉菜单，选择"厘米"，设置绘图单位为"cm"，如图 4-6 所示，完成了对绘图单位的设置。

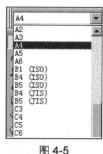

图 4-5

图 4-6

（6）绘图比例的设置。双击横向标尺，打开"选项"对话框，如图 4-7 所示。

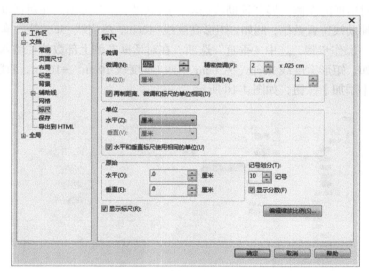

图 4-7

（7）单击"标尺"对话框中的【编辑缩放比例】按钮，打开【绘图比例】对话框。将【页面距离】设置为"1.0"cm，【实际距离】设置为"5.0"cm，单击【确定】按钮，就完成了 1:5 的绘图比例设置，如图 4-8 所示。

提示：所有关于图纸设置的内容与步骤基本相同，以后不再叙述。

2．原点和辅助线的设置。

（1）为了绘图的方便与准确，一般应该设置原点位置和辅助线。单击选择工具 ，将鼠标指针放在横竖标尺交叉处，拖动鼠标，将原点放置在图纸的适当位置。如图 4-9 所示，将鼠标指针按在竖向标尺上，分别拖出若干条竖向辅助线，将其放置在相应位置，然后将鼠标指针放在横向标尺上，拖出若干条横向辅助线，将其放置在相应位置。

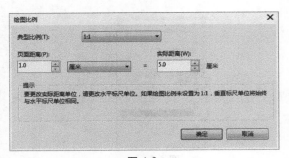

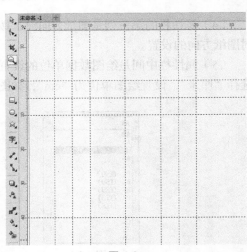

图 4-8

图 4-9

（2）设置完成原点后，还可以通过设置辅助线进行精确设置。鼠标双击横向标尺，打开选项设置对话框。在对话框的左侧，展开辅助线选项，选中"水平"选项。在对话框右侧上部数值栏输入需要的水平辅助线位置数据，例如，矩形高度线-40cm，落肩线-5cm 等，单击【添加】按钮。

（3）重复上一操作步骤，选中"垂直"选项。在对话框右侧上部数值栏输入需要的垂直辅助线位置数据，例如，矩形宽度线 20cm、-20cm，领口宽度线 10cm、-10cm，收腰位置线 15cm、-15cm 等，单击【添加】按钮，如图 4-10 所示。

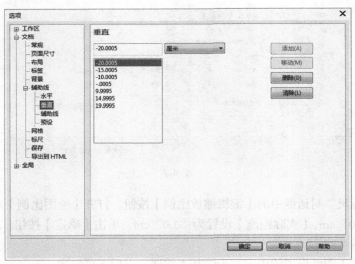

图 4-10

提示：所有原点和辅助线设置基本相同，以后不再叙述。

3. 绘制外框。

利用矩形工具 □，参照辅助线绘制一个矩形，宽度"水平"为 40cm，高度"垂直"为 40cm，如图 4-11 所示。

4．绘制衣身。

（1）利用选择工具，选中矩形，鼠标单击交互式属性栏的转换为曲线图标，将矩形转换为曲线。

（2）选择形状工具，在矩形上边中点两侧各 10cm 处分别双击鼠标，增加两个节点。同时将矩形上边两端的节点分别向下移动 5cm，形成落肩。将矩形下边的两个节点，分别向内移动 5cm，形成收腰形状，如图 4-12 所示。

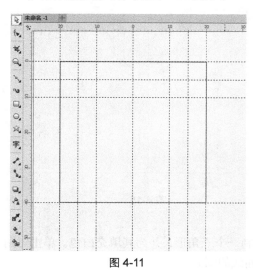

图 4-11　　　　　　　　　　　　　　　　　图 4-12

5．绘制领口。

（1）利用椭圆工具，以上边中点为圆心，按住 Ctrl + Shift 组合键，绘制一个直径和领口宽度相同的圆形。鼠标单击交互式属性栏的曲线转换图标，将其转换为曲线。

（2）利用形状工具，同时选中圆形左右两个节点，鼠标单击属性栏的尖突图标，使两个节点变为尖突。

（3）利用形状工具，选中圆形上部节点，鼠标单击属性栏的分割曲线图标，使曲线在节点处分离，这时节点处存在两个重叠的节点。

（4）利用形状工具，绘制一个虚线矩形，将两个节点同时选中，单击删除节点图标，删除两个节点，这时圆形的上半部被删除，只剩下半部，如图 4-13 所示。

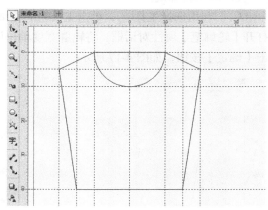

（5）利用形状工具，选中衣身框图的领口直线。单击属性栏的转换直线为曲线图标，将其修画为弯曲的曲线，如图 4-14 所示。

图 4-13

6．绘制双线。

（1）利用选择工具，选中半圆形前领口，选择【对象】→【变换】→【大小】命令，设置副本为 1，单击【应用】按钮，再绘制一个半圆，同时拖曳属标放大半圆，并重新移动定位在适当的位置。

（2）利用选择工具 ，选中衣身图形，选择【对象】→【变换】→【大小】，设置副本为1，单击【应用】按钮，再制一个衣身图形。

（3）利用形状工具 ，选中除肩颈点以外的其他所有节点，单击属性栏的分割曲线图标 ，并通过单击删除键，删除这些节点，只留下领口曲线。

（4）利用选择工具 选中曲线，向下移动适当距离，调整端点位置，如图 4-15 所示。

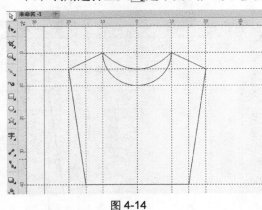
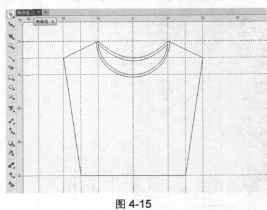

图 4-14　　　　　　　　　　　　　　　　图 4-15

7. 绘制图案。

（1）利用贝塞尔工具 ，在领口图形下边中点绘制一个三角形，并为其填充白色。单击三角形，使其处于旋转状态，同时将旋转中心移动到领口曲线的圆心处。

（2）选择【对象】→【变换】→【旋转】命令，设置旋转角度为"−10°"，设置副本为 8，单击【应用】按钮，形成左侧图案。

（3）重复上一操作步骤，选择【对象】→【变换】→【旋转】命令，设置旋转角度为"−10°"，设置副本为 8，单击【应用】按钮，形成右侧图案，如图 4-16 所示。

8. 加粗轮廓线。

（1）利用选择工具 ，单击工具箱的轮廓笔工具 ，展开选项菜单，单击第一个图标 ，打开【轮廓笔】属性对话框，将轮廓宽度单位设置为"毫米"，并选中左下角的"斜角"选项，单击【确定】按钮，如图 4-17 所示。

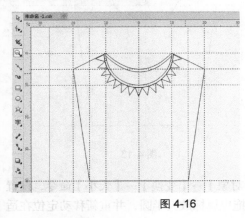
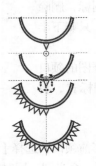

图 4-16　　　　　　　　　　　　　　　　图 4-17

（2）利用选择工具 ，框选整个图形，通过"属性"对话框的轮廓选项，设置轮廓宽度为 3.5mm，单击【应用】按钮，如图 4-18 所示。

9. 填充颜色。

利用智能填充工具 ，调整填充颜色，将装饰图样和衣身内部填充为白色。将领口滚边填充为深灰色，将衣身填充为灰色，即完成了领口领款式图的绘制，如图 4-19 所示。

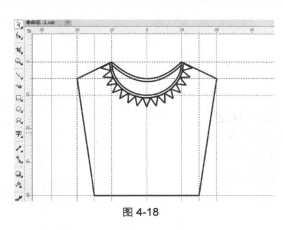 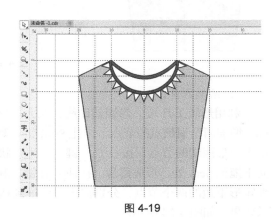

图 4-18   图 4-19

常见领口领款式如图 4-20 所示。

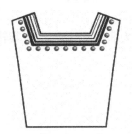   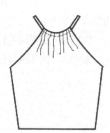

图 4-20

4.1.3 立领的设计与表现

立领是领面直立的领子，有的只有领座没有翻领，有的既有领座也有翻领，如中国传统的旗袍领、中山装领，以及男式衬衣领等，能给人庄重、挺拔的审美感受。

用电脑设计和表现立领可以借鉴领口领的方法，先画好衣身上部图形，然后再在领口两侧画领高线，领高线的高低和倾斜度对立领的造型和着装效果有很大影响，要注意适度把握。画好领高线以后就可以画领子了。立领变化一般不大，主要用包边、嵌边或缉明线的手法去装饰，如图 4-21 所示。

1. 设置图纸、原点和辅助线。

参照前述方法，设置 A4 图纸、竖向摆放、绘图单位为厘米、绘图比例为 1:5，再设置原点和辅助线，如图 4-22 所示。

2. 绘制基本框图。

利用矩形工具 ，绘制一个宽度为 40cm，高度为 40cm 的矩形，如图 4-23 所示。

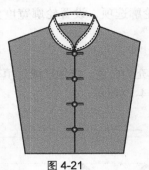

图 4-21

图 4-22　　　　　　　　　图 4-23

3．绘制衣身。

利用形状工具 ，参照辅助线，在大矩形上边分别双击鼠标，增加两个肩颈点的节点。按住 Shift 键，利用形状工具，选中大矩形两端的节点。按住 Ctrl 键，利用形状工具将两个节点向下拖至 5cm 处，形成落肩。按住 Ctrl 键，利用形状工具，将大矩形下边的两个节点，分别向中心线拖到适当位置，形成收腰效果，如图 4-24 所示。

图 4-24

4．领子的绘制。

（1）利用贝塞尔工具，绘制封闭三角形，并填充为白色，如图 4-25 所示。

（2）利用形状工具，框选三角形的 3 个节点，单击属性栏的转换为曲线图标，将其转换为曲线。利用形状工具，将三角形直边弯曲为领子形状，如图 4-26 所示。

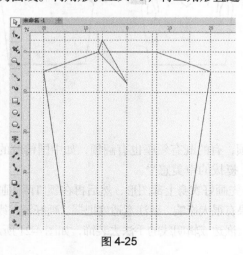

图 4-25

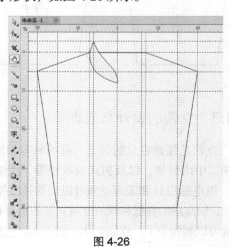

图 4-26

（3）利用选择工具，选中左侧领子，单击【编辑】→【复制】命令，再单击【编辑】→【粘贴】命令，复制一个领子。单击属性栏的水平镜像图标，使领子水平翻转。按住 Ctrl 键，将其拖至右侧相应位置，如图 4-27 所示。

（4）利用贝塞尔工具和形状工具，参照上述方法，绘制后领图形，如图 4-28 所示。

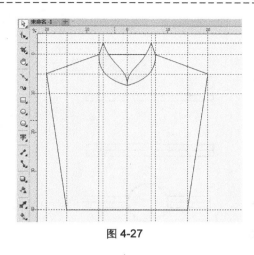

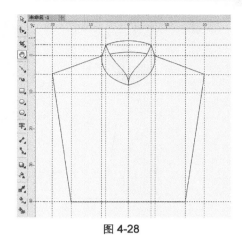

图 4-27　　　　　　　　　　　　　　　　图 4-28

　　5. 绘制明线。

　　利用贝塞尔工具 ，和形状工具 ，，参照绘制领子的方法，绘制领子明线，并通过交互式属性栏的轮廓选项，将其修改为虚线，如图 4-29 所示。

　　6. 绘制门襟和扣子。

　　（1）按住 Ctrl 键，利用 2 点线工具 ，，自领口处开始，绘制一条到底边的直线，即完成了门襟的绘制。

　　（2）利用矩形工具 □，绘制一个矩形，并设置矩形宽度为 6cm，高度为 0.5cm，单击【编辑】→【复制】命令，再单击【编辑】→【粘贴】命令，复制一个矩形，将其放置在第一个矩形的下方，并按住 Shift 键选中两个矩形，单击属性栏的群组 ，即完成了扣袢的绘制。

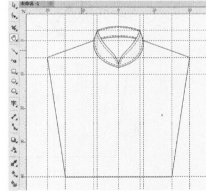

图 4-29

　　（3）按住 Ctrl 键，利用椭圆工具 ○，绘制一个圆形，并设置圆形宽度和高度均为 1.3cm，并填充为白色。

　　（4）利用选择工具 ，框选两个矩形和圆形，选择【对象】→【对齐分布】→【水平居中对齐】命令，再选择【对象】→【对齐分布】→【垂直居中对齐】命令，即完成了扣子的绘制。

　　（5）利用选择工具 ，拖出一个虚线框，将扣袢和扣子同时框住（即同时选中），单击属性栏的群组图标 ，将其组合在一起。利用选择工具将其拖放到门襟线上端。单击【对象】→【变换】→【位置】命令，设置副本为 3，单击【应用】按钮，再制 3 个扣子，并将其向下拖放到适当位置，即完成了扣子的绘制，如图 4-30 所示。

　　7. 加粗轮廓。

　　（1）利用选择工具 ，按住 Shift 键，连续选中所有虚线，单击对象属性对话框的轮廓选项，将轮廓宽度设置为 3mm，单击【应用】按钮。

　　（2）利用选择工具 ，按住 Shift 键，连续选中所有实线图形，单击对象属性对话框的轮廓选项，将轮廓宽度设置为 2.5mm，单击【应用】按钮，如图 4-31 所示。

　　（3）双击选择工具 ，选中所有的图形，选择轮廓笔工具 ，在 "角" 设置区域，选择斜角轮廓，即第 3 个图标 ，单击【确定】按钮，即完成了轮廓设置，如图 4-32 所示。

121

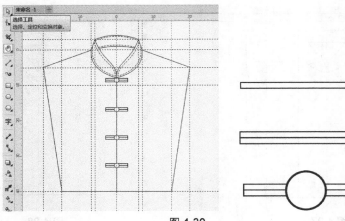

图 4-30

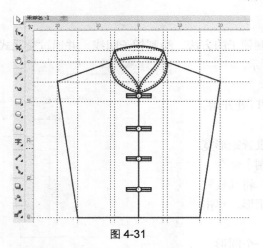

图 4-31

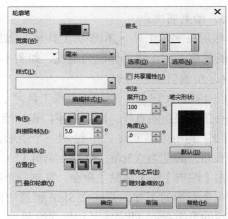

图 4-32

8. 填充颜色。

利用选择工具 ![select]，选中衣身图形，单击界面右侧调色板中的灰色，为衣身填充 30%的灰色。利用选择工具 ![select]，选中全部领子，单击调色板中的白色，为领子填充白色。双击状态栏的填充图标 ![fill]，选择渐变填充 ![gradient] 选项，为扣子填充椭圆形渐变填充，即完成了中式立领的绘制，如图 4-33 所示。

立领的其他常见款式如图 4-34 所示。

图 4-33

图 4-34

4.1.4 贴身领的设计与表现

贴身领即领面向外翻折，领子贴在衣身上的领子。贴身领的形态变化十分灵活，可以运用的装饰手法也很多，因此，能产生的审美效果也非常丰富，设计者应结合整体需要去考虑。

用电脑设计和表现贴身领也需要先绘制衣身图形，然后再确定贴身领领座的高度。贴身领的领座高度对翻领的造型有一定影响，领座越高领面越会向上扬起，反之领面则会平摊在肩上。贴身领领座高度确定之后，就可以设计绘制贴身领了。

设计贴身领关键要注意把握好领面折线和领面的轮廓线。领面折线将决定贴身领的领深，而领面的轮廓线则决定贴身领的造型。领面的造型决定之后，还可以运用包边、嵌边、刺绣图案、拼贴异色布、加缝花边、辑明线等手法去丰富它们的变化，如图 4-35 所示。

图 4-35

1. 设置原点和辅助线，绘制外框。

参照前述方法设置原点和辅助线。利用矩形工具 □ 绘制一个宽度为 40cm，高度为 40cm 的矩形。再制一个矩形，设置宽度为 14cm，高度为 2cm，按住 Ctrl 键，利用鼠标将该矩形拖至大矩形的上方，并与之对齐，如图 4-36 所示。

2. 绘制衣身。

利用形状工具 ▶ 选择大矩形，单击属性栏 ⊙，将大矩形转换为曲线；在大矩形上边，与小矩形两个竖边交汇处，分别双击鼠标，增加两个节点。并按住 Shift 键，点选两个节点，按住 Ctrl 键，将两个节点向下拖至 4cm 处，形成落肩。按住 Ctrl 键，利用形状工具 ▶，将大矩形下边的两个节点分别向中心线拖至适当位置，形成收腰效果，如图 4-37 所示。

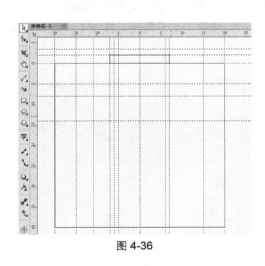

图 4-36

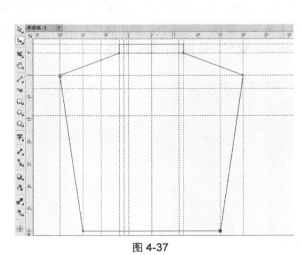

图 4-37

3. 领子绘制。

（1）利用形状工具 ▶ 选择小矩形，单击属性栏 ⊙，将小矩形转换为曲线；将小矩形上边的两个节点，分别向中心线移动。利用贝塞尔工具 ▶，自小矩形左侧上边节点处开始，沿 A→B→C

→A 这 3 点，绘制封闭三角形 ABC，如图 4-38 所示。

（2）利用形状工具，选中小矩形上边，单击属性栏的转换为曲线图标，将其转换为曲线。利用形状工具，在小矩形上边的中心处，向上拖至适当位置。重复上述步骤，将小矩形下边向上拖至适当位置。同样将大矩形上边中段拖曳至与小矩形下边重合，如图 4-39 所示。

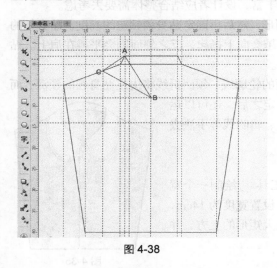

图 4-38

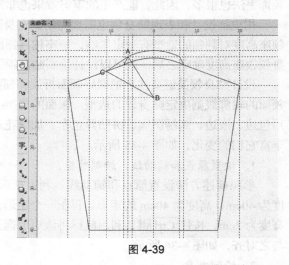

图 4-39

（3）利用形状工具，选中 BC 边，单击属性栏的转换为曲线图标，将其转换为曲线。利用形状工具，将该曲线向下弯曲为领口形状。利用形状工具选中 AB 边，单击属性栏的转换为曲线图标，将其转换为曲线。利用形状工具将下端控制柄向上拖，将上端控制柄向下拖，使三角形 ABC 成为领子形状，如图 4-40 所示。

（4）利用选择工具选中左侧领子，单击【编辑】→【复制】命令，再单击【编辑】→【粘贴】命令，复制一个领子。单击属性栏的水平翻转图标，使领子水平翻转。按住 Ctrl 键，用鼠标将其拖曳至右侧相应位置，如图 4-41 所示。

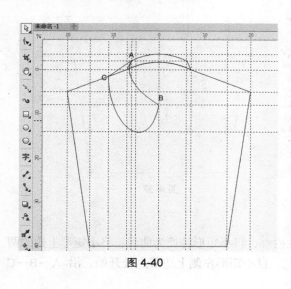

图 4-40

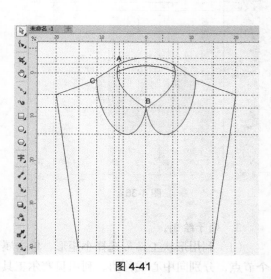

图 4-41

4．绘制明线。

（1）利用 2 点线工具　，在领子外口线左右端之间绘制一条直线。

（2）利用形状工具　选中该直线，并在直线中间单击鼠标，同时通过属性栏，将其转换为曲线。用鼠标拖动曲线，使其弯曲与领子外口形线状相同。通过属性栏的轮廓属性选项，设置线型为虚线。

（3）利用选择工具　选中虚线曲线，单击【编辑】→【复制】命令，再单击【编辑】→【粘贴】命令，再制一条虚线。通过属性栏的翻转工具　，将其水平翻转。利用选择工具将其移动到右领适当位置，即完成了明线绘制，如图 4-42 所示。

5．绘制门襟和扣子。

（1）按住 Shift 键，利用 2 点线工具　，自领口处开始，绘制一条直线到底边，即完成了门襟的绘制。

（2）按住 Ctrl 键，利用椭圆工具　绘制一个圆形，并设置圆形的直径为 2cm。

（3）利用选择工具　，按住 Ctrl 键，向下平移圆形，在释放鼠标左键的同时单击鼠标右键，可以复制一个相同图形。以同样的方式向下复制 1 个圆形，排列好位置，即完成了扣子的绘制。

（4）利用选择工具　将其拖放到上衣中线上。单击【编辑】→【复制】命令，再单击 2 次【编辑】→【粘贴】命令，再制两个扣子，并将其分别向下拖放到上衣中线适当位置，即完成了扣子的绘制，如图 4-43 所示。

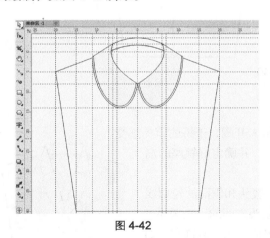

图 4-42

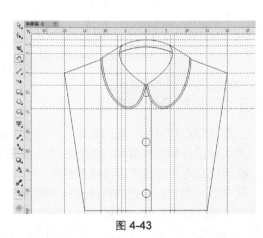

图 4-43

6．加粗轮廓。

利用选择工具　选中所有虚线，通过对象属性对话框的轮廓选项，将轮廓宽度设置为 2.5mm。利用选择工具　选中衣身和领子图形，通过对象属性对话框的轮廓选项，将轮廓宽度设置为 3mm，如图 4-44 所示。

7．填充颜色。

利用选择工具　选中领子图形，通过单击调色板的白色图标，为领子填充白色。利用同样的方法，为衣身填充灰色。双击状态栏的填充图标　，选择渐变填充　选项，为扣子填充椭圆形渐变填充，即完成了贴身领款式图的绘制，如图 4-45 所示。

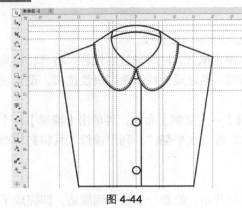

图 4-44

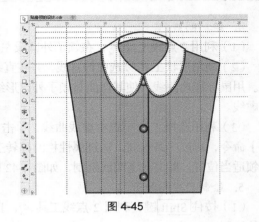

图 4-45

其他常见贴身领款式图如图 4-46 所示。

图 4-46

4.1.5 驳领的设计与表现

驳领是领面和驳头一起向外翻折的领子，能给人开阔、干练的审美感受。

用电脑设计和表现驳领，需要先绘制衣身图形，并确定好领座的高度，驳领领座高度确定之后再绘制驳领。

驳领驳头和领面的折线将决定驳领的深度，而驳头和领面的轮廓线将决定驳领的造型，设计时要注意处理好领面与驳头之间的比例关系。驳领领面造型一般变化较大，也可以运用嵌边或包边工艺去装饰它，如图 4-47 所示。

1. 设置原点和辅助线，绘制外框。

参照前述方法设置原点和辅助线。利用矩形工具 ▢ 绘制一个宽度为 40cm、高度为 40cm 的矩形，单击属性栏的转换为曲线命令图标 ⟲。再绘制一个宽度为 14cm、高度为 3cm 的小矩形。利用选择工具 ▚，将该矩形拖至大矩形的上方，并与之对齐，如图 4-48 所示。

2. 绘制衣身。

利用形状工具 ⟋ 在大矩形上边，与小矩形两个竖边交汇处，分别双击鼠标，增加两个节点。按住 Shift 键，利用形状工具选中大矩形两端的节点。按住 Ctrl 键，利用形状工具将两个节点向

图 4-47

下拖曳至 5cm 处，形成落肩。按住 Ctrl 键，利用形状工具，将大矩形下边的两个节点，分别向中心线拖至适当位置，形成收腰效果，如图 4-49 所示。

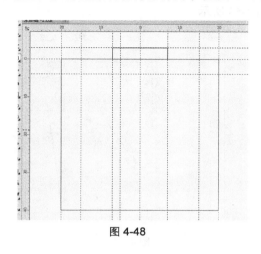

图 4-48

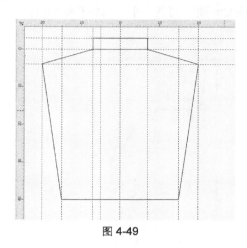

图 4-49

3．绘制领子。

（1）利用形状工具，将小矩形上边的两个节点分别向中心线移动到适当位置。利用贝塞尔工具，自小矩形左侧上边节点处开始，沿 A→B→C→A 这 3 点，绘制封闭三角形 ABC，同时在三角形的 B 点向下绘制一条竖向直线（门襟线），如图 4-50 所示。

（2）利用形状工具，在三角形的 BC 边上部双击鼠标，增加 3 个节点，移动节点使其成为领子基本形状，如图 4-51 所示。

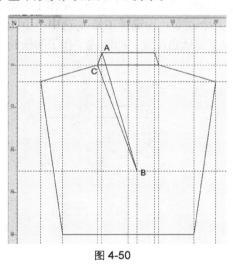

图 4-50

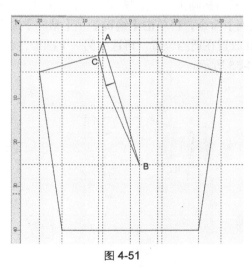

图 4-51

（3）利用形状工具选中领子外边，单击属性栏的转换为曲线图标，将其转换为曲线。利用形状工具，将该曲线向外弯曲为领子形状。利用形状工具选中驳头外边，单击属性栏的转换为曲线图标，将其转换为曲线。利用形状工具将该曲线向外弯曲成为驳头形状，如图 4-52 所示。

（4）利用选择工具 ▣选中左侧领子，单击【编辑】→【复制】命令，再单击【编辑】→【粘贴】命令，再制一个领子。通过单击属性栏的水平镜像按钮 ▥，将其水平翻转。利用选择工具 ▣，按住 Ctrl 键，将其水平移动到右侧相应位置，如图 4-53 所示。

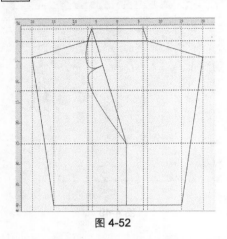

图 4-52

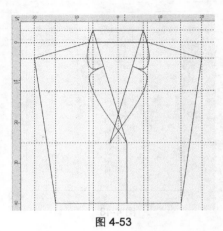

图 4-53

（5）利用形状工具 ▸选中右领，在左右领两个相交点上，分别双击鼠标，增加两个节点。同时选中两个节点，单击属性栏的使节点变为尖突图标 ⚊，选中右领下部节点，单击 Delete 键，删除节点。接着选中下部曲线，单击属性栏的曲线变直线图标 ⟋，即完成了去除重叠，如图 4-54 所示。

4. 绘制纽扣。

利用椭圆工具 ⬭，按住 Ctrl 键，绘制一个圆形，并设置圆形的直径为 2cm，单击【编辑】→【复制】命令，再单击【编辑】→【粘贴】命令，复制一个圆形。用选择工具 ▣选中一个圆形，将其放置在适当位置。再选中另一个圆形，将其放置在下部适当位置，即完成了扣子的绘制，如图 4-55 所示。

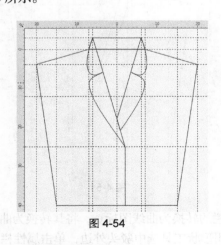

图 4-54

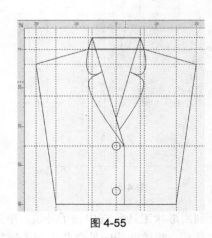

图 4-55

5. 加粗轮廓。

（1）利用选择工具 ▣在图形外部绘制一个矩形选取框，选中所有图形。单击属性栏轮廓线选项，将轮廓宽度设置为 3mm。

（2）选择轮廓笔工具 🖊，在"角"设置区域，选择斜角轮廓，即第 3 个图标 🔲，单击【确定】按钮，即完成了轮廓设置，如图 4-56 所示，即完成了轮廓设置，如图 4-57 所示。

图 4-56

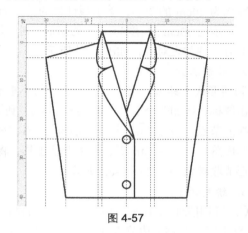

图 4-57

6. 填充颜色。

（1）利用选择工具 🔧 选中衣身图形，单击界面右侧调色板中的灰色，为衣身填充灰色，并且将其放置在最后部。

（2）利用选择工具 🔧 选中全部领子，单击调色板中的白色，为领子填充白色。双击状态栏的填充图标 🎨，选择渐变填充 🔳 选项，为扣子填充椭圆形渐变填充，即完成了全部驳领的绘制，如图 4-58 所示。

其他常见驳领款式图如图 4-59 所示。

图 4-58

图 4-59

4.1.6 蝴蝶结领的设计与表现

蝴蝶结领是以蝴蝶结作领饰的领子，能给人俏皮、活泼的审美感受。

用电脑设计和表现蝴蝶结领要注意处理好蝴蝶结的形态、蝴蝶结中"带"的宽窄、长短，以及"带"扭曲中的变化，还要处理好"带"与"结"之间的关系，让"结"将"带"束住。

蝴蝶结是服装常用的设计元素，掌握了蝴蝶结形态变化的规律后，可以在需要时将它自如地运用到服装的其他部位中去，如图 4-60 所示。

1. 设置原点和辅助线，绘制外框。

参照前述方法设置原点和辅助线。利用矩形工具 □ 绘制一个高度和宽度均为 40cm 的矩形，单击属性栏的转换为曲线命令图标 ⬡。再制一个宽度为 13cm、高度为 3cm 的矩形，利用鼠标将该矩形拖至大矩形的上方，并与之对齐，如图 4-61 所示。

图 4-60

2. 绘制衣身。

利用形状工具 ↖，在大矩形上边，与小矩形两个竖边交汇处，分别双击鼠标，增加两个节点。按住 Shift 键，利用形状工具，选中大矩形两端的节点。按住 Ctrl 键，利用形状工具将两个节点向下拖至 5cm 处，形成落肩。按住 Ctrl 键，利用形状工具，将大矩形下边的两个节点分别向中心线拖到适当位置，形成收腰效果，如图 4-62 所示。

3. 绘制领子。

（1）利用形状工具 ↖，将小矩形上边的两个节点分别向中心线移动适当距离。利用手绘工具 ↖，自小矩形左侧上边节点处开始，沿 A→B→C→D→E 这 5 个点，绘制封闭多边形 ABCDE，如图 4-63 所示。

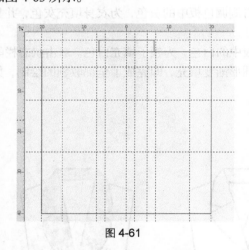

图 4-61

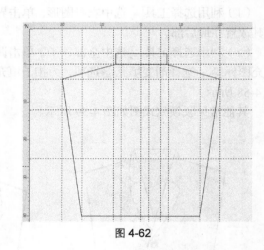

图 4-62

（2）利用形状工具 ↖ 在领形外部绘制一个虚线矩形，选中基本领形，单击交互式属性栏的直线变曲线图标 ⬡，将所有基本领形的直线变为曲线。同时拖动每一条曲线，使其成为领子形状。利用同样的方法，将后领修画为如图 4-64 所示的形状。

（3）利用选择工具 ↖ 选中左侧领子，单击【编辑】→【复制】命令，再单击【编辑】→【粘贴】命令，再制一个领子。通过单击属性栏的水平镜像按钮 ⬓，将其水平翻转。利用选择工具 ↖，按住 Ctrl 键，将其水平移动到右侧相应位置，如图 4-65 所示。

（4）利用手绘工具 ↖ 和形状工具 ↖，在左右领交叉处，绘制蝴蝶结，如图 4-66 所示。

（5）利用手绘工具 ↖ 和形状工具 ↖，在领子内部绘制折纹曲线，使其更符合领子皱褶形态，如图 4-67 所示。

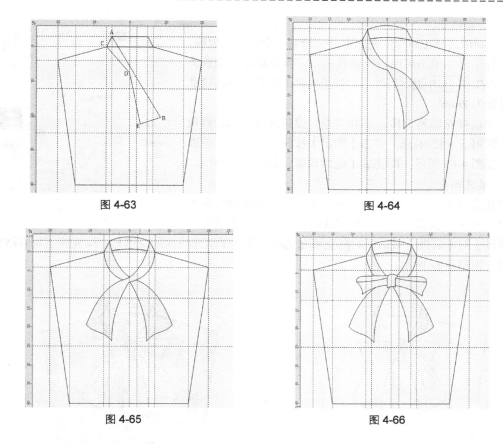

图 4-63　　　　　　　　　　　　　图 4-64

图 4-65　　　　　　　　　　　　　图 4-66

4．绘制门襟和纽扣。

（1）利用 2 点线工具 ，在衣身中线右侧 2cm 处，绘制一条竖向直线作为门襟线。

（2）利用椭圆工具 ，按住 Ctrl 键，绘制一个圆形，并设置圆形的直径为 2cm，单击【编辑】→【复制】命令，再单击【编辑】→【粘贴】命令，复制 3 个圆形。用选择工具 ，将其放置在适当位置，即完成了扣子的绘制，如图 4-68 所示。

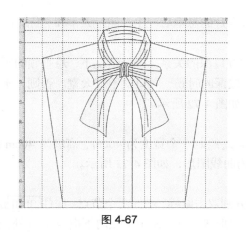

图 4-67

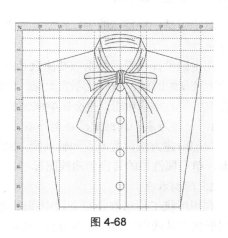

图 4-68

5. 加粗轮廓。

（1）利用选择工具 ![select]，在图形外部绘制一个矩形选取框，选中所有图形。单击属性栏轮廓线选项，将轮廓宽度设置为3mm。再按住 Shift 键，另外选中领子内部的折线，将其轮廓宽度设置为2mm。

（2）选择轮廓笔工具 ![pen]，在"角"设置区域，选择斜角轮廓，即第 3 个图标 ![icon]，单击【确定】按钮，即完成了轮廓设置，如图 4-69 所示，即完成了轮廓设置，如图 4-70 所示。

6. 填充颜色。

利用选择工具 ![select]选中衣身图形，单击界面右侧调色板中的灰色，为衣身填充灰色。利用同样的方法，为领子填充白色。通过【对象属性】对话框的渐变填充选项，为扣子填充线性渐变填充，即完成了蝴蝶结领子的绘制，如图 4-71 所示。

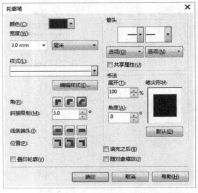

图 4-69

图 4-70

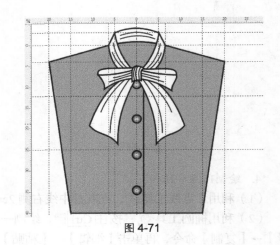

图 4-71

4.1.7　悬垂领的设计与表现

悬垂领是一种特殊的领口领，其形态由领口部位衣片的悬垂后产生，能给人柔和、优雅的审美感受。

用电脑设计和表现悬垂领要注意处理好领口宽与领口深的关系。一般情况下，悬垂领的领口需要比较宽的时候，领口就不宜太深，而需要领口比较深的时候，领口就不宜太宽。否则，不仅会影响服装的穿着功能，也会影响服装的审美感受，如图 4-72 所示。

1. 设置原点和辅助线，绘制外框。

参照前述方法设置原点和辅助线。利用矩形工具 ![rect] 绘制一个宽度为 40cm、高度为 40cm 的矩形，单击属性栏的转换为曲线图标 ![curve]，将其转换为曲线图形，如图 4-73 所示。

2. 绘制衣身。

利用形状工具 ![shape] 在矩形上边中线两侧各 8cm 处分别双击鼠标，增加两个节点。按住 Shift 键，利用形状工具选中矩形两端的节点。按住 Ctrl 键，利用形状工具将两个节点向下拖至 5cm 处，形成落肩。按住 Ctrl 键，利用形状工具，将矩形下边的两个节点分别向中心线拖至适当位置，形成收腰效果，如图 4-74 所示。

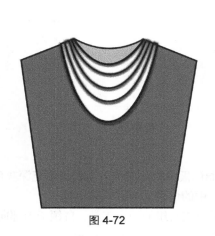

图 4-72

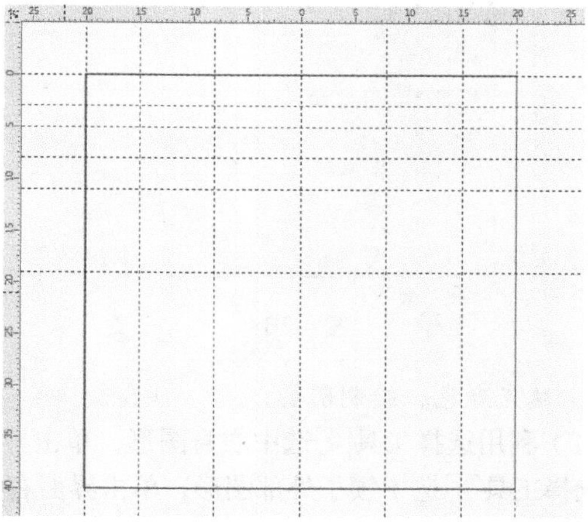

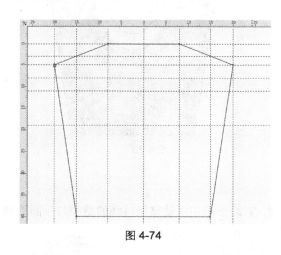

图 4-73

3．绘制领子。

（1）利用形状工具 选中图形上边中间部位，将其变为曲线。向下拖动曲线，使其弯曲为领口形状，如图 4-75 所示。

图 4-74

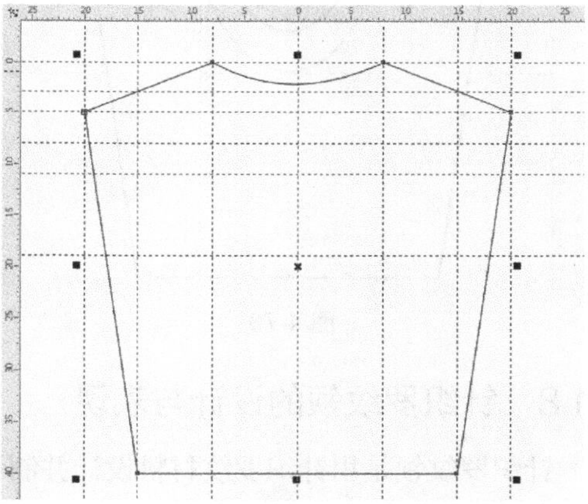

图 4-75

（2）利用手绘工具 ，在领口外部的两侧肩线之间，绘制一个封闭的梯形。利用形状工具 ，将梯形上下边直线变为曲线并弯曲为悬垂领形状，形成领子外形，如图 4-76 所示。

（3）利用手绘工具 在领子外形内部绘制 3 条直线，利用形状工具 ，将直线变为曲线并弯曲为悬垂领的折线，如图 4-77 所示。

4．加粗轮廓。

利用选择工具 在图形外部绘制一个矩形选取框，选中所有图形，单击属性栏轮廓线选项，将轮廓宽度设置为 3mm，如图 4-78 所示。

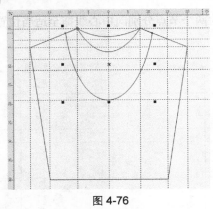

图 4-76

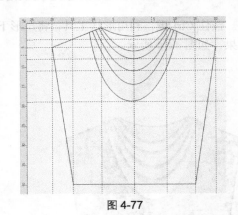

图 4-77

5. 填充颜色、绘制阴影。

（1）利用选择工具 选中衣身图形，单击界面右侧调色板中的深灰色，为衣身填充深灰色。利用选择工具 选中领子外部图形，单击界面右侧调色板中的白色，为其填充白色。

（2）利用选择工具 选中全部领子，单击工具箱的阴影工具组的阴影工具，自领子上部向下拖动鼠标到领子下部，为领子添加阴影，即完成了悬垂领的绘制，如图 4-79 所示。

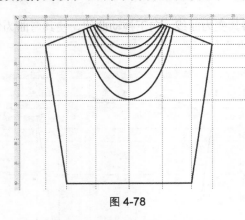

图 4-78

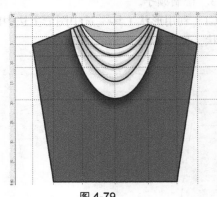

图 4-79

4.1.8 针织罗纹领的设计与表现

针织罗纹领是用针织罗纹材料设计并制作的领，它的形态主要是靠领口线的造型与领圈的高低来决定。比较低的针织罗纹领其审美效果与一般领口领相似，而较高的针织罗纹领的审美效果会比一般立领显得轻松。针织罗纹领不仅常用于是针织服装，在梭织服装中也可以见到。

用电脑画针织罗纹领要注意表现领的质感和罗纹的表面肌理特征。学会了针织罗纹质感和肌理的表现，再画用针织罗纹材料制作的服装也就方便了，如图 4-80 所示。

图 4-80

1. 设置原点和辅助线，绘制外框。

参照前述方法，设置原点和辅助线。利用矩形工具 绘制一个宽度为 40cm、高度为 40cm 的矩形。单击属性栏的转换为曲线命令图标 。

绘制一个小矩形，并将其放置在大矩形上部中间位置，并将其转换为曲线图形，如图 4-81 所示。

2. 绘制衣身。

利用形状工具 ![shape tool]，选中大矩形，在大矩形上边与小矩形交叉处分别双击鼠标，增加两个节点。按住 Shift 键，利用形状工具 ![shape tool] 选中大矩形两端的节点。按住 Ctrl 键，将两个节点向下拖至 5cm 处，形成落肩。按住 Ctrl 键，利用形状工具，将大矩形下边的两个节点，分别向中心线拖至适当位置，形成收腰效果。利用形状工具 ![shape tool]，将小矩形上边的两个节点分别内移适当距离，如图 4-82 所示。

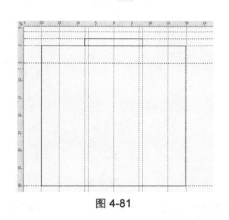

图 4-81　　　　　　　　　　　　　　　图 4-82

3. 找圆心 "A" "B"。

（1）确定领台上边左端点为 C 点，衣身中心线上自领台向上 2cm 为 D 点，衣身中心线上 D 点向下 9cm 为 E 点。利用手绘工具 ![freehand tool] 在 CD 两点之间绘制一条直线。利用选择工具 ![select tool] 选中直线，直线外围出现 8 个控制柄。利用选择工具 ![select tool]，将鼠标指针放在标尺上，拖出竖向辅助线，将其放置在 CD 直线的中心。

（2）利用矩形工具 ![rectangle tool] 绘制一个长条矩形，将其左上角与 CD 直线中心对齐，再次单击矩形，使其处于旋转状态，将旋转中心移动到 CD 直线的中心处，拖动旋转控制柄，使其旋转到矩形上边与 CD 直线对齐，其左边与衣身中心线的交点即是圆心 A，如图 4-83 所示。

（3）利用同样的方法，可以找出另一个圆心 B，如图 4-84 所示。

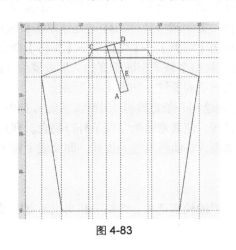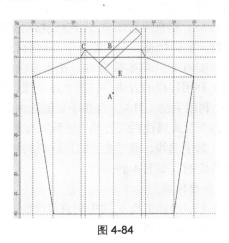

图 4-83　　　　　　　　　　　　　　　图 4-84

4. 绘制领子。

（1）利用椭圆工具 ⬭，同时按住 Ctrl 键和 Shift 键，以 B 为圆心，以 BC 为半径，绘制一个圆形，单击鼠标右键，选择转换为曲线 ⬭。单击【编辑】→【复制】命令，再单击【编辑】→【粘贴】命令，复制一个圆形，按住 Shift 键，拖动鼠标使其适当放大，两个圆形的间距即是领子的宽度，如图 4-85 所示。

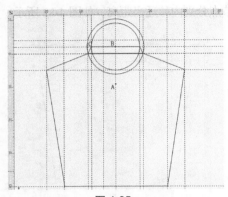

图 4-85

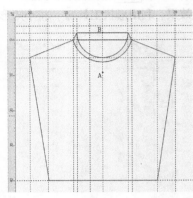

图 4-86

（2）利用形状工具 ⬩，选中大圆，在大圆与肩线的两个交点处分别双击鼠标，增加两个节点。绘制一个虚线矩形，框住两个节点（即同时选中两个节点），单击交互式属性栏的使节点变为尖突图标 ⬩。利用形状工具 ⬩，绘制一个虚线矩形，框住大圆上部的 3 个节点，单击交互式属性栏的分割曲线图标 ⬩ 和删除节点图标 ⬩，删除上部 3 个节点。利用同样的方法，修整小圆使端点与肩颈点对齐。

（3）利用选择工具 ⬩，按住 Shift 键，单击大圆弧和小圆弧，同时选中两个部分圆弧。单击交互式属性栏的结合图标 ⬩，将两个圆弧结合为一个整体。利用形状工具 ⬩ 选中左侧两个节点，单击交互式属性栏的延长曲线使之闭合图标 ⬩。利用同样的方法将右侧两个节点闭合，即完成了下部领子的绘制，如图 4-86 所示。

（4）按照上述步骤，绘制上部领子，如图 4-87 所示。

5. 绘制罗纹和明线。

（1）首先删除梯形。利用手绘工具 ⬩，从圆心 B 开始，向着左侧肩颈点绘制一条直线。利用形状工具 ⬩，将直线右端节点沿直线移动到领子内侧位置。利用选择工具 ⬩ 连续单击直线两次，使直线处于旋转状态，拖动旋转中心到圆心 B 处，单击【对象】→【变换】→【旋转】命令，设置旋转角度为 4°，副本数为 38，单击【确认】按钮，将整个领子布满短直线，形成罗纹状态。

（2）利用同样的方法，按照上述步骤，绘制上部领子的罗纹，如图 4-88 所示。

（3）利用手绘工具 ⬩，在领子外侧的两条肩线之间绘制一条直线。利用形状工具 ⬩ 选中直线，同时单击交互式属性栏的转换为曲线图标 ⬩。拖动直线，使其弯曲为与领子外口吻合。利用选择工具 ⬩，选中曲线，通过交互式属性栏的领口设置选项，将曲线设置为虚线。即完成了领子罗纹和明线的绘制，如图 4-89 所示。

6. 加粗轮廓。

（1）利用选择工具 ⬩ 选中所有罗纹线。通过属性栏的轮廓选项，将领子和明线的宽度设置为 1.0mm，如图 4-90 所示。

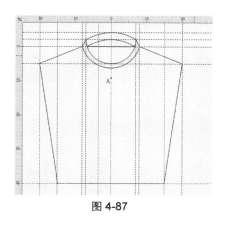

图 4-87

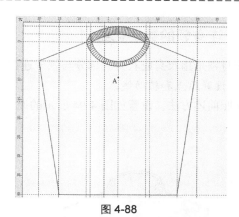

图 4-88

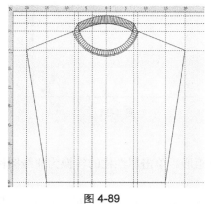

图 4-89

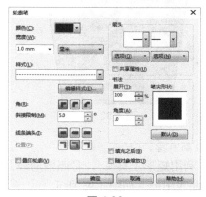

图 4-90

（2）利用选择工具 ![icon] 选中其他衣身、明线和领子轮廓线，按照上述方法，将其设置为 3mm，即完成了加粗轮廓的步骤，如图 4-91 所示。

7. 填充颜色。

利用选择工具 ![icon] 选中领子图形，单击界面右侧调色盘上部的白色图标，为其填充白色。利用同样的方法为衣身填充深灰色，即完成了罗纹领款式图的绘制，如图 4-92 所示。

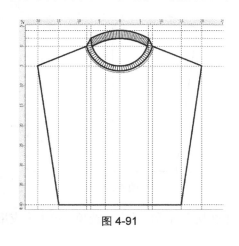

图 4-91

图 4-92

4.1.9　连身领的数字化绘制

连身领是指衣身或衣身的部分与领子连在一起的领子类型，如图 4-93 所示。

1. 设置原点和辅助线。

参照前述方法，设置如图 4-94 所示的原点和辅助线。

图 4-93

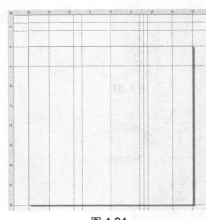

图 4-94

2. 绘制衣身。

（1）利用矩形工具 ▯，参照辅助线，绘制一个矩形。单击属性栏的转换为曲线图标 ◌，将其转换为曲线图形，如图 4-95 所示。

（2）利用形状工具 ⯎，参照辅助线，在矩形上边通过双击鼠标，增加两个节点。分别移动相应节点，形成左侧衣身框图，如图 4-96 所示。

（3）利用形状工具 ⯎选中领口斜直线，单击交互式属性栏的转换直线为曲线图标 ◌，将其转换为曲线。拖动曲线，使其弯曲为领口形状。利用手绘工具 ⯎绘制省位线，如图 4-97 所示。

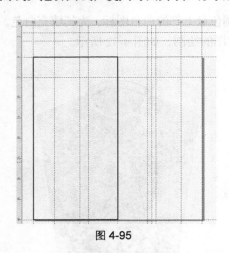

图 4-95

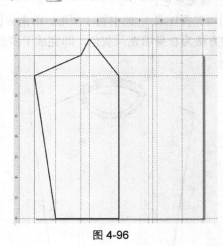

图 4-96

（4）利用选择工具 ⯈选中左侧衣身图形，通过【转换】对话框的大小选项，单击【应用】按钮，再制一个图形。利用形状工具 ⸜ 断开肩端点，分别删除领口曲线以外的所有节点，只保留领口曲线，再制一个领口曲线，将其向下移动到适当位置。利用选择工具 ⸣ 同时选中两条曲线，单击交互式属性栏的结合图标 ⸐，将其结合为一个图形。利用形状工具 ⸜ 分别选中曲线两端的两个节点，单击交互式属性栏的延长曲线使之闭合图标 ⸒，使其形成封闭图形，并为其填充白色，如图 4-98 所示。

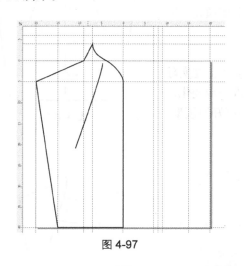

图 4-97

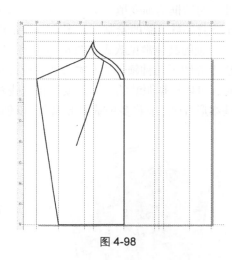

图 4-98

（5）利用选择工具 ⸣ 框选所有图形，通过【转换】对话框的大小选项，单击【应用】按钮，再制一个图形，单击交互式属性栏的水平镜像图标 ⸰，使其水平翻转，将其移动到右侧相应位置。利用手绘工具 ⸝ 和形状工具 ⸜ 绘制后领口的封闭图形，如图 4-99 所示。

3．绘制门襟和扣子。

利用矩形工具 ▢ 绘制双线扣袢。利用椭圆工具 ◯，绘制扣子图形，如图 4-100 所示。

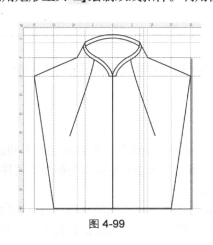

图 4-99

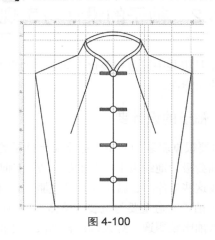

图 4-100

4．加粗轮廓。

利用选择工具 ⸣ 选中所有扣子图形，通过【对象属性】对话框的轮廓选项，设置轮廓宽度为 2.5mm。利用同样的方法，设置其他图形轮廓宽度为 3.5mm，如图 4-101 所示。

5. 填充颜色。

利用选择工具 [图标] 选中所有图形，单击调色板的深灰色图标，为其填充深灰色。利用同样的方法，为双线领口图形填充白色，为扣襻填充白色。利用智能填充工具 [图标]，通过交互式属性栏，选择浅灰色。单击双线领口内部图形，为其填充浅灰色。通过【对象属性】对话框的渐变填充选项，为扣子填充线性渐变填充，即完成了连身领款式图的绘制，如图 4-102 所示。

连身领的其他常见款式如图 4-103 所示。

以上介绍了几种领子的基本形态的设计与表现要点。在实际运用时，可以根据服装的整体需要，将这些领子做进一步变化，或将基本形夸张、或将多种基本形综合，以创造更多更好的领型。

图 4-101

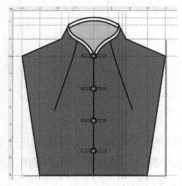

图 4-102

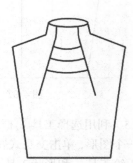

图 4-103

4.2 袖子的设计与表现

袖子是服装中遮盖和美化人体上肢的重要部件。袖子的设计既要考虑服装的审美性，也要考虑服装的功能性。

4.2.1 袖子的设计要点

（1）要根据服装的使用功能来决定袖子的造型。不同的袖子对人体上肢活动会有不同的影响，如西装袖会极大地约束上肢摆动的幅度，喇叭袖会使前臂的活动遇到牵扯，当服装需要伴随穿衣人去完成这些动作时，就不能为这些服装设计这类袖型。

（2）袖子的造型要与服装的整体风格协调。不同形态的袖子有不同的风格，如西装袖比较端庄，喇叭袖比较飘逸，灯笼袖比较活泼。让袖子的风格与服装的整体风格协调起来，服装才能产生和谐的美感。否则，服装的整体美就可能被袖子的不和谐破坏。除了风格协调以外，许多袖子的面积对整体造型影响也很大。如中长袖、长袖的面积与服装大身之间的面积如果不协调，服装的整体美也会被破坏。因此，设计时要注意把握好袖子与服装大身之间的比例，以免影响服装的整体效果。

（3）一般情况下，在同一件服装中，袖子的局部装饰手法要尽可能与领的装饰手法保持一致。

（4）根据袖子的结构特征，袖子可以分为袖口袖、连身袖、圆装袖、平装袖、插肩袖等几种基本类型。各种类型的袖子随着袖身、袖头的变化还可以变化出各种各样的形态。下面分别介绍各类袖子的设计方法和表现方法。

4.2.2　袖口袖的设计与表现

袖口袖即是衣片袖窿，一般没有袖身，能给人轻松、简洁的审美感受。它的变化主要由衣片袖窿弧线的形态和对袖口的装饰来决定。

用于袖口袖的装饰手法很多，如在袖口边加缝花边、荷叶边或与衣片有对比效果的其他材料。这里介绍用电脑绘制荷叶边的方法。荷叶边不仅常用于对袖口的装饰，在服装的其他部位也常常可以用到，如图 4-104 所示。

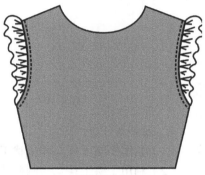

1. 图纸、原点和辅助线的设置。

设置 A4 图纸、纵向摆放、绘图单位为 cm、绘图比例为 1:5，参照前述方法，设置原点和辅助线，如图 4-105 所示。

2. 绘制外框。

利用矩形工具 ▢，参照辅助线绘制一个矩形，同时单击交互式属性栏的转换为曲线图标 ⊙，将其转换为曲线，如图 4-106 所示。

图 4-104

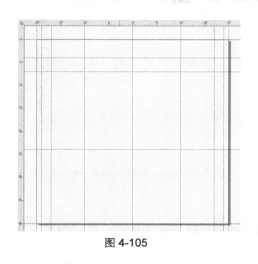

图 4-105

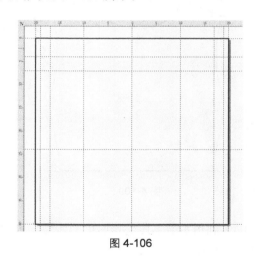

图 4-106

3. 绘制衣身。

（1）利用形状工具 ⬦，在矩形上边中点两侧 7cm 处双击鼠标，增加两个节点，作为肩颈点，矩形上部左右端点是肩端点，肩颈点左侧线段是领口线。利用形状工具 ⬦ 选中肩端点，按住 Ctrl 键，利用形状工具将节点向下拖至 5cm 处，形成落肩。利用形状工具，在矩形左右竖边 24cm 处双击鼠标，增加两个节点为袖窿深度。利用形状工具 ⬦ 将矩形底边两个节点分别向内移动，形成收腰，如图 4-107 所示。

（2）利用形状工具 ⬚ 分别选中领口线和袖窿线，分别单击交互式属性栏的转换曲线图标 ⬚，拖动曲线，使其弯曲为领口形状和袖窿形状，如图4-108所示。

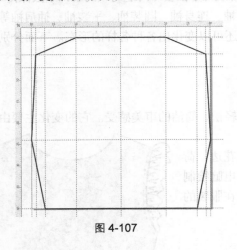
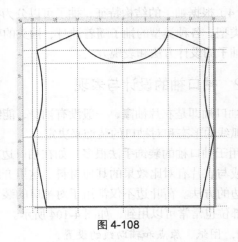

图 4-107 　　　　　　　　　　　　　　　　　图 4-108

4. 绘制荷叶边。

（1）利用手绘工具 ⬚ 和形状工具 ⬚ 绘制荷叶边造型，如图4-109所示。

（2）利用手绘工具 ⬚ 绘制荷叶边内部皱褶线，如图4-110所示。

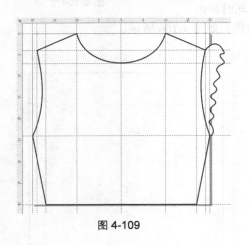
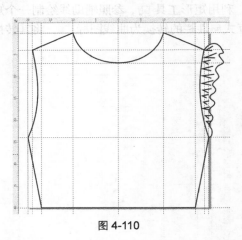

图 4-109 　　　　　　　　　　　　　　　　　图 4-110

（3）利用手绘工具 ⬚ 和形状工具 ⬚，通过交互式属性栏的轮廓选项，绘制袖窿明线，如图4-111所示。

（4）利用选择工具 ⬚ 选中右侧袖口袖所有图形，通过【转换】对话框的大小选项，再绘制一个袖口袖图形，单击交互式属性栏的水平镜像图标 ⬚，使其水平翻转，将其移动到左侧相应位置，如图4-112所示。

5. 加粗轮廓。

利用选择工具 ⬚ 选中所有图形，通过【对象属性】对话框的轮廓选项，将轮廓宽度设置为3.5mm，单击对话框的【应用】按钮，如图4-113所示。

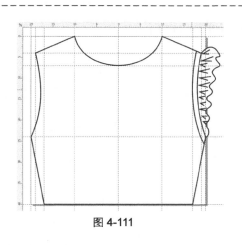

图 4-111

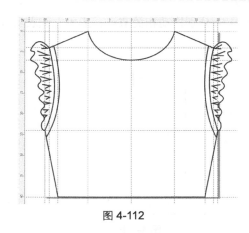

图 4-112

6.　填充颜色。

利用选择工具 选中衣身图形，单击调色板的深灰色图标，为其填充深灰色。利用同样的方法，为荷叶边填充白色，如图 4-114 所示。

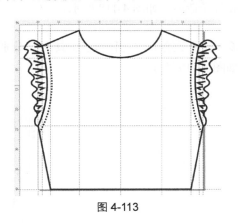

图 4-113

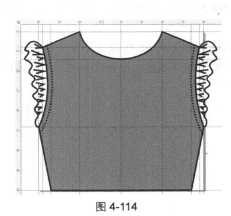

图 4-114

4.2.3　连袖的设计与表现

连袖是袖片与衣片直接相连的袖，没有袖窿线，一般比较宽松，是人类早期服装常见的袖型，能给人洒脱、含蓄的审美感受。

通过袖身的长短变化和对袖身的装饰，可以产生各种不同的连袖。用电脑设计和表现连袖要注意将连袖打开来画，这样更有利于表现连袖的造型特征，如图 4-115 所示。

图 4-115

1.　设置原点和辅助线，绘制外框。

参照前述方法设置原点和辅助线。利用矩形工具 ▭ 绘制一个矩形，同时单击交互式属性栏的转换为曲线图标 ⟳，将其转换为曲线，如图 4-116 所示。

2.　绘制衣身。

利用形状工具 ◣，在矩形上边 5cm、矩形右边向下 15cm 处分别双击鼠标，增加节点。利用

形状工具 ↳ 分别拖动相关节点，形成左侧衣身框图，如图 4-117 所示。

| 图 4-116 | 图 4-117 |

3. 修画相关曲线。

利用形状工具 ↳ 分别选中领口线和袖子底边线，单击交互式属性栏的转换为曲线图标 ○，将其转换为曲线。拖动曲线，使其弯曲为领口造型和袖子造型，如图 4-118 所示。

4. 绘制图案。

利用矩形工具 □ 在袖口部位绘制大小 3 个矩形。利用手绘工具 ☆ 和形状工具 ↳，分别绘制轮廓图案和袖口图案，绘制相关虚线明线和双线，如图 4-119 所示。

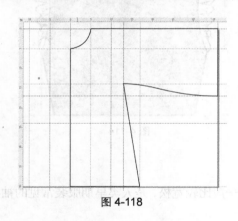
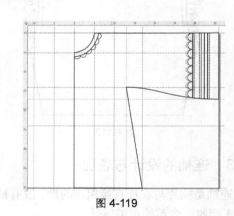

| 图 4-118 | 图 4-119 |

5. 加粗轮廓。

利用选择工具 ↳ 选中所有图形，通过【对象属性】对话框的轮廓选项，设置轮廓宽度为 3.5mm，单击【应用】按钮，如图 4-120 所示。

6. 填充颜色。

利用选择工具 ↳ 选中衣身图形，单击调色板的灰色图标，为其填充浅灰色。利用同样的方法，为领口图样填充白色，为袖口图样填充深灰色。参照图 4-121，为其他图形填充相应的颜色。

7. 图形完整化。

利用选择工具 ↳ 选中所有图形，通过【转换】对话框的大小选项，单击【应用】按钮，再制一个图形。单击交互式属性栏的水平镜像图标 囗囗，将其水平翻转。按住 Ctrl 键，将其移动到左侧相应位置，如图 4-122 所示。

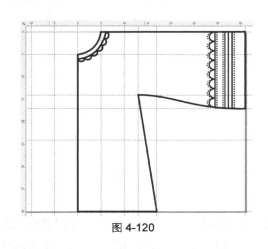

图 4-120

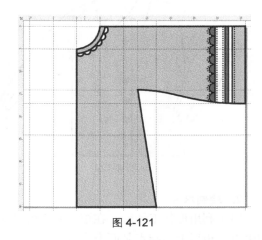

图 4-121

8. 绘制门襟和扣子。

利用矩形工具 囗 和椭圆工具 ○，参照中式立领扣子的绘制方法，绘制门襟和扣子，并填充相应的颜色，即完成了连身袖款式图的绘制，如图 4-123 所示。

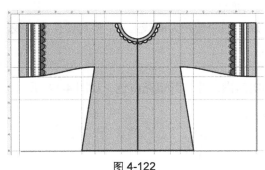

图 4-122

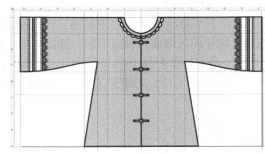

图 4-123

4.2.4 平装袖的设计与表现

平装袖是袖片与衣片分开裁剪的袖型，袖身多由一片袖片合成，袖窿线在人体肩关节附近。男式衬衣袖是典型的平装袖，与连袖相比较其造型比较贴身、利索，能给人休闲、轻松的审美感受。

通过袖身的长度变化和对袖头的装饰可以产生许多不同款式的平装袖。由于平装袖多为一片袖，袖头的拼缝多在袖身后背，袖头的设计重点往往也会在袖身的后背，因此，用电脑设计和表现平装袖时，也要注意选择能反映设计重点的后背或将一只袖子翻折过来，如图 4-124 所示。

1. 设置原点和辅助线，绘制外框。

参照前述方法设置原点和辅助线。利用矩形工具 囗 绘制一个矩形，同时单击交互式属性栏的转换为曲线图标 ○，将其转换为曲线，如图 4-125 所示。

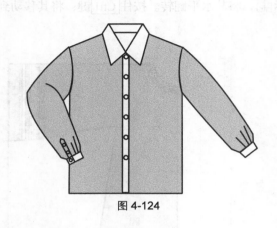

图 4-124

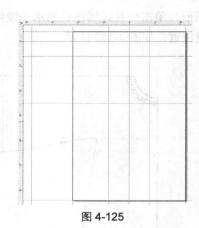

图 4-125

2．绘制衣身。

（1）利用形状工具 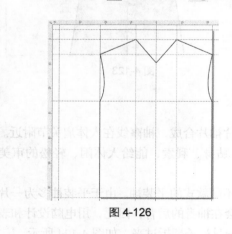，在矩形上边相应位置分别双击鼠标，增加 3 个节点，分别是肩颈点和中点。矩形上边端点是两个肩端点。在矩形左右两边相应位置分别增加两个节点，作为袖窿深位置。

（2）利用形状工具 选中肩端点。按住 Ctrl 键，利用形状工具将节点向下拖至 6cm 处，形成落肩。

（3）利用形状工具 向下拖动领口中点，形成领口形状。

（4）利用形状工具 选中袖窿直线，通过交互式属性栏的转换为曲线选项，将其转换为曲线。拖动鼠标使曲线弯曲为袖窿形状，如图 4-126 所示。

3．绘制门襟和领子。

利用手绘工具 和矩形工具 分别绘制领子和明门襟，并为其填充白色，如图 4-127 所示。

图 4-126

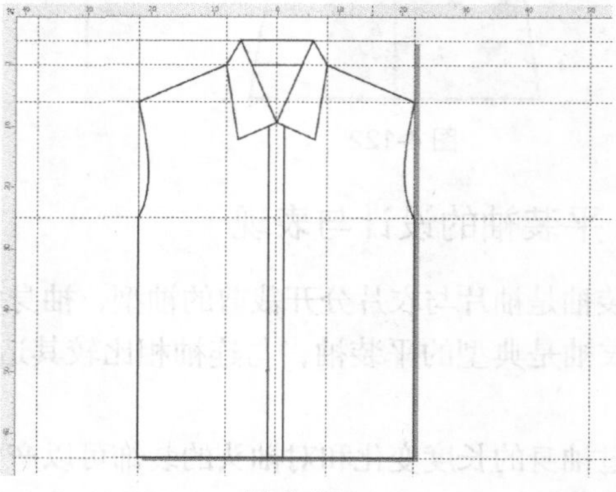

图 4-127

4．绘制袖子。

利用手绘工具 和形状工具 ，参照肩端点、袖子长度、袖口宽度、袖窿深度点等绘制一个封闭矩形作为袖子基本形，在袖口处再绘制一个小矩形作为袖头。利用形状工具 ，将相关线条转换为曲线，并弯曲为袖子造型。绘制袖开衩，如图 4-128 所示。

5. 绘制扣子。

利用椭圆工具，绘制门襟扣子和袖开衩的扣子，如图 4-129 所示。

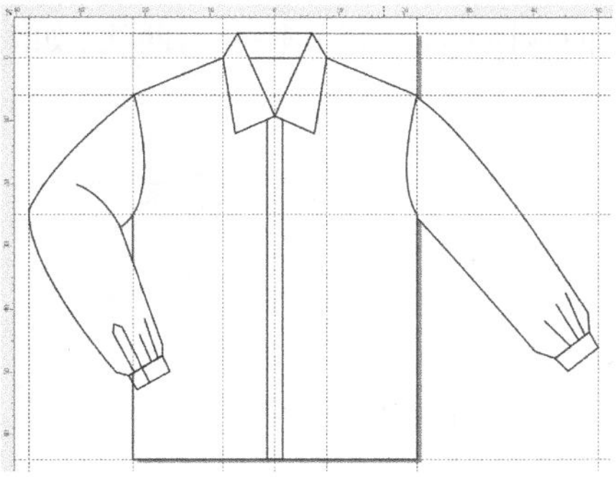

图 4-128

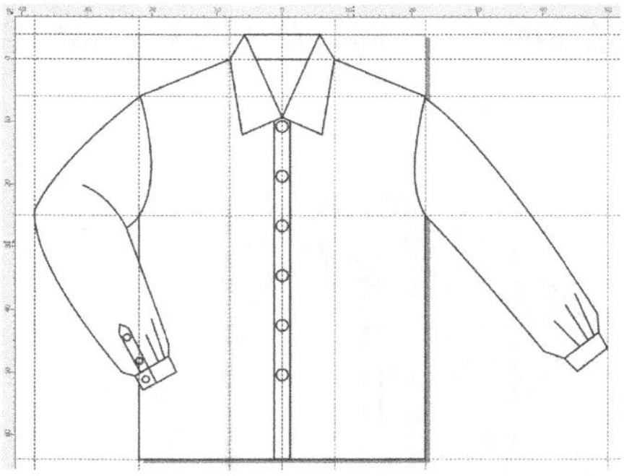

图 4-129

6. 加粗轮廓。

利用选择工具选中所有图形，通过【对象属性】对话框的轮廓设置选项，设置轮廓宽度为 3.5mm，单击【应用】按钮，如图 4-130 所示。

7. 填充颜色。

利用选择工具选中领子图形，单击调色板的白色图标，为其填充白色。利用同样的方法，分别为门襟、扣子和袖头填充白色，为衣身和袖子填充灰色，如图 4-131 所示。

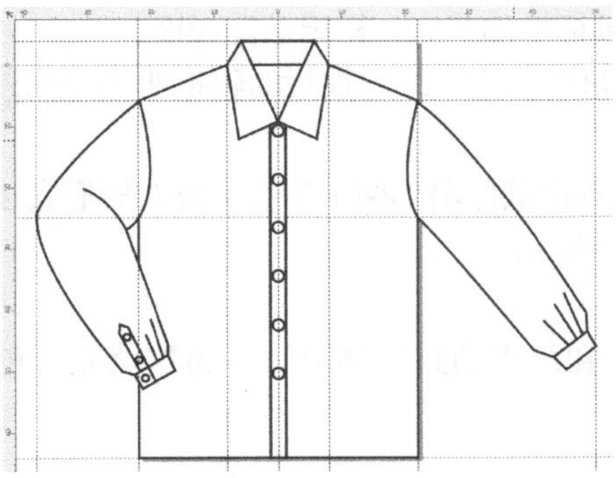

图 4-130

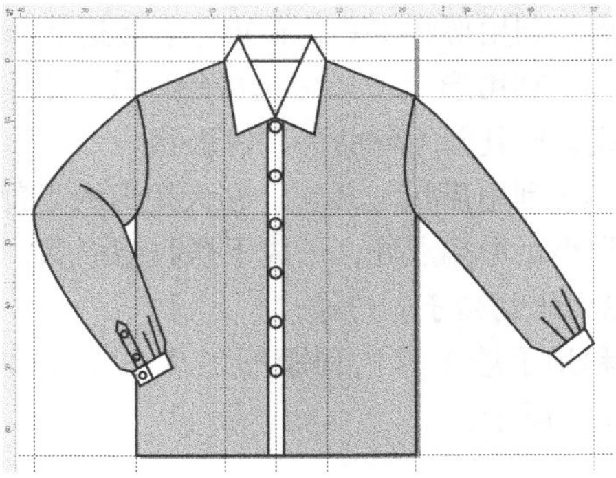

图 4-131

4.2.5 插肩袖的设计与表现

插肩袖是由平装袖演变而来的一种袖型，它与平装袖的区别首先表现在袖窿线的变化，插肩袖的袖窿线被延伸到人体颈部位置，让服装的肩与袖连成一片，从而使袖身显得比较修长。插肩袖与平装袖的区别还表现在袖身的合成，平装袖多由一片袖片合成，而插肩袖则多由二片或二片以上的袖片合成，这为插肩袖的变化提供了更大的空间。

像平装袖一样，通过袖身的长短变化和对袖头的装饰可以产生许多不同款式的插肩袖。不仅如此，还可以用改变插肩袖袖窿线的位置、形态，或者对插肩袖袖身的结构线进行进一步加工以增加结构性的装饰效果，或者利用插肩袖袖身的结构变化改变袖身的造型都可以使插肩袖产生更

大的变化，如图 4-132 所示。

1. 设置原点和辅助线，绘制外框。

参照前述方法设置原点和辅助线。参照辅助线利用矩形工具 ▢ ，绘制大小两个矩形，将其放置在相应位置，同时单击交互式属性栏的转换为曲线图标 ⊙ ，将其转换为曲线，如图 4-133 所示。

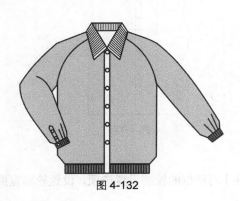

图 4-132

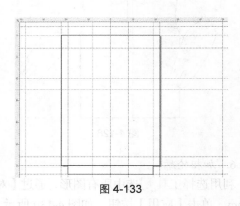

图 4-133

2. 绘制衣身。

（1）利用形状工具 ⬚ ，在矩形上边中心两侧 8cm 处分别双击鼠标，增加两个节点，作为肩颈点，矩形上部端点是肩端点，肩颈点之间的线段是领口线。

（2）利用形状工具 ⬚ ，选中肩端点。按住 Ctrl 键，利用形状工具将节点向下拖至 6cm 处，形成落肩。利用形状工具，在矩形右竖边 25cm 处双击鼠标增加节点，标记袖窿深度。

（3）利用形状工具 ⬚ ，选中领口线，单击领口线，再单击交互式属性栏的转换曲线图标 ⌒ ，拖动曲线，使其向下弯曲为领口形状。

（4）利用形状工具 ⬚ ，在大矩形的下部两边分别双击鼠标增加两个节点，将大矩形底边端点内移到小矩形端点处，形成下摆收缩形状，如图 4-134 所示。

3. 绘制领子和门襟。

利用手绘工具 ✐ 和矩形工具 ▢ ，分别绘制领子和门襟的封闭图形，并为其填充白色，如图 4-135 所示。

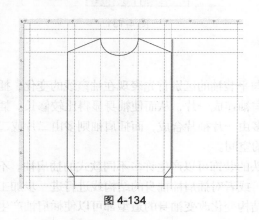

图 4-134

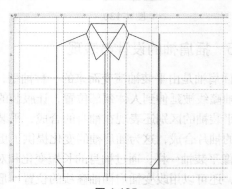

图 4-135

4．绘制袖子。

（1）利用手绘工具 ，沿着肩颈点、肩端点、袖子长度、袖口宽度、袖窿深度点、插肩位置等绘制一个封闭图形作为袖子基本形。

（2）利用形状工具 绘制一个虚线矩形，框住袖子基本形，单击交互式属性栏的转换为曲线图标 ，将其转换为曲线。

（3）利用形状工具 拖动相关线条，使其符合设计造型。利用删除虚拟线段工具 ，分别删除多余的线段，如图 4-136 所示。

5．绘制扣子。

利用椭圆工具 分别绘制门襟扣子和袖开衩扣子，如图 4-137 所示。

图 4-136

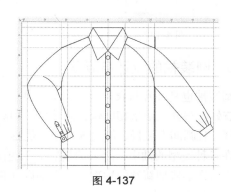
图 4-137

6．绘制罗纹。

利用手绘工具 和交互式调和工具 分别绘制领子罗纹、袖口罗纹和下摆罗纹，如图 4-138 所示。

7．加粗轮廓。

利用选择工具 选中所有图形，通过【对象属性】对话框的轮廓设置选项，设置轮廓宽度为 4.0mm，单击【应用】按钮，如图 4-139 所示。

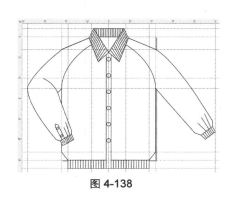
图 4-138

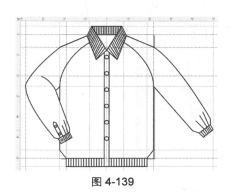
图 4-139

8．填充颜色。

利用选择工具 选中衣身图形，单击程序界面右侧调色盘的灰色图标，为图形填充浅灰色。利用同样的方法，分别为领子、门襟和扣子填充白色，为下摆和袖头填充深灰色，如图 4-140

所示。

其他常见插肩袖款式如图 4-141 所示。

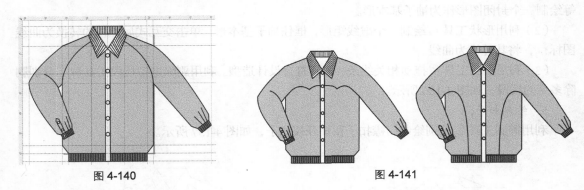

图 4-140　　　　　　　　　　　　图 4-141

4.2.6　圆装袖的设计与表现

圆装袖也是袖片与衣片分开裁剪的袖型，袖身一般由大小两片袖片缝合而成，袖窿线在人体肩关节处。与其他袖型相比较，圆装袖的袖窿围度最小，西装袖是典型的圆装袖，其造型接近人体手臂，且圆润而流畅，能给人端庄、优雅的审美感受。

在各种类型的袖中，圆装袖是最富于变化的袖型。以圆装袖为基本型，夸张其袖山或袖身可以变化出许多造型新颖的袖型。用电脑设计和表现圆装袖，应注意刻画出袖山和袖身的特征，如图 4-142 所示。

1. 设置原点和辅助线，绘制外框。

参照前述方法设置原点和辅助线。参照辅助线，利用矩形工具 ▢，绘制一个矩形，同时单击交互式属性栏的转换为曲线图标 ⟳，将其转换为曲线，如图 4-143 所示。

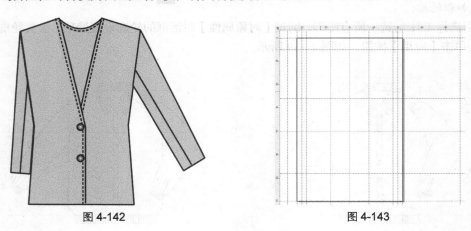

图 4-142　　　　　　　　　　　　图 4-143

2. 绘制衣身。

（1）利用形状工具 ⬚ 在矩形周边增加相应节点。利用形状工具 ⬚ 移动相关节点，使其形成如下图所示的衣身形状，如图 4-144 所示。

（2）利用形状工具 ⬚ 将领口线弯曲为曲线领口。利用手绘工具 ⬚ 绘制门襟造型，如图 4-145

所示。

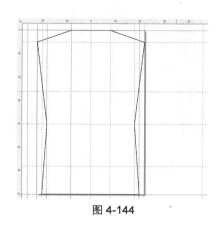

图 4-144

图 4-145

3．绘制袖子。

利用手绘工具![],沿着肩端点、腰节点、袖长点、袖口宽度点等绘制封闭的袖子形状，同时在袖子内部绘制一条与袖中线平行的直线，作为袖接线，如图 4-146 所示。

4．绘制明线和扣子。

利用手绘工具![]和形状工具![]，通过交互式属性栏的轮廓选项，分别绘制门襟和领口的虚线明线。利用椭圆工具![]绘制扣子，如图 4-147 所示。

图 4-146

图 4-147

5．加粗轮廓。

利用选择工具![]绘制一个虚线矩形，框住所有图形（即选中所有图形）。通过【对象属性】对话框的轮廓设置选项，设置轮廓宽度为 3.5mm，单击【应用】按钮，完成轮廓宽度设置，如图 4-148 所示。

6．填充颜色。

利用选择工具![]选中衣身图形，单击调色板的灰色图标，为其填充浅灰色。利用同样的方法，为其他图形填充相应的颜色。通过【对象属性】对话框的渐变填充选项，为扣子填充径向渐变填充，如图 4-149 所示。

图 4-148   图 4-149

其他常见圆袖款式如图 4-150 所示。

图 4-150

4.3　门襟的设计与表现

　　门襟即服装在人体前部或背部的开口，它们不仅使服装穿脱方便，也常常是重要的服装装饰部位。

4.3.1　门襟的设计要点

　　（1）门襟的结构要与领子的结构相适应。门襟总是与领子连在一起的，如果门襟的结构不能与领子相适应，会给服装的制作带来极大的麻烦，最终必然也会影响设计效果。

　　（2）被门襟分割的衣片要有美的比例。美的比例是人们对服装造型设计的基本要求之一。门襟对衣片有纵向分割的视觉效果，在服装上设计门襟的长短、位置时要注意使被分割的衣片与衣片之间保持美的比例。

　　（3）对门襟的装饰要注意与服装的整体风格协调。应用于门襟的装饰手法很多，由于门襟总是处于人体的正前方，应用于门襟的装饰手法会对服装的整体风格造成一定影响，如用缉明线的装饰手法会使服装显得粗犷，包边会使服装显得精致。如果能让应用于门襟的装饰与服装整体风格协调，服装的设计效果会显得更加和谐。

4.3.2 门襟的设计与表现

门襟的设计主要是通过改变门襟的位置、长短，以及门襟线的形态实现的。位置处于人体前部正中的门襟叫正开襟，偏离人体中线的门襟叫偏开襟。正开襟能给人平衡、稳重的审美感受，而偏开襟则显得比较活泼。贯通全部衣片的门襟叫通开襟，门襟的开口仅是衣片长度的一部分叫半开襟。一般情况下，直开襟较半开襟的变化更丰富。垂直线是门襟最常见的形态，叫直开襟，斜线门襟叫斜开襟，不规则弧线门襟在现代服装设计中也可以见到，设计时可以根据需要选择。

门襟在着装时大多呈封闭状态，称为系合。因此，门襟的系合方式就成了门襟设计的重要内容。系合门襟的方法很多，可以是纽扣系合、祥带系合和拉链系合。而无论用什么方法封闭，门襟的结构都必须与之协调，如门襟的左右相互重叠时，可以用一般的圆纽扣系合。这时纽扣的中心应该落在门襟的中心线上。如果门襟的左右不是相互重叠而是左右对拼，在表面用一般的圆纽扣系合就不太适当，最好采用祥带、拉链和中式传统布纽扣来系合比较好。

用电脑设计和表现门襟时，也必须将门襟的结构以及与之相适应的纽扣、祥带或拉链准确地表达出来。下面分别介绍几种封闭门襟的画法。

4.3.3 普通圆纽扣叠门襟

普通圆纽扣扣叠门襟款式如图 4-151 所示。

1. 设置原点和辅助线，绘制外框。

参照前述方法设置原点和辅助线。参考辅助线，利用矩形工具 □ 在适当位置绘制一个矩形，单击交互式属性栏的转换为曲线图标 ○，将矩形转换为曲线，如图 4-152 所示。

图 4-151

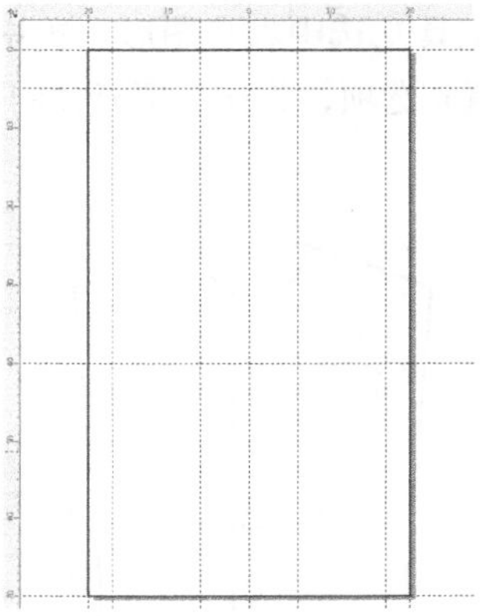

图 4-152

2. 绘制衣身。

利用形状工具 ⬚ 在矩形周边增加相应节点。利用形状工具 ⬚ 将领口直线转换为曲线，拖动曲线，使其弯曲为前领口形状。利用形状工具 ⬚，拖动相关节点，使其形成衣身形状，如图 4-153所示。

3. 绘制门襟和纽扣。

（1）利用手绘工具 在中心线右侧 2cm 处绘制一条竖向直线，作为门襟线。

（2）利用椭圆工具 ，按住 Ctrl 键，绘制一个圆形，通过【转换】对话框的大小选项，设置直径为 2cm，单击【应用】按钮，作为第一个扣子，同时单击【应用】按钮，原位再制一个扣子。利用选择工具 ，将其向下移动适当距离，作为第二个扣子。利用同样的方法，绘制其他扣子，如图 4-154 所示。

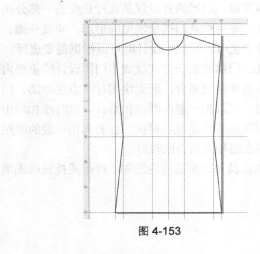

图 4-153

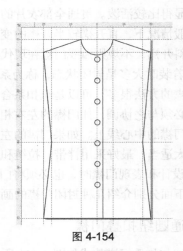

图 4-154

4. 加粗轮廓。

利用选择工具 绘制一个虚线矩形，将所有图形框住，即选择所有图形。通过【对象属性】对话框的轮廓属性选项，设置轮廓宽度为 3.4mm，单击【应用】按钮，如图 4-155 所示。

5. 填充颜色。

利用选择工具 选中衣身图形，单击调色板的灰色图标，为其填充浅灰色。通过【对象属性】对话框的渐变填充选项，为扣子填充径向渐变填充，如图 4-156 所示。

图 4-155

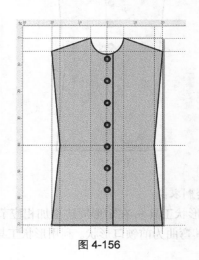

图 4-156

4.3.4 中式布纽扣对襟

中式布纽对襟款式图，如图 4-157 所示。

1. 设置原点和辅助线，绘制外框。

参照前述方法设置原点和辅助线。参考辅助线，利用矩形工具 ▢，在适当位置绘制一个矩形，单击交互式属性栏的转换为曲线图标 ◌，将矩形转换为曲线，如图 4-158 所示。

2. 绘制衣身。

（1）利用形状工具 ⬚，在矩形周边增加相应节点。利用形状工具 ⬚，将领口直线转换为曲线，拖动曲线，使其弯曲为前领口形状。

（2）利用形状工具 ⬚拖动相关节点，使其形成衣身形状，如图 4-159 所示。

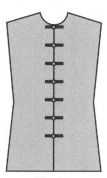

图 4-157

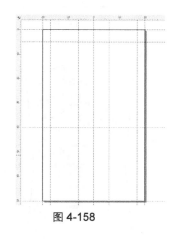

图 4-158

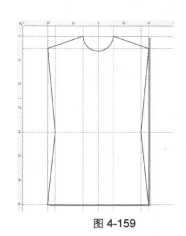

图 4-159

3. 绘制门襟和纽扣。

（1）利用手绘工具 ⬚在中心线处绘制一条竖向直线，作为门襟线。

（2）利用矩形工具 ▢绘制一个矩形，通过【转换】对话框的大小选项，设置其宽度为 8cm、高度为 0.5cm，并在径向中间绘制一条横向直线。利用椭圆工具 ◯，按住 Ctrl 键，绘制一个圆形。通过【转换】对话框的大小选项，设置其直径为 1cm，单击【应用】按钮。利用选择工具 ⬚将其放置在矩形的中心位置，作为第一个扣子组合。

（3）利用选择工具 ⬚选中扣子组合，单击交互式属性栏的群组图标 ⬚，将其群组。单击【应用】按钮，原位再制一个扣子组合。利用选择工具 ⬚将其向下移动适当距离，作为第二个扣子。利用同样的方法，绘制其他扣子，如图 4-160 和图 4-161 所示。

4. 加粗轮廓。

利用选择工具 ⬚选中衣身图形和门襟线，通过【对象属性】对话框的轮廓属性选项，设置轮廓宽度为 3.4mm，单击【应用】按钮。利用同样的方法，设置纽扣的轮廓宽度为 2.5mm，如图 4-162 所示。

5. 填充颜色。

利用选择工具 ⬚选中衣身图形，单击调色板的灰色图标，为其填充浅灰色。取消扣子组合，为矩形扣襻填充深灰色。通过【对象属性】对话框的渐变填充选项，为圆形扣子填充径向渐变填充，如图 4-163 所示。

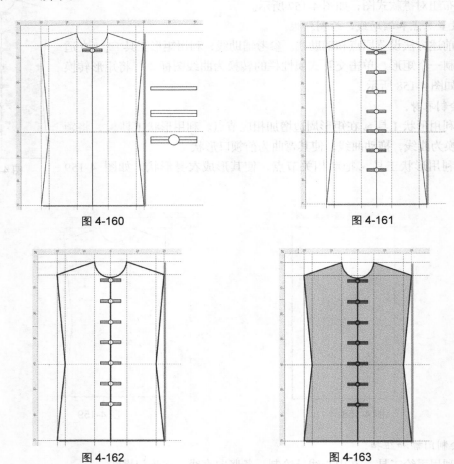

图 4-160　　　　　　　　　　　　　　　图 4-161

图 4-162　　　　　　　　　　　　　　　图 4-163

4.3.5　拉链门襟

拉链门襟款式图，如图 4-164 所示。

1. 设置原点和辅助线，绘制外框。

参照前述方法设置原点和辅助线。参考辅助线，利用矩形工具 □ 在适当位置绘制一个矩形，单击交互式属性栏的转换为曲线图标 ⊙ ，将矩形转换为曲线，如图 4-165 所示。

2. 绘制衣身。

（1）利用形状工具 ▶ 在矩形周边增加相应节点。利用形状工具 ▶ ，将领口直线转换为曲线，拖动曲线，使其弯曲为前领口形状。

（2）利用形状工具 ▶ 拖动相关节点，使其形成衣身形状，如图 4-166 所示。

3. 绘制拉链。

（1）利用矩形工具 □ 在衣身中心绘制一个矩形，作为拉链外框，如图 4-167 所示。

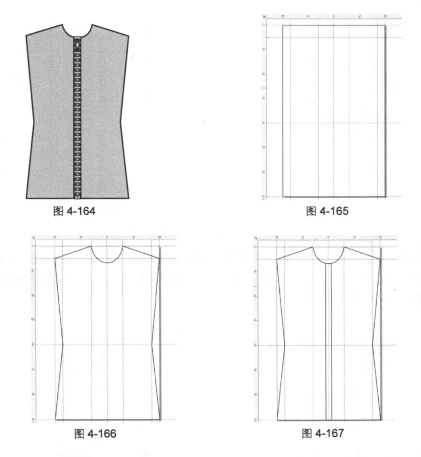

图 4-164

图 4-165

图 4-166

图 4-167

（2）利用矩形工具 □ 绘制一个矩形，通过【转换】对话框的大小选项，设置其宽度为 1cm，高度为 0.3cm，单击【应用】按钮。

（3）利用选择工具 ▶ 选中该矩形，通过【转换】对话框的大小选项，再制一个矩形，将其移动到原矩形的下方，并与其对齐。通过【转换】对话框的大小选项，将其宽度设置为 0.3cm，单击【应用】按钮。

（4）利用选择工具 ▶ 选中两个矩形，单击交互式属性栏的群组图标 ⊞，将其群组，作为拉链的一个链齿组，如图 4-168 所示。

（5）通过【转换】对话框的位置选项，设置水平距离为 0cm，垂直距离为 0.6cm，单击【应用】按钮，这时又再制了一个链齿组。利用同样的方法，连续再制，直到排满门襟线为止。

（6）利用椭圆工具 ○ 绘制拉链的拉手，并将其放置在拉链上端。利用矩形工具 □ 绘制拉链下端头，并将其放置在拉链下端。利用手绘工具 ⌇ 在拉链两侧绘制边沿线和明线，并通过交互式属性栏的轮廓属性选项，将明线设置为粗虚线，如图 4-169 所示。

4．加粗轮廓。

利用选择工具 ▶ 选中除拉链以外的所有图形，通过【对象属性】对话框的轮廓选项，设置轮廓宽度为 3.4mm，单击【应用】按钮。选中拉链，设置轮廓宽度为 1.72mm，单击【应用】按钮，如图 4-170 所示。

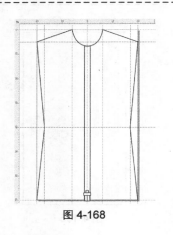

图 4-168

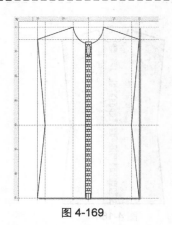

图 4-169

5. 填充颜色。

利用选择工具 ，选中衣身图形，单击调色板的灰色图标，为其填充浅灰色。利用同样的方法，为拉链外框填充深灰色，为拉链齿组填充白色。通过【对象属性】对话框的渐变填充选项，为拉链拉手填充径向渐变填充，如图 4-171 所示。

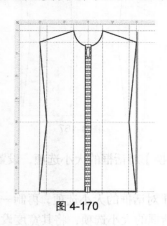

图 4-170

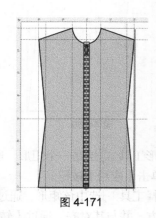

图 4-171

4.3.6 带祥门襟

带祥门襟款式图，如图 4-172 所示。

1. 设置原点和辅助线，绘制外框。

参照前述方法设置原点和辅助线。参照辅助线，利用矩形工具 □ 在适当位置绘制一个矩形。单击交互式属性栏的转换为曲线图标 ◎，将矩形转换为曲线，如图 4-173 所示。

2. 绘制衣身。

（1）利用形状工具 ，在矩形周边增加相应节点。利用形状工具 将领口直线转换为曲线，拖动曲线，使其弯曲为前领口形状。

（2）利用形状工具 拖动相关节点，使其形成衣身形状，如图 4-174 所示。

3. 绘制带祥门襟。

（1）利用手绘工具 绘制一条中心线，作为门襟线，如图 4-175 所示。

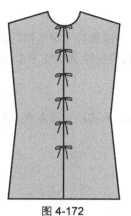

图 4-172

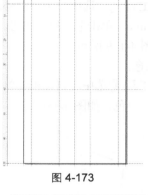

图 4-173

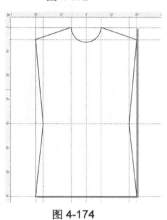

图 4-174

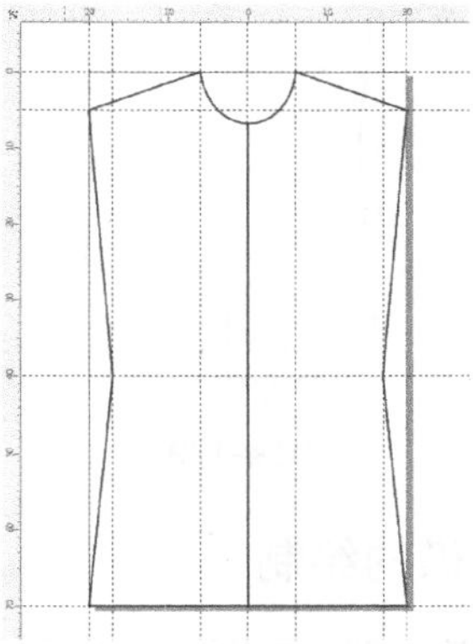

图 4-175

（2）单击工具箱的艺术笔工具 ，利用交互式属性栏的预设工具，如图 4-176 所示，绘制如图 4-177 所示的打结带袢，并调整大小。

（3）通过【转换】对话框的大小选项，再绘制数个打结带袢，并将其逐个放置在门襟线上的适当位置，如图 4-178 所示。

图 4-176

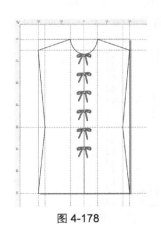

图 4-177

图 4-178

4．加粗轮廓。

利用选择工具，选中除带祥以外的所有图形，通过【对象属性】对话框的轮廓选项，设置轮廓宽度为 3.5mm，单击【应用】按钮。选中带祥图形，为其设置轮廓宽度为 1.72mm，单击【应用】按钮，如图 4-179 所示。

5．填充颜色。

利用选择工具选中衣身图形，单击调色板的灰色图标，为其填充浅灰色。利用同样的方法为祥带扣子填充白色，如图 4-180 所示。

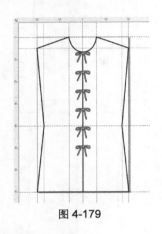
图 4-179

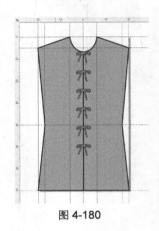
图 4-180

4.3.7　明门襟的绘制

明门襟的款式图，如图 4-181 所示。

1．设置原点和辅助线，绘制外框。

参照前述方法设置原点和辅助线。参考辅助线，利用矩形工具在适当位置绘制一个矩形，单击交互式属性栏的转换为曲线图标，将矩形转换为曲线，如图 4-182 所示。

2．绘制衣身。

（1）利用形状工具在矩形周边增加相应节点。利用形状工具，将领口直线转换为曲线，拖动曲线，使其弯曲为前领口形状。

（2）利用形状工具拖动相关节点，使其形成衣身形状，如图 4-183 所示。

图 4-181

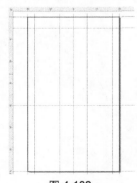
图 4-182

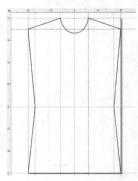
图 4-183

3. 绘制门襟和纽扣。

（1）利用矩形工具 □，在衣身中心线处绘制一个竖向矩形，作为明门襟。

（2）利用椭圆工具 ○，按住 Ctrl 键，绘制一个圆形。通过【转换】对话框的大小选项，设置其直径为 1.5cm，单击【应用】按钮。利用选择工具 ▷，将其放置在矩形上部的中心位置，作为第一个扣子，如图 4-184 所示。

（3）利用选择工具 ▷，选中扣子，通过【转换】对话框的大小选项，单击【应用】按钮，原位再制一个扣子，利用选择工具 ▷，将其向下移动适当距离，作为第二个扣子。利用同样的方法，绘制其他扣子，如图 4-185 所示。

图 4-184

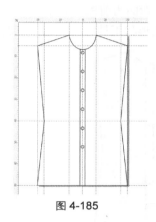

图 4-185

4. 加粗轮廓。

利用选择工具 ▷ 选中衣身图形和门襟图形，通过【对象属性】对话框的轮廓属性选项，设置轮廓宽度为 3.5mm，单击【应用】按钮。利用同样的方法，设置纽扣的轮廓宽度为 2.5mm，如图 4-186 所示。

5. 填充颜色。

利用选择工具 ▷ 选中衣身图形，单击调色板的灰色图标，为其填充浅灰色。利用同样的方法为矩形门襟填充深灰色。通过【对象属性】对话框的渐变填充选项，为圆形扣子填充径向渐变填充，如图 4-187 所示。

图 4-186

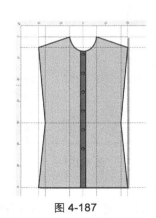

图 4-187

4.3.8　暗门襟的绘制

暗门襟款式图，如图 4-188 所示。

1．设置原点和辅助线，绘制外框。

参照前述方法设置原点和辅助线。参考辅助线，利用矩形工具 □ 在适当位置绘制一个矩形，单击交互式属性栏的转换为曲线图标 ○，将矩形转换为曲线，如图 4-189 所示。

2．绘制衣身。

（1）利用形状工具 ↖ 在矩形周边增加相应节点。利用形状工具 ↖ 将领口直线转换为曲线，拖动曲线，使其弯曲为前领口形状。

（2）利用形状工具 ↖ 拖动相关节点，使其形成衣身形状，如图 4-190 所示。

图 4-188

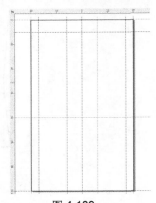

图 4-189

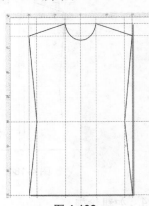

图 4-190

3．绘制门襟和纽扣。

（1）利用手绘工具 ↖ 在中心线处绘制一条竖向直线，作为门襟线，如图 4-191 所示。

（2）利用手绘工具 ↖，通过交互式属性栏的轮廓选项，绘制暗门襟虚线，如图 4-192 所示。

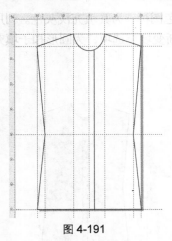

图 4-191

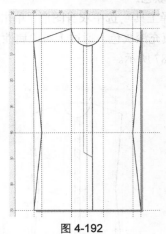

图 4-192

4．加粗轮廓。

利用选择工具 ↖ 选中衣身图形和门襟线，通过【对象属性】对话框的轮廓属性选项，设置轮廓宽度为 3.5mm，单击【应用】按钮，如图 4-193 所示。

5. 填充颜色。

利用选择工具 ⬚ 选中衣身图形，单击调色板的灰色图标，为其填充浅灰色，如图 4-194 所示。

图 4-193

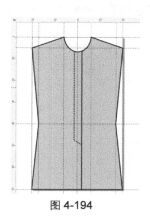

图 4-194

4.3.9　斜门襟的绘制

斜门襟的款式图，如图 4-195 所示。

1. 设置原点和辅助线，绘制外框。

参照前述方法设置原点和辅助线。参考辅助线，利用矩形工具 ⬚，在适当位置绘制一个矩形，单击交互式属性栏的转换为曲线图标 ⬚，将矩形转换为曲线，如图 4-196 所示。

2. 绘制衣身。

（1）利用形状工具 ⬚ 在矩形周边增加相应节点。利用形状工具 ⬚ 将领口直线转换为曲线，拖动曲线，使其弯曲为前领口形状。

（2）利用形状工具 ⬚ 拖动相关节点，使其形成衣身形状，如图 4-197 所示。

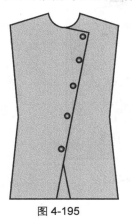

图 4-195

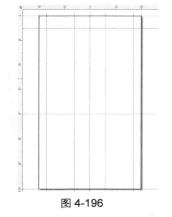

图 4-196

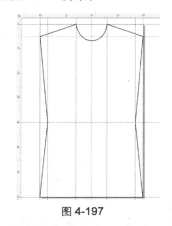

图 4-197

3. 绘制门襟和纽扣。

（1）利用手绘工具 ⬚，按照图示绘制斜门襟，如图 4-198 所示。

（2）利用椭圆工具 ⬚，按住 Ctrl 键，绘制一个圆形。通过【转换】对话框的大小选项，将其直

163

径设置为2cm，单击【应用】按钮。利用选择工具 ，将其放置在斜门襟的上部，作为第一个扣子。

（3）利用选择工具 选中扣子，通过【转换】对话框的大小选项，单击【应用】按钮，原位再制一个扣子组合。利用选择工具 ，将其向左下移动适当距离，作为第二个扣子。利用同样的方法，绘制其他扣子，如图4-199所示。

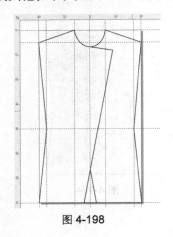

图 4-198

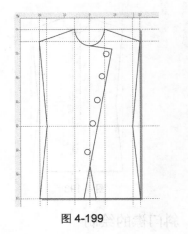

图 4-199

4．加粗轮廓。

利用选择工具 选中所有图形，通过【对象属性】对话框的轮廓属性选项，设置轮廓宽度为3.5mm，单击【应用】按钮，如图4-200所示。

5．填充颜色。

利用选择工具 选中衣身图形，单击调色板的灰色图标，为其填充浅灰色。通过【对象属性】对话框的渐变填充选项，为圆形扣子填充径向渐变填充，如图4-201所示。

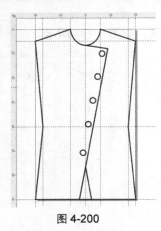

图 4-200

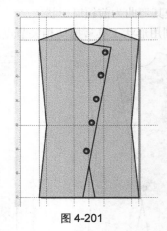

图 4-201

 4.4　口袋的设计与表现

口袋在服装设计中运用很广泛，它不仅能提高服装的实用功能，也常常是装饰服装的重要元素。

4.4.1 口袋的设计要点

（1）方便实用。

具有实用功能的口袋一般都是用来放置小件物品的。因此，口袋的朝向、位置和大小都要方便手的操作。

（2）整体协调。

口袋的大小和位置都可能与服装的相应部位产生对比关系。因此，设计口袋的大小和位置时要注意使其与服装的相应部位的大小、位置协调。运用于口袋的装饰手法也很多，在对口袋做装饰设计时，也要注意所采用的装饰手法与整体风格协调。

另外，口袋的设计还要结合服装的功能要求和材料特征一起考虑。一般情况下，表演服、专业运动服，以及用柔软、透明材料制作的服装无需设计口袋，而制服、旅游服，或用粗厚材料制作的服装则可以设计口袋以增强它们的功能性和审美性。

（3）口袋分类。

根据口袋的结构特征，口袋可以分为贴袋、挖袋和插袋3种类型。不同类型的口袋设计方法与表现方法也会有较大的不同。

学会了用电脑画上述服装局部的画法，画口袋就十分容易了，因此，这里仅介绍画口袋的一般步骤，供大家学习时参考。

4.4.2 贴袋的设计与表现

贴袋是贴缝在服装表面的口袋，是所有口袋中造型变化最丰富的一类。用电脑设计和表现贴袋除了要注意准确地画出贴袋在服装中的位置和基本形态以外，还要注意准确地画出贴袋的缝制工艺和装饰工艺的特征。

图 4-202

绘制贴袋的一般步骤是：设置原点和辅助线、绘制框图、绘制外轮廓、绘制袋盖、绘制内部分割线、绘制明线、加粗轮廓、填充颜色等。下面以如图 4-202 所示的贴袋款式图为例，讲述贴袋的数字化绘制方法。

1. 设置原点和辅助线，绘制外框。

参照前述方法设置原点和辅助线。参照辅助线，利用矩形工具 □ 在图纸适当位置，绘制一个宽度为 15cm，高度为 17cm 的矩形，如图 4-203 所示。

2. 绘制外形。

利用形状工具 选中矩形，单击交互式属性栏的转换为曲线图标 ，将其转换为曲线。利用形状工具 ，在矩形底边中点双击鼠标，增加一个节点。将底边两端的节点向上移动 2cm，形成贴袋底边造型。将矩形上边两个端点分别向内移动 1cm，形成口袋造型，如图 4-204 所示。

3. 绘制内部分割线。

利用手绘工具 ，绘制内部款式分割线条，如图 4-205 所示。

4. 绘制明线。

利用手绘工具 ，绘制明线基本线，同时通过交互式属性栏的轮廓选项，设置线型为虚线，如图 4-206 所示。

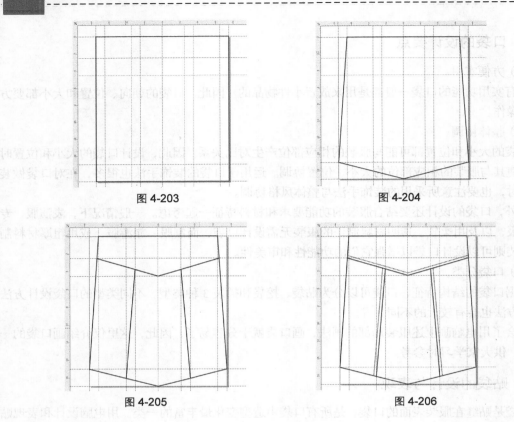

图 4-203   图 4-204

图 4-205   图 4-206

5．加粗轮廓。

利用选择工具 ，选中所有图形，通过【对象属性】对话框的轮廓选项，设置轮廓宽度为3.5mm，单击【应用】按钮，加粗轮廓线，如图 4-207 所示。

6．填充颜色。

利用选择工具 ，选中口袋图形，单击调色板的灰色图标，为其填充深灰色，如图 4-208 所示。

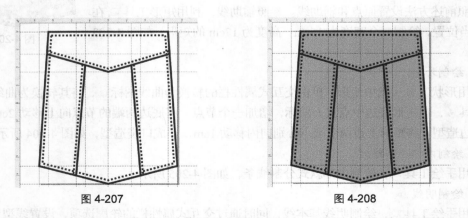

图 4-207   图 4-208

掌握了贴袋的基本画法就可以自由地进行贴袋设计了，常见贴袋的造型如图 4-209 所示。

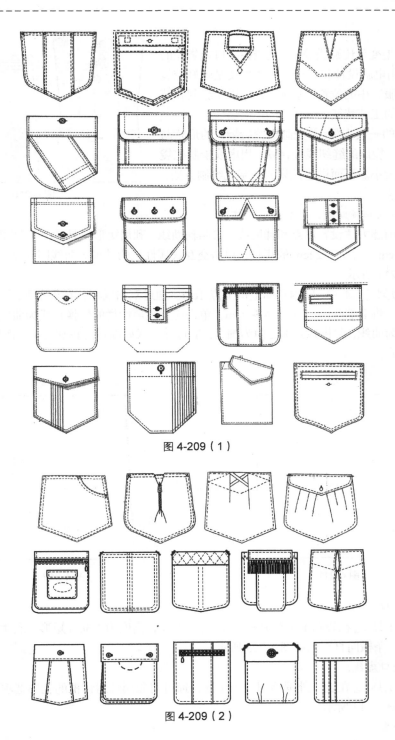

图 4-209（1）

图 4-209（2）

4.4.3　挖袋的设计与表现

挖袋的袋口开在服装的表面，而袋却藏在服装的里层。服装表面的袋口可以显露，也可以用

167

袋盖掩饰。

挖袋的造型变化比贴袋简单，重点在袋口或袋盖的装饰，因此，用电脑设计和表现挖袋也主要是画好挖袋袋口或袋盖在服装中的位置、基本形态，以及缝制和装饰袋口、袋盖的工艺特征。

绘制挖袋的一般步骤：首先画出挖袋袋口的形状与大小，然后画压袋口的缝纫线迹，最后用虚线绘制挖袋袋布的形状与大小。下面讲述挖袋的数字化绘制方法，如图 4-210 所示。

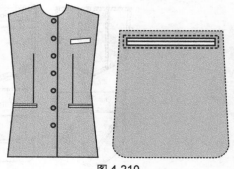

图 4-210

1. 设置原点和辅助线，绘制虚线袋布。

（1）参照前述方法设置原点和辅助线。参照辅助线，利用矩形工具 ☐，在图纸适当位置绘制一个宽度为 20cm，高度为 22cm 的矩形，单击交互式属性栏的转换为曲线图标 ◌，将矩形转换为曲线，如图 4-211 所示。

（2）利用形状工具 ↖，向内移动上口节点 1cm。通过双击鼠标，在袋布下部两侧 20cm 处各增加一个节点，将下端两侧节点内移各 2cm，单击交互式属性栏的转换直线为曲线图标 ↗，将两段斜直线转换为曲线，并将其分别弯曲为圆角。通过交互式属性栏的轮廓选项，将其设置为虚线，如图 4-212 所示。

图 4-211

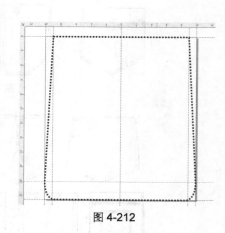

图 4-212

2. 绘制袋口。

利用矩形工具 ☐ 在袋布上部绘制一个宽度为 15cm，高度为 1.5cm 矩形。利用手绘工具 ✐ 在矩形中间绘制一条横向直线，如图 4-213 所示。

3. 绘制袋口虚线。

利用矩形工具 ☐ 在袋口外围绘制一个矩形，通过对象属性对话框的轮廓选项，设置轮廓线型为虚线，如图 4-214 所示。

4. 加粗轮廓。

利用选择工具 ↖ 选中所有虚线图形，通过【对象属性】对话框的轮廓选项，设置轮廓宽度为 2.5mm。利用同样的方法，设置袋口轮廓宽度为 3.5mm，如图 4-215 所示。

图 4-213

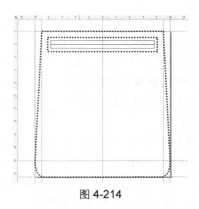

图 4-214

5. 填充颜色。

利用选择工具 ⬚ 选中袋布图形，单击调色板的灰色图标，为其填充浅灰色。利用同样的方法为袋口图形填充白色，如图 4-216 所示。

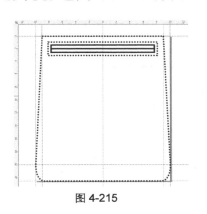

图 4-215

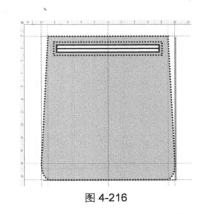

图 4-216

掌握了挖袋的基本画法就可以自由地进行挖袋设计了，常见的挖袋如图 4-217 所示。

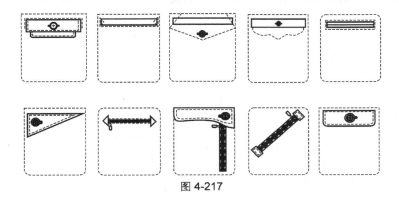

图 4-217

4.4.4　插袋的设计与表现

利用衣片的缝子为袋口，形成的口袋称为插袋。插袋袋口比较隐蔽，是口袋中造型变化最小的一类。插袋的画法很简单，关键是要注意利用袋口两头的封口表现袋的位置与大小。

　　绘制插袋的一般步骤：先在服装缝合线的适当位置用封口形式表现袋的位置与大小，然后用缝纫线迹加固袋口。下面介绍插袋的数字化绘制方法，如图 4-218 所示。

　　1. 设置原点和辅助线，绘制相关服装基本形状。

　　参照前述方法设置原点和辅助线。参照辅助线，利用手绘工具 、形状工具 和椭圆工具 绘制上衣和短裤的基本形状，如图 4-219 所示。

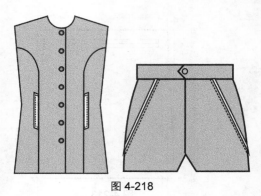

图 4-218

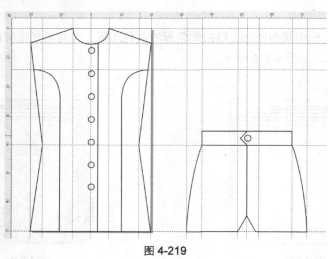

图 4-219

　　2. 绘制袋口。

　　利用手绘工具 绘制上衣插袋袋口和短裤的插袋袋口，如图 4-220 所示。

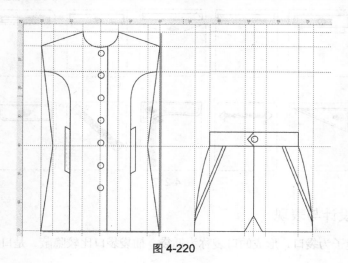

图 4-220

3. 绘制袋口明线。

利用手绘工具 绘制插袋的相关明线，通过交互式属性栏的轮廓属性选项，将其设置为虚线，如图 4-221 所示。

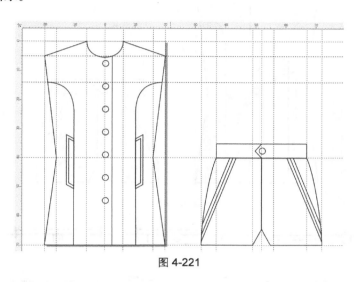

图 4-221

4. 加粗轮廓。

利用选择工具 选中所有图形，通过【对象属性】对话框的轮廓选项，设置其轮廓宽度为 3.5mm，如图 4-222 所示。

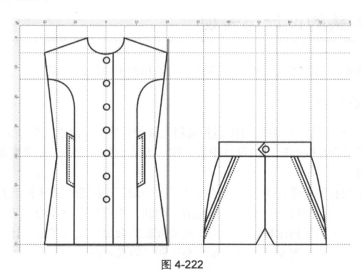

图 4-222

5. 填充颜色。

利用选择工具 选中衣身图形，单击调色板的灰色图标，为其填充浅灰色。利用同样的方法，为扣子和袋口图形填充白色，如图 4-223 所示。

掌握了插袋的基本画法就可以自由地进行挖袋设计了，如图 4-224 所示。

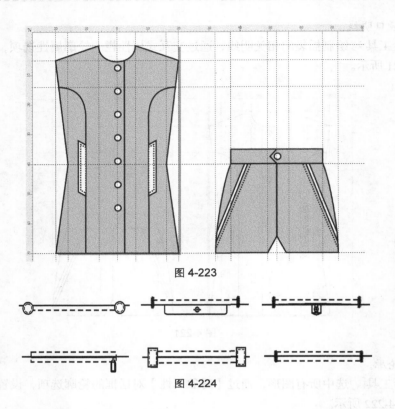

图 4-223

图 4-224

 ## 4.5 腰头的设计与表现

腰头有收缩腰部，吊起下装的功能，通常是裙子和裤子的设计重点。

4.5.1 腰头的设计要点

（1）在批量生产的服装中，应尽可能运用流行元素设计腰头。由于腰头在下装中的特殊地位，下装的流行元素常常会反映到腰头的设计中去。腰头的造型和装饰手法如果能跟上流行，会大大提高产品的附加值。

（2）腰头的造型和装饰手法要与下装的整体风格一致。不同造型或不同装饰手法的腰头会有不同风格，如几何形设计的腰头会显得比较简洁、明朗，用任意形设计的腰头会显得比较丰富、含蓄；用明线装饰腰头会显得比较粗犷，用花边装饰腰头会显得比较优雅。让腰头的造型和装饰手法与下装的整体风格协调起来，是追求服装整体和谐的重要原则之一。

4.5.2 腰头的设计与表现

目前常见的腰头造型主要有两大类，一类是几何形腰头，如用皮带抽缩的腰头；另一类是任意形腰头，如用松紧带抽缩的腰头。设计几何形的腰头可以变化腰头本身的造型并用腰带去装饰它们。设计任意形的腰头一般不变化腰头本身的造型，主要用改变腰头的抽缩方式并用适当的祥带去装饰它们。

　　用电脑设计和表现腰头时，不仅要绘制腰头的造型特征，还要注意将与腰头相连的裙片或裤片的结构交代清楚。

4.5.3　数字化西裤腰头的绘制

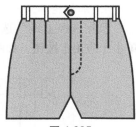

图 4-225

　　西裤腰头的款式图，如图 4-225 所示。

　　1. 设置原点和辅助线，绘制外框。

　　参照前述方法设置原点和辅助线。参照辅助线，利用矩形工具 ▫ 绘制一个 30cm×4cm 的小矩形，作为裤腰矩形。绘制一个 40cm×30cm 的矩形作为裤身矩形。单击【转换为曲线】按钮，将两个矩形转换为曲线图形。并将两个矩形对齐，如图 4-226 所示。

　　2. 绘制裤身。

　　（1）利用形状工具 ▸. 选中大矩形的左、右上角节点，向内移动节点与小矩形对齐，如图 4-227 所示。

图 4-226

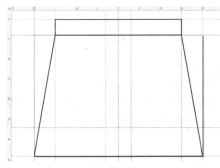

图 4-227

　　（2）利用形状工具 ▸.，在梯形底边的中间部位，参照辅助线，增加 3 个节点。向上移动中间的节点，形成裤腿分档形状，如图 4-228 所示。

　　（3）利用形状工具 ▸. 选中大矩形左边，单击交互式属性栏的转换为曲线图标 ◉，将其转换为曲线。拖动左边上部，使其符合裤身曲线造型。利用同样的方法，将右边修画为与左边相同，如图 4-229 所示。

图 4-228

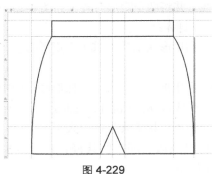

图 4-229

3. 绘制门襟裤衩活褶。

利用手绘工具 ，在裤身中心绘制一条竖向直线，作为门襟开口线。在门襟开口线右侧绘制门襟虚线明线。在小矩形中部绘制裤腰搭门形状。利用椭圆工具 ，绘制搭门纽扣。利用手绘工具 ，在裤身中心线两侧绘制 4 条活褶线。利用矩形工具 ，在裤腰上绘制 4 个竖向小矩形，作为腰带袢，如图 4-230 所示。

4. 加粗轮廓。

利用选择工具 选中所有图形，通过【转换】对话框的对象属性选项，设置轮廓宽度为 3.5mm，单击【应用】按钮，如图 4-231 所示。

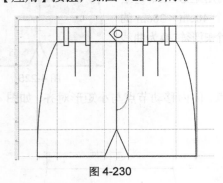
图 4-230

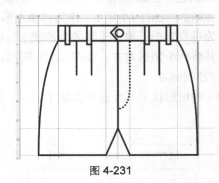
图 4-231

5. 填充颜色。

利用选择工具 选中裤身图形，单击调色板的灰色图标，为其填充深灰色。利用同样的方法，为裤腰填充白色。通过【对象属性】对话框的渐变填充选项，为扣子填充径向渐变，如图 4-232所示。

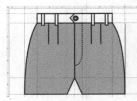
图 4-232

4.5.4 数字化绳带抽缩腰头的绘制

绳带抽缩腰头款式图，如图 4-233 所示。

1. 设置原点和辅助线，绘制外框。

参照前述方法设置原点和辅助线。参照辅助线，利用矩形工具 绘制一个 30cm×40cm 的矩形，作为裤腰矩形。再绘制一个 40cm×30cm 的矩形，作为裤身矩形。单击交互式属性栏的转换为曲线图标 ，将其转换为曲线。并将两个矩形对齐（如图 4-234 所示）。

2. 绘制裤身。

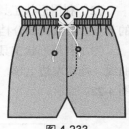
图 4-233

（1）利用形状工具 选中大矩形的左、右上角节点，向内移动节点与小矩形对齐，如图 4-235所示。

（2）利用形状工具 ，在梯形底边的中间部位，参照辅助线，增加 3 个节点。向上移动中间的节点，形成裤腿分档形状，如图 4-236 所示。

（3）利用形状工具 选中大矩形左边，单击交互式属性栏的转换为曲线图标 ，将其转换为曲线。拖曳左边上部，使其符合裤身造型。利用同样的方法，将右边修画为与左边相同，如图 4-237 所示。

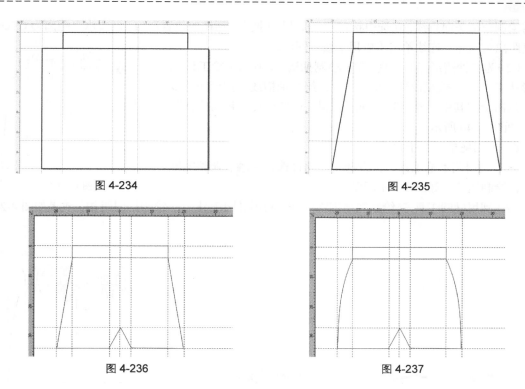

图 4-234　　　　　　　　　　　　　　　图 4-235

图 4-236　　　　　　　　　　　　　　　图 4-237

3．绘制门襟。

利用手绘工具 ，在裤身中心绘制一条竖向直线，作为门襟开口线。在门襟开口线右侧绘制门襟虚线明线。在小矩形中部绘制裤腰搭门形状，如图 4-238 所示。

4．绘制腰头和绳带。

利用形状工具 ，将裤腰矩形上部两个节点分别向外移动适当距离。在裤腰上口线上，利用形状工具 ，连续双击鼠标左键，为上口线增加若干节点，同时选中裤腰上口线的所有节点，鼠标指针单击交互式属性栏的转换为曲线图标 ，将裤腰上口线转换为曲线。利用形状工具 ，逐个拖曳节点之间的曲线，使其弯曲为如图所示形状，如图 4-239 所示。

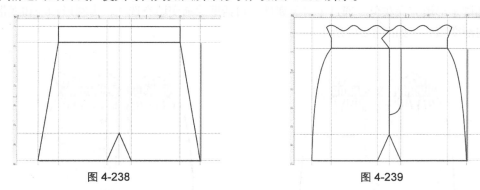

图 4-238　　　　　　　　　　　　　　　图 4-239

5．绘制抽折。

（1）利用矩形工具 和手绘工具 ，绘制绳带穿口和绳带抽缩形态。绘制绳带抽缩形态时，

175

只需绘制一条竖向直线，在选中状态下，通过【转换】对话框的位置选项，设置水平距离为 0.5cm，垂直距离为 0cm，连续单击【应用】按钮即可。

（2）为了抽褶形态的逼真，需要绘制抽褶线。利用手绘工具 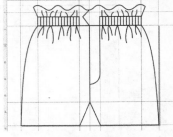 和形状工具 ，按照抽褶形态的需要，绘制抽褶线。抽褶线有多条，只需绘制其中一条，其他通过再制、镜像翻转、移动位置即可，如图 4-240 所示。

6. 绘制绳带和扣子。

（1）利用艺术笔工具的预设选项，通过选择笔触、调整笔触宽度，绘制绳带，如图 4-241 所示。

图 4-240

（2）利用椭圆工具 绘制绳结饰物圆珠。利用椭圆工具 ，绘制搭门纽扣，效果如图 4-242 所示。

图 4-241

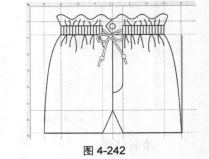

图 4-242

7. 加粗轮廓。

利用选择工具 ，选中除绳带以外的所有图形。通过【转换】对话框的对象属性选项，设置轮廓宽度为 3.5mm，单击【应用】按钮。单独选中绳带，设置绳带宽度为 2.5mm，单击【应用】按钮，如图 4-243 所示。

8. 填充颜色。

利用选择工具 选中裤身图形，单击调色板的灰色图标，为其填充浅灰色。利用同样的方法，为裤腰抽褶矩形填充深灰色。通过【对象属性】对话框的渐变填充选项，为圆形扣子和绳带饰珠填充径向渐变填充，如图 4-244 所示。

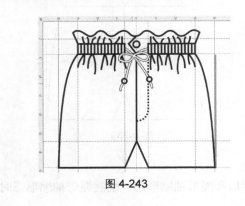

图 4-243

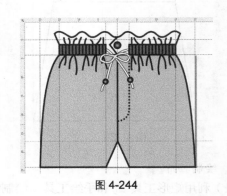

图 4-244

第5章

单件服装的设计与表现

第4章介绍了服装各局部的设计与表现的方法，为本章学习单件服装的款式设计与表现打下了基础。在正式学习单件服装的款式设计与表现之前，还需要对服装的形式法则和轮廓造型有所了解。

 ## 5.1 服装款式设计中的形式美法则

形式法则是造型艺术设计的基本法则，为了进一步提高服装设计水平，设计者必须掌握造型美的基本形式法则。

一、比例

比例是指同类量之间的倍数关系。在造型艺术的创作活动中，作为法则的"比例"则要求艺术形式内部的数量关系必须符合人们的审美追求，即艺术形式中局部与局部之间，以及局部与整体之间的面积关系、长度关系、体积关系都要给人美的感受。

对服装的设计也要这样。在单件服装设计中，要注意让组成服装的各局部之间、局部与整体之间保持美好的比例，如领与门襟之间、口袋与衣片之间、腰头与裤片之间，都必须有适当的数量关系，服装才能给人美的感受。而在成套服装设计中，除了上述要求以外，还要注意让上下装之间、内外装之间保持美好的比例，如图5-1所示。

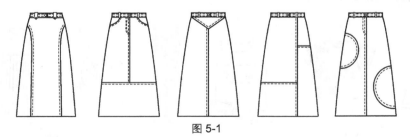

图 5-1

二、平衡

平衡是指对立的各方在数量或质量上相等或相抵之后呈现的一种静止状态。在造型艺术的创作活动中，作为法则的"平衡"则是要求艺术形式中不同元素之间组合后必须给人平稳、安定的美感。

服装的平衡美是通过服装中各造型元素适当配合表现的。当服装中的造型元素呈对称形式放置时,服装会呈现出简单、稳重的平衡美,对称形式如图 5-2 所示。

当服装中的造型元素呈非对称形式放置且能保持整体平衡时,服装会呈现出多变、生动的平衡美。因此,设计者应结合设计要求,适当且灵活地组织服装中的各种元素,让这些元素为服装带来设计需要的平衡美感,非对称形式如图 5-3 所示。

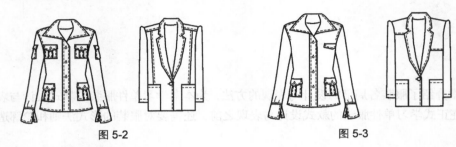

图 5-2   图 5-3

三、呼应

呼应是指事物之间互相照应的一种形式。在造型艺术的创作活动中,作为法则的"呼应"则是要求艺术形式中相关元素之间有适当联系,以便表现艺术形式内部的整体协调美感。

服装的整体协调美是通过相关元素外在形式的相互呼应或内在风格的相互呼应产生的。如用相同的色彩、相同的图案或相同的材料装饰服装的不同部位就可以使服装的色彩、图案或材料等设计元素之间产生协调美,或让组合在一套服装中的各个单品都统一在相同的风格中,服装也能呈现出和谐的整体协调美,如图 5-4 所示。

四、节奏

节奏是指有秩序的、不断反复的运动形式。在造型艺术的创作活动中,作为法则的"节奏"则是要求艺术形式中设计元素的变化要有一定的规律,使观者在观赏中享受到这种有规律的变化带来的美感。

服装的节奏美是通过某设计元素在一件或一套服装中多次反复出现表现的。如相同或相似的线、相同或相似的面、相同或相似的色彩、相同或相似的材料等都可以使服装产生有秩序的、不断表现的节奏美,如图 5-5 所示。

图 5-4   图 5-5

五、主次

主次是指事物中各元素组合之间的关系。在造型艺术的创作活动中,作为法则的"主次"则是指艺术形式中各元素之间的关系不能是平等的,必须有主要部分和次要部分的区别,主要部分在变化中起统领作用，而次要部分的变化必须服从主要部分部位的变化，对主要部分起陪衬或烘托作用。艺术形式中各元素的主次分明了，其设计风格和设计个性就能显现出来。

构成服装的元素很多，如点、线、面、色彩、图案等，在运用这些元素设计某一件服装时也要注意处理好这件服装中这些元素之间的主次关系，或以点为主、或以线为主、或以面为主、或以色彩为主、或以图案为主，而让其他元素处于陪衬地位。服装中起主导作用的元素突出了，服装也就有了鲜明的个性或风格，如图 5-6 所示。

图 5-6

六、多样统一

多样统一是宇宙的根本规律，它孕育了人们既不爱呆板、又不爱杂乱的审美心理。在造型艺术的创作活动中，作为法则的"多样统一"是对比例、平衡、呼应、节奏、主次的集中概括，它要求艺术作品的形式既要丰富多样，又要和谐统一。

单调呆板的服装是不美的，杂乱无章的服装也是不美的。在追求"统一"效果的服装中添加适当的变化，让"统一"的服装避免单调；在追求"多样"效果的服装中让各元素的变化协调起来，使"多样"的服装避免杂乱，是衡量服装设计者水平高低的重要依据，如图 5-7 所示。

图 5-7

5.2　服装款式设计与表现概论

　　服装的廓型即服装的轮廓造型，它的变化对服装的整体形态起决定性的作用。廓型相同的服装，如中山装、学生装、军便装等，即使其领、门襟、口袋、腰头等局部样式不同，它们之间的差异不会让人一眼就看出来，而廓型不同的服装，如长裤、中裤、短裤等，即使其腰头、门襟、口袋等局部样式相同，它们之间的差异也会让人一眼就看出来。因此，在服装的款式设计中要特别重视对廓型的处理。

5.2.1　廓型的种类

　　单件服装的外形主要有 H、A、V、S 这 4 种基本形态。这 4 种基本形态除了在样式上有明显不同以外，它们给人的审美感受也有很大的不同。

　　（1）H 形：廓型为 H 形的服装其肩、腰、臀围或下摆的宽度基本相等，如直筒衫、直筒裙、直筒裤等。廓型为 H 形的服装具有质朴、简洁的审美效果，如图 5-8 所示。

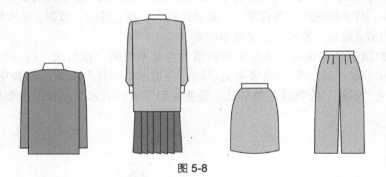

图 5-8

　　（2）A 形：廓型为 A 形的服装上窄下宽，如窄肩放摆的披风、衬衣、外套、喇叭裙、大喇叭裤等。廓型为 A 形的服装具有活泼、潇洒的审美效果，如图 5-9 所示。

图 5-9

　　（3）V 形：廓型为 V 形的服装上宽下窄，如夸张肩部、缩窄下摆的夹克、连衣裙、外套等。

廓型为 V 形的服装具有洒脱的阳刚美，如图 5-10 所示。

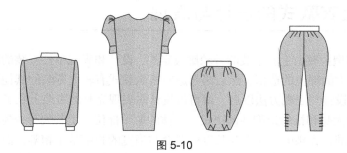

图 5-10

（4）S 形：廓型为 S 形的服装外轮廓与人体本身的曲线比较吻合，如西装上衣、旗袍、小喇叭裤等。廓型为 S 形的服装具有温和、典雅、端庄的审美效果，如图 5-11 所示。

图 5-11

以上是服装单件的廓型。在整体着装时，服装的廓型常常是以组合状态出现的，因此，在对服装的整体着装进行构思时，要注意服装组合后的廓型效果，如图 5-12 所示。

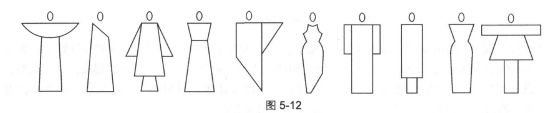

图 5-12

5.2.2 廓型的设计要点

（1）服装廓型的设计要符合服装的流行趋势。

由于廓型对服装的款式有十分明显的影响。因此，服装款式流行的特点常常会表现于服装的廓型，设计时应注意使服装的廓型符合流行。

（2）廓型的设计要注意整体协调。

单件服装廓型的设计要注意长与宽、局部与局部比例协调。组合服装廓型的设计要注意上装与下装、内衣与外衣比例协调。

5.3 上衣款式的设计与表现

上衣服装的廓型主要由上衣服装的外轮廓决定的，设计和表现单件服装的款式首先要考虑对服装外轮廓影响最大的部位的造型，然后再考虑对服装款式有较大影响的其他局部的造型。掌握了上衣服装廓型的设计与表现方法以后，就可以设计与表现完整的服装上衣了。

上衣的廓型由大身和袖的造型共同决定。人体的躯干部位是上装大身外轮廓设计的基础，如以成人的肩宽为标准，齐腰的上衣大身长度一般会与肩宽的长度基本相等，而齐臀围的上衣大身长度则一般是肩宽的 1.5 倍左右。在具体设计时，还要注意根据设计任务的内容将男女人体的特点表现出来，如男人体肩宽臀窄腰节略下，而女人体肩窄臀宽腰节略上，如图 5-13 所示。

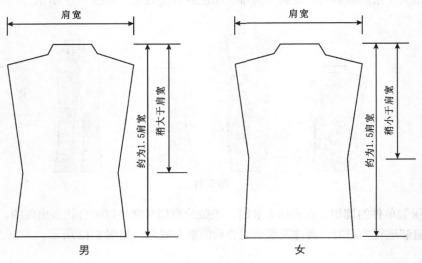

图 5-13

一般情况下，用电脑设计和表现上装的款式，首先要依照人体躯干部位的比例设计好上装大轮廓的基本廓型，然后再考虑影响上装款式的领和袖的造型，最后再将上装其他局部设计并表现好。

设计领的时候，要注意把握好领口的宽度，设计得太宽或太窄都会让人看起来不舒服。在表现领的结构时，要处理好领面、领座和服装肩线之间的关系。

袖的造型对上装的廓型有较大影响。因此，设计袖的时候要随时注意让袖的造型与大身的造型协调。设计圆装袖可以用垂放的状态，设计连袖、平装袖和插肩袖最好将袖打开放置，以便充分表现这些袖的造型特征。

设计完上装的廓型、类型和袖型以后，还要进一步推敲上装的细部。服装的缝合方式、连接方式、装饰方式和装饰图案的纹样等都会对服装的整体造型和风格带来很大影响，设计时应该尽可能将它们的特点细致地表现出来。由于款式图多为正面平放的形式，如果这些细部在服装的侧面，为了充分表现它们的特点，可以用"局部打开"的形式将它们画出来。

上衣可以分为衬衣、西装上衣、夹克、猎装上衣、牛仔上衣、中式上衣、大衣、旗袍等。

5.3.1 衬衣款式的设计与表现

衬衣款式图，如图 5-14 所示。

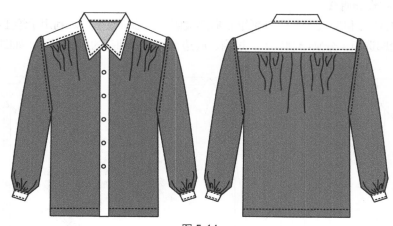

图 5-14

1. 设置原点和辅助线，绘制外框。

参照前述方法，设置原点和辅助线。利用矩形工具 ▫，参照辅助线，绘制一个矩形。同时通过单击交互式属性栏的转换为曲线图标 ◔，将其转换为曲线。通过交互式属性栏的轮廓选项，设置轮廓宽度为 3.5mm，如图 5-15 所示。

2. 绘制衣身基本形。

利用形状工具 ⬚，参照辅助线，在矩形上边领口位置增加 4 个节点。移动节点，形成领座造型。将矩形上边两个端点下移 5cm，形成落肩。在矩形中部两侧增加两个节点，分别向内移动节点，形成衣身造型，如图 5-16 所示。

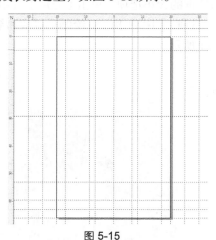

图 5-15   图 5-16

3. 绘制领子、门襟、扣子和分割线。

利用矩形工具 ▫ 绘制明门襟图形。利用手绘工具 ✎，绘制过肩分割线。利用椭圆工具 ◯ 绘制扣子，如图 5-17 所示。

　　4．绘制袖子。

　　利用手绘工具 和形状工具 分别绘制袖筒和袖头，如图 5-18 所示。

　　5．绘制皱褶线和明线。

　　利用手绘工具 和形状工具 分别绘制肩部皱褶线和袖口皱褶线。利用手绘工具 ，通过交互式属性栏的轮廓选项，分别绘制领子、过肩、底边、袖窿和袖头的虚线明线，如图 5-19 所示。

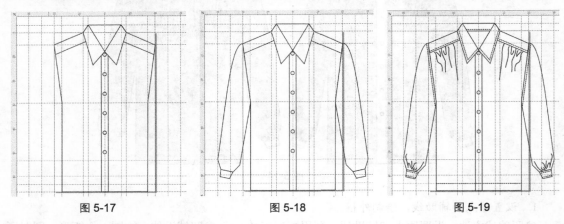

| 图 5-17 | 图 5-18 | 图 5-19 |

　　6．填充颜色。

　　利用选择工具 选中衣身图形，单击调色板的灰色图标，为其填充深灰色。利用同样的方法，为袖筒填充深灰色，为领子、门襟和扣子填充白色。利用智能填充工具 ，设置填充颜色为白色，单击过肩部位和领座部位，即可为过肩和领座填充白色，同时将虚线明线调整到前部。利用同样的方法，为衬衣内部看到的部位填充浅灰色，如图 5-20 所示。

　　7．绘制衬衣背面。

　　利用选择工具 选中所有图形，通过【转换】对话框的大小选项，单击【应用】按钮，再制一个衬衣图形，将其复制到另一张图纸上。删除领子、过肩、门襟和扣子，绘制后过肩和皱褶线，调整领座造型，即完成了衬衣款式图的绘制，如图 5-21 所示。

 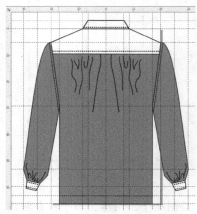

| 图 5-20 | 图 5-21 |

5.3.2 西装上衣款式的设计与表现

西装上衣款式图，如图 5-22 所示。

1. 设置原点和辅助线，绘制外框。

参照前述方法，设置原点和辅助线。利用矩形工具 ▢ ，参照辅助线，绘制一个矩形，同时通过单击交互式属性栏的转换为曲线图标 ⊙ ，将其转换为曲线。通过交互式属性栏的轮廓选项，设置轮廓宽度为 3.5mm，如图 5-23 所示。

2. 绘制衣身基本形。

利用形状工具 ⬚ ，参照辅助线，在矩形上边领口位置增加 4 个节点。移动节点，形成领座造型。将矩形上边两个端点下移 5cm，形成落肩。在矩形中部两侧增加两个节点，分别向内移动节点，形成衣身造型，如图 5-24 所示。

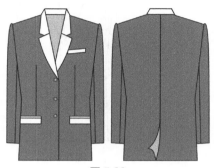

图 5-22

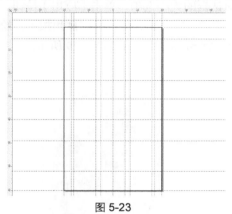

图 5-23

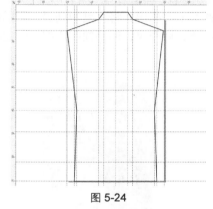

图 5-24

3. 绘制领子、门襟、扣子、口袋和省位线。

利用手绘工具 ⬚ 和形状工具 ⬚ 绘制门襟和领子。利用椭圆工具 ◯ 绘制扣子，如图 5-25 所示。

4. 绘制口袋和省位线。

利用手绘工具 ⬚ 和矩形工具 ▢ 绘制口袋图形，再绘制省位线，如图 5-26 所示。

5. 绘制袖子。

利用手绘工具 ⬚ 和形状工具 ⬚ 分别绘制袖筒和两片袖的袖接线，如图 5-27 所示。

6. 填充颜色。

利用选择工具 ⬚ 选中衣身图形，单击调色板的灰色图标，为其填充深灰色。利用同样的方法，为袖子填充深灰色，为领子和口袋填充白色。利用智能填充工具 ⬚ 设置填充颜色为浅灰色，单击服装里子部位，为其填充浅灰色。通过【对象属性】对话框的渐变填充选项，为扣子填充径向渐变填充，如图 5-28 所示。

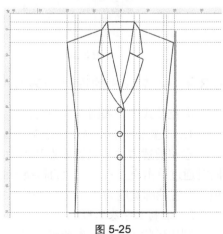

图 5-25

185

图 5-26

图 5-27

7. 绘制西装上衣背面。

利用选择工具 ![](选中所有图形，通过【转换】对话框的大小选项，单击【应用】按钮，再制一个西装上衣图形，将其复制到另一张图纸上。删除领子、口袋、省位线、门襟和扣子，绘制后片中心线、后开衩，调整领座造型，即完成了西装上衣款式图的绘制，如图 5-29 所示。

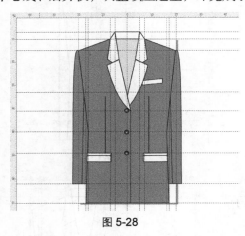

图 5-28

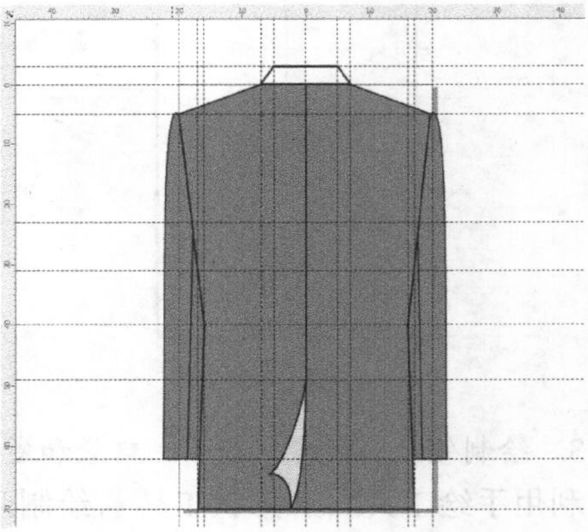

图 5-29

5.3.3 夹克款式的设计与表现

夹克款式图，如图 5-30 所示。

1. 设置原点和辅助线，绘制外框。

参照前述方法，设置原点和辅助线。利用矩形工具 ![]，参照辅助线，绘制大小 3 个矩形，同时通过单击交互式属性栏的转换为曲线图标 ![]，将其转换为曲线。通过交互式属性栏的轮廓选项，设置轮廓宽度为 3.5mm，如图 5-31 所示。

2. 绘制衣身基本形。

利用形状工具 ![]，参照辅助线，在矩形上边领口位置增加两个节点。将矩形上边两个端点下移 5cm，形成落肩。在矩形下部两侧增加两个节点，分别向内移动下端节点，形成衣身造型，如图 5-32 所示。

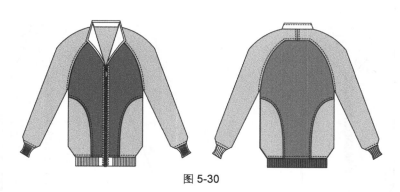

图 5-30

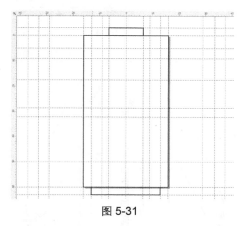

图 5-31

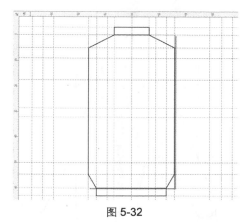

图 5-32

3．绘制领子、门襟和拉链。

利用矩形工具 □ 绘制拉链外框图形和拉链，并将其轮廓设置为虚线。利用手绘工具 ✎ 和形状工具 ✎ 绘制领子图形。利用椭圆工具 ○ 绘制拉链环，如图 5-33 所示。

4．绘制袖子。

利用手绘工具 ✎ 和形状工具 ✎ 分别绘制插肩袖和袖头。利用删除虚拟线段工具 ✎ ，删除插肩袖范围内的无用线段，如图 5-34 所示。

5．绘制分割线和明线。

利用手绘工具 ✎ 和形状工具 ✎ 绘制衣身两侧分割线。利用手绘工具 ✎ 和形状工具 ✎ ，通过交互式属性栏的轮廓选项，分别绘制插肩线、分割线、底边和袖头的虚线明线，如图 5-35 所示。

6．绘制罗纹线。

利用手绘工具 ✎ 和形状工具 ✎ ，通过交互式调和工具 ✎ ，分别绘制袖头和下摆的罗纹线，如图 5-36 所示。

7．填充颜色。

利用选择工具 ✎ 选中衣身图形，单击调色板的灰色图标，为其填充深灰色。利用同样的方法，为袖子填充浅灰色，为领子、拉链外框、袖头和下摆填充白色。利用智能填充工具 ✎ ，设置填充颜色为浅灰色，单击衣身分割图形，为其填充浅灰色。利用同样的方法，为夹克里子部位填充浅灰色，如图 5-37 所示。

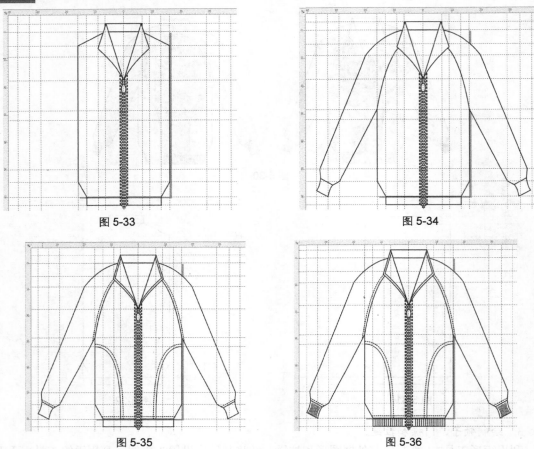

图 5-33　　　　　　　　　　　　　　　　　图 5-34

图 5-35　　　　　　　　　　　　　　　　　图 5-36

8. 绘制夹克背面。

利用选择工具 ↖ 选中所有图形，通过【转换】对话框的大小选项，单击【应用】按钮，再制一个夹克图形，将其复制到另一张图纸上。删除领子和拉链。利用手绘工具 ✎ 和形状工具 ↖ 调整插肩袖及其虚线，绘制上部后中线及其虚线。即完成了夹克款式图的绘制，如图 5-38 所示。

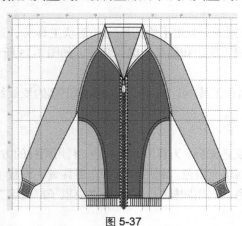

图 5-37

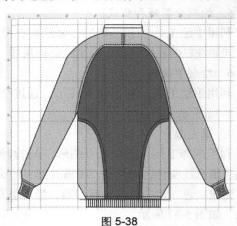

图 5-38

5.3.4　猎装上衣的设计与表现

猎装款式图，如图 5-39 所示。

1. 设置原点和辅助线，绘制外框。

参照前述方法，设置原点和辅助线。利用矩形工具 □，参照辅助线，绘制两个矩形，同时通过单击交互式属性栏的转换为曲线图标 ○，将其转换为曲线，如图 5-40 所示。

图 5-39

2. 绘制衣身基本形。

利用形状工具 ↖，参照辅助线，在衣身矩形上边领口位置增加两个节点。移动小矩形上端节点，形成领座造型。将大矩形上边两个端点下移，形成落肩。在矩形中部两侧增加两个节点，分别向内移动节点，形成衣身造型。将衣身底边转换为曲线，并向下弯曲，如图 5-41 所示。

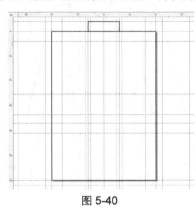

图 5-40

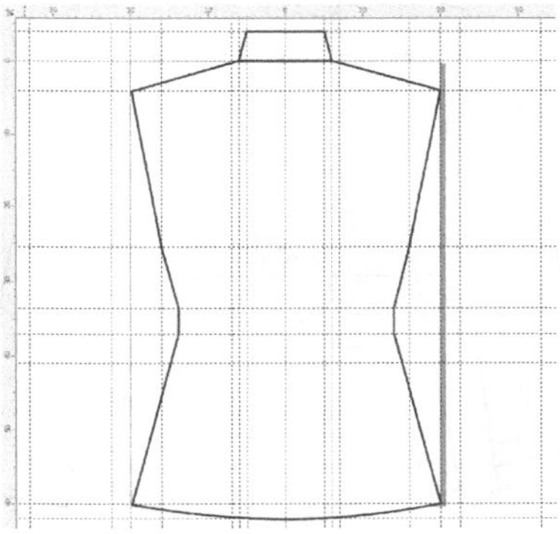

图 5-41

3. 绘制领子、门襟、口袋和分割线。

利用手绘工具 ↖ 绘制门襟线和过肩分割线。利用矩形工具 □ 和形状工具 ↖ 绘制口袋图形，如图 5-42 所示。

4. 绘制袖子。

利用手绘工具 ↖ 和形状工具 ↖ 分别绘制袖筒和袖头分割线，如图 5-43 所示。

图 5-42

图 5-43

5. 绘制腰带。

利用手绘工具 和形状工具 分别绘制腰带和腰带环。利用椭圆工具 ○ 绘制腰带穿孔，如图 5-44 所示。

6. 加粗轮廓。

利用选择工具 选中所有图形，通过对象属性对话框的轮廓选项，设置轮廓宽度为 3.5mm，如图 5-45 所示。

7. 绘制明线。

利用手绘工具 和形状工具 ，通过交互式属性栏的轮廓选项，分别绘制领子、过肩、底边、袖头和口袋的虚线明线，如图 5-46 所示。

图 5-44   图 5-45

8. 填充颜色。

利用选择工具 选中衣身图形，单击调色板的灰色图标，为其填充深灰色。利用同样的方法，为袖头、口袋和腰带填充浅灰色，为领子填充白色。利用智能填充工具 ，设置填充颜色为浅灰色，单击里子部位，弯曲填充浅灰色，如图 5-47 所示。

9. 绘制猎装背面。

利用选择工具 选中所有图形，通过【转换】对话框的大小选项，单击【应用】按钮，再制一个猎装图形，将其复制到另一张图纸上。删除领子、过肩、门襟、腰带环、腰带穿孔和口袋。绘制后过肩，绘制分割线，调整领座造型，调整填充颜色，即完成了猎装款式图的绘制，如图 5-48 所示。

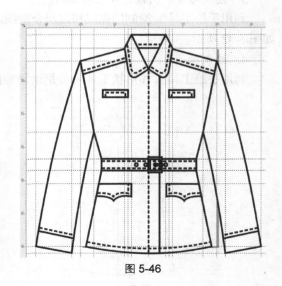

图 5-46

图 5-47

图 5-48

5.3.5　中西式上衣款式的设计与表现

中西式上衣款式图，如图 5-49 所示。

1. 设置原点和辅助线，绘制外框。

参照前述方法，设置原点和辅助线。利用矩形工具
□，参照辅助线，绘制一个矩形，同时通过单击交互式
属性栏的转换为曲线图标 ⊙，将其转换为曲线。通过交
互式属性栏的轮廓选项，设置轮廓宽度为 3.5mm，如
图 5-50 所示。

2. 绘制衣身基本形。

利用形状工具 ↳，参照辅助线，在大矩形上边领口
位置增加两个节点。移动小矩形节点，形成领座造型。

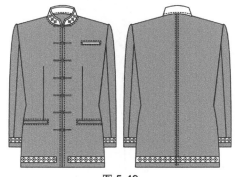

图 5-49

将大矩形上边两个端点下移 5cm，形成落肩。在矩形中部腰线两侧增加两个节点，分别向内移动
节点，将腰线以下修画为曲线，形成衣身造型，如图 5-51 所示。

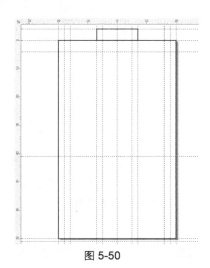

图 5-50

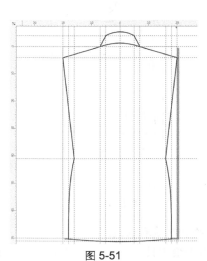

图 5-51

3. 绘制领子、门襟和扣子。

绘制明门襟图形。利用手绘工具 和形状工具 绘制领子。利用手绘工具 绘制门襟线。利用矩形工具 和椭圆工具 绘制扣子，如图 5-52 所示。

4. 绘制口袋和省位线。

利用矩形工具 和手绘工具 分别绘制口袋和省位线，如图 5-53 所示。

5. 绘制袖子。

利用手绘工具 和形状工具 分别绘制袖子，如图 5-54 所示。

6. 绘制装饰图案。

利用矩形工具 绘制袖子、领子和衣身的装饰图案的外框。通过【插入字符】对话框，选择菱形图样，将其拖动到页面中，调整大小和位置，再制多个图样，将其放置在相应位置，如图 5-55 所示。

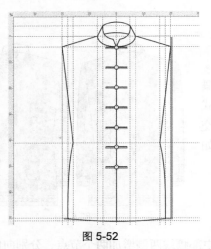

图 5-52

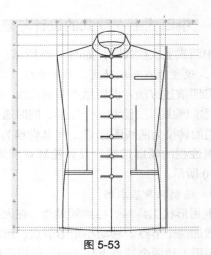

图 5-53

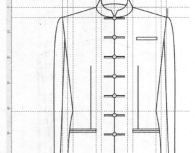

图 5-54

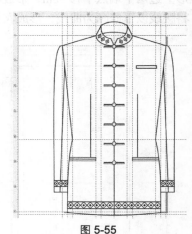

图 5-55

7. 绘制明线和双线。

利用手绘工具 、形状工具 和矩形工具 ，通过交互式属性栏的轮廓选项，分别绘制领子双线，绘制领口、袋口和门襟的虚线明线，如图 5-56 所示。

8．填充颜色。

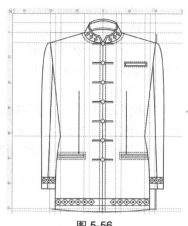

利用选择工具 选中衣身图形，单击调色板的灰色图标，为其填充深灰色。利用同样的方法，为领子、口袋和图样外框内部填充白色。利用智能填充工具 ，设置填充颜色为浅灰色，通过单击里子部位，即可为里子填充浅灰色，如图 5-57 所示。

9．绘制背面。

利用选择工具 选中所有图形，通过【转换】对话框的大小选项，单击【应用】按钮，再制一个图形，将其复制到另一张图纸上。删除领子、门襟、扣子、口袋和省位线。绘制后中线及其虚线明线，调整领座造型，调整底边装饰图样，即完成了中西式上衣款式图的绘制，如图 5-58 所示。

图 5-56

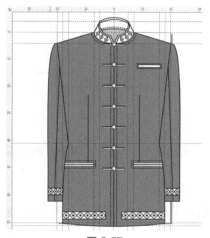

图 5-57

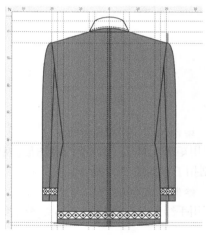

图 5-58

5.3.6　牛仔上衣款式的设计与表现

牛仔上衣款式图，如图 5-59 所示。

图 5-59

1. 设置原点和辅助线,绘制外框。

参照前述方法,设置原点和辅助线。利用矩形工具 ▫,参照辅助线,绘制一个矩形,同时通过单击交互式属性栏的转换为曲线图标 ○,将其转换为曲线。通过交互式属性栏的轮廓选项,设置轮廓宽度为 3.5mm,如图 5-60 所示。

2. 绘制衣身基本形。

利用形状工具 ﹁,参照辅助线,在矩形上边领口位置增加 4 个节点。移动节点,形成领座造型。将矩形上边两个端点下移 5cm,形成落肩。在矩形中部袖窿部位两侧增加两个节点,将底边端点分别向内移动,将袖窿线修画为曲线,形成衣身造型,如图 5-61 所示。

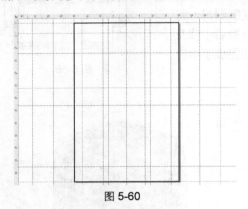

图 5-60   图 5-61

3. 绘制领子、门襟和扣子。

利用矩形工具 ▫ 绘制明门襟图形。利用手绘工具 ﹁ 和形状工具 ﹁ 绘制领子。利用椭圆工具 ○ 绘制扣子,如图 5-62 所示。

4. 绘制口袋和分割线。

利用手绘工具 ﹁ 和椭圆工具 ○ 分别绘制口袋、袋盖扣子和各个分割线,如图 5-63 所示。

图 5-62   图 5-63

5. 绘制袖子。

利用手绘工具 ﹁ 和形状工具 ﹁ 分别绘制袖筒和袖头,如图 5-64 所示。

6. 绘制明线。

利用手绘工具 和形状工具，通过交互式属性栏的轮廓选项，分别绘制领子、过肩、底边、袖窿、袖头和分割线的虚线明线，如图 5-65 所示。

图 5-64

图 5-65

7. 填充颜色。

利用选择工具选中衣身图形，单击调色板的灰色图标，为其填充浅灰色。利用同样的方法，为袖筒和内部分割图形填充深灰色，为领子、门襟和袖头填充白色。通过【对象属性】对话框的渐变填充选项，为扣子填充径向渐变填充效果，如图 5-66 所示。

8. 绘制背面。

利用选择工具选中所有图形，通过【转换】对话框的大小选项，单击【应用】按钮，再制一个衬衣图形，将其复制到另一张图纸上。删除领子、门襟、扣子和分割线。利用手绘工具和形状工具绘制分割线，调整领座造型，即完成了牛仔装上衣款式图的绘制，如图 5-67 所示。

图 5-66

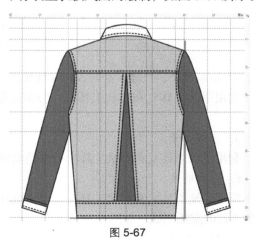

图 5-67

5.3.7　旗袍款式的设计与表现

旗袍款式图，如图 5-68 所示。

1. 设置原点和辅助线，绘制外框。

参照前述方法，设置原点和辅助线。利用矩形工具 □，参照辅助线，绘制大小两个矩形。同时通过单击交互式属性栏的转换为曲线图标 ⊙，将其转换为曲线。通过交互式属性栏的轮廓选项，设置轮廓宽度为 3.5mm，如图 5-69 所示。

2. 绘制衣身基本形。

利用形状工具 ↳，参照辅助线，在大矩形上边领口位置增加两个节点。移动小矩形节点，形成领座造型。将大矩形上边两个端点下移 5cm，形成落肩。在矩形中部两侧增加节点，分别移动节点，形成衣身造型，如图 5-70 所示。

3. 修画相关曲线。

利用形状工具 ↳，分别将领座和臀部直线，修画为曲线，如图 5-71 所示。

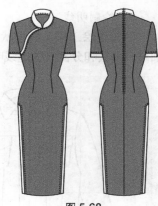

图 5-68

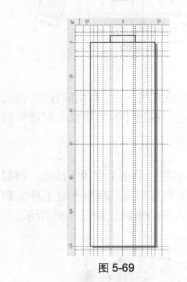

图 5-69

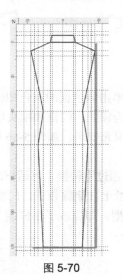

图 5-70

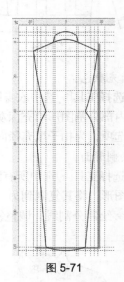

图 5-71

4. 绘制领子、门襟、分割线和省位线。

利用手绘工具 ⚓ 和形状工具 ↳，分别绘制曲线偏门襟、侧开衩分割线和省位线，如图 5-72 所示。

5. 绘制袖子。

利用手绘工具 ⚓ 和形状工具 ↳ 分别绘制袖子和袖头，如图 5-73 所示。

6. 绘制明线。

利用手绘工具 ⚓ 和形状工具 ↳，通过交互式属性栏的轮廓选项，分别绘制领子、门襟、袖子和侧开衩的虚线明线，如图 5-74 所示。

7. 填充颜色。

利用选择工具 ↳ 选中衣身图形，单击调色板的灰色图标，为其填充深灰色。利用同样的方法，为袖子填充深灰色，为领子、袖头、侧开衩和门襟填充白色，如图 5-75 所示。

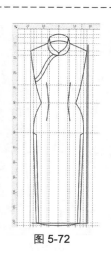
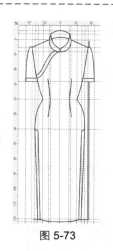
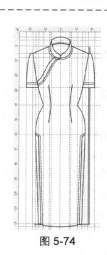

图 5-72　　　　　　　　　图 5-73　　　　　　　　　图 5-74

8．绘衣背面。

利用选择工具![](选中所有图形，通过【转换】对话框的大小选项，单击【应用】按钮，再制一个衬衣图形，将其复制到另一张图纸上。删除领子和门襟。利用手绘工具![](和形状工具![](绘制后中线、隐形拉链，调整领座造型，即完成了旗袍款式图的绘制，如图 5-76 所示。

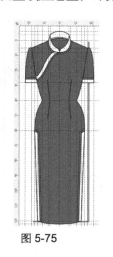

图 5-75　　　　　　　　　　　　　图 5-76

5.3.8　大衣款式的设计与表现

大衣款式图，如图 5-77 所示。

1．设置原点和辅助线，绘制外框。

参照前述方法，设置原点和辅助线。利用矩形工具 ![](，参照辅助线，绘制一个矩形，同时通过单击交互式属性栏的转换为曲线图标![](，将其转换为曲线。通过交互式属性栏的轮廓选项，设置轮廓宽度为 3.5mm，如图 5-78 所示。

2．绘制衣身基本形。

利用形状工具![](，参照辅助线，在矩形上边领口位置增加 4 个节点。移动节点，形成领座造型。将矩形上边两个端点下移 5cm，形成落肩。在矩形中部腰线位置两侧增加两个节点，分别向内移动节点。再分别向外移动底边的两个节点，形成衣身造型，如图 5-79 所示。

3. 绘制领子、门襟、扣子和分割线。

利用手绘工具 和形状工具 分别绘制领子、门襟线、衣身刀背分割线、口袋和底边分割线。利用椭圆工具 绘制扣子，如图 5-80 所示。

4. 绘制袖子。

利用手绘工具 和形状工具 分别绘制袖筒和袖头，如图 5-81 所示。

5. 绘制明线。

利用手绘工具 和形状工具 ，通过交互式属性栏的轮廓选项，分别绘制领子、肩部、底边、袖窿和袖头等各条虚线明线，如图 5-82 所示。

图 5-77

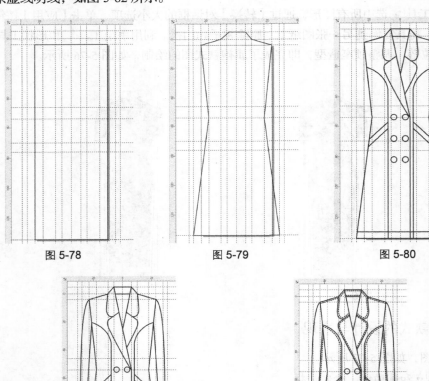

图 5-78   图 5-79   图 5-80

图 5-81   图 5-82

6. 填充颜色。

利用选择工具 选中衣身图形，单击调色板的灰色图标，为其填充深灰色。利用同样的方法，为袖头、领子和口袋填充白色。通过【对象属性】对话框的渐变填充选项，为扣子填充径向渐变填充，如图 5-83 所示。

7. 绘制背面。

利用选择工具 选中所有图形，通过【转换】对话框的大小选项，单击【应用】按钮，再制一个衬衣图形，将其复制到另一张图纸上。删除领子、门襟、扣子、口袋和分割线。利用手绘工具，通过交互式属性栏的轮廓选项，绘制各个分割线及其虚线明线，并为腰带分割填充白色，即完成了大衣款式图的绘制，如图 5-84 所示。

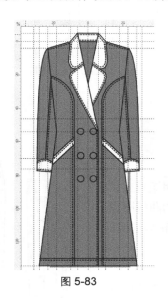

图 5-83

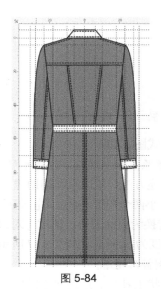

图 5-84

5.4 裤子款式的设计与表现

腰宽与下肢的长度是裤子外轮廓设计的依据，以成人的腰宽为单位，短裤的长度约为腰宽的 1.5 倍，中裤的长度约为腰宽的 2.5 倍，而长裤的长度则约为腰宽的 3.5 倍，根据设计的需要，还可以进行调整，如图 5-85 所示。

裤子中对廓型影响大的部件不多。因此，用电脑设计与表现裤子的款式可以在设计好裤子廓型后直接进行。腰头和门襟是裤子设计的重点部位，也是裤子工艺结构比较复杂的部位，初学者往往容易出错，要注意正确表现。

裤子的侧面有时也是服装细部设计的重点。这时，也可以用"局部打开"的方法将设计特点表现出来。

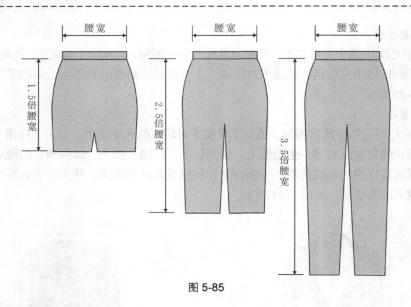

图 5-85

5.4.1 西裤款式图的绘制

西裤款式图，如图 5-86 所示。

1. 设置原点和辅助线，绘制外框。

参照前述方法设置原点和辅助线。参照辅助线，利用矩形工具
□，绘制大小两个矩形。通过单击交互式属性栏的转换为曲线图标
○，将其转换为曲线图形。通过【对象属性】对话框的轮廓选项，
设置轮廓宽度为 3.5mm，如图 5-87 所示。

2. 绘制裤形轮廓。

利用形状工具，通过双击鼠标，在大矩形底边上，增加裤口
宽度节点和中点节点。将中点节点沿中心线向上移动到分档部位。
通过双击鼠标，在臀位线两侧部位增加两个节点，将大矩形上边两
个节点分别向内移动，与小矩形宽度对齐。将侧缝线转换为曲线，
拖动左右两条侧缝线，使之弯曲以符合人体曲线形状。在裤口中点
增加节点，向下拖曳节点，使之具有立体感，如图 5-88 所示。

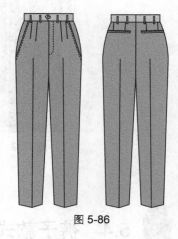

图 5-86

3. 绘制门襟、口袋、穿带环、活折和挺缝线。

利用手绘工具，分别绘制斜插袋、门襟和搭门、穿带环、活褶和挺缝线，如图 5-89
所示。

4. 绘制明线和扣子。

利用手绘工具和形状工具，通过交互式属性栏的轮廓选项，分别绘制如图 5-90 所示的
各条虚线明线，再利用椭圆工具 ○ 绘制搭门的扣子。

5. 填充颜色。

利用选择工具 选中裤身图形，单击调色板的灰色图标，为其填充深灰色。利用同样的方法，
为裤腰和扣子填充浅灰色，为穿带环填充深灰色，如图 5-91 所示。

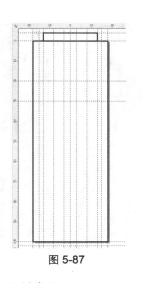
图 5-87

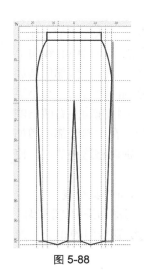
图 5-88

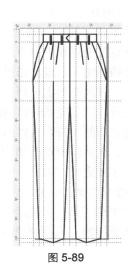
图 5-89

6．绘制背面。

利用选择工具 选中所有图形，通过【转换】对话框的大小选项，单击【应用】按钮，再制一个图形，将其复制到另一张图纸上。删除门襟、搭门、口袋和扣子。利用手绘工具 ，分别绘制后中线、后口袋和省位线，即完成西裤款式图的绘制，如图 5-92 所示。

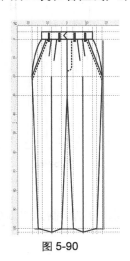
图 5-90

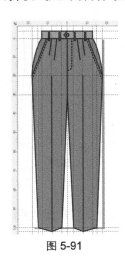
图 5-91

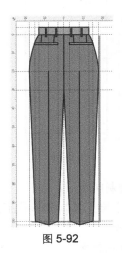
图 5-92

5.4.2　牛仔裤款式图的绘制

牛仔裤款式图，如图 5-93 所示。

1．设置原点和辅助线，绘制外框。

参照前述方法设置原点和辅助线。参照辅助线，利用矩形工具 绘制大小两个矩形。通过单击交互式属性栏的转换为曲线图标 ，将其转换为曲线图形。通过对象属性对话框的轮廓选项，设置轮廓宽度为 3.5mm，如图 5-94 所示。

2. 绘制裤形轮廓。

利用形状工具 ![tool]，通过双击鼠标，在大矩形底边上，增加裤口宽度节点和中点节点。将中点节点沿中心线向上移动到分档部位。通过双击鼠标，在臀位线两侧部位增加两个节点，将大矩形上边两个节点分别向内移动，与小矩形宽度对齐。将侧缝线转换为曲线，鼠标拖动左右两条侧缝线，使之弯曲以符合人体曲线形状。在中档线部位增加两个节点，在裤口中点增加节点，分别调整这些节点，使其形成牛仔裤造型，如图 5-95 所示。

3. 绘制门襟、口袋、穿带环、活折和挺缝线。

利用手绘工具 ![tool] 分别绘制口袋、门襟和搭门、穿带环、分割线和挺缝线。利用椭圆工具 ![tool] 绘制搭门的扣子，如图 5-96 所示。

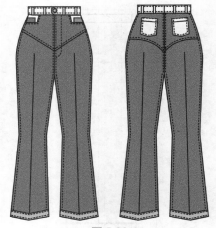

图 5-93

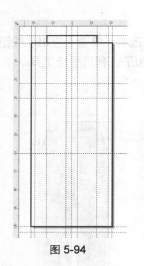

图 5-94

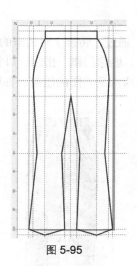

图 5-95

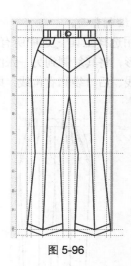

图 5-96

4. 绘制明线。

利用手绘工具 ![tool] 和形状工具 ![tool]，通过交互式属性栏的轮廓选项，分别绘制如图 5-97 所示的条虚线明线。

5. 填充颜色。

利用选择工具 ![tool] 选中裤身图形，单击调色板的灰色图标，为其填充深灰色。利用同样的方法，为裤腰和穿带环填充白色，为扣子填充浅灰色，为裤口折边填充深灰色，如图 5-98 所示。

6. 绘制背面。

利用选择工具 ![tool] 选中所有图形，通过【转换】对话框的大小选项，单击【应用】按钮，再制一个图形，将其复制到另一张图纸上。删除门襟、搭门、口袋和扣子。利用手绘工具 ![tool] 和形状工具 ![tool] 分别绘制后中线、后口袋和分割线。通过交互式属性栏的轮廓选项，分别绘制相关虚线明线，即完成了牛仔裤款式图的绘制，如图 5-99 所示。

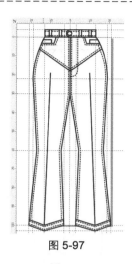

图 5-97

图 5-98

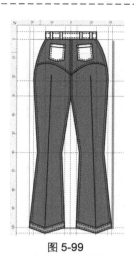

图 5-99

5.4.3　休闲裤款式图的绘制

休闲裤款式图，如图 5-100 所示。

1. 设置原点和辅助线，绘制外框。

参照前述方法设置原点和辅助线。参照辅助线，利用矩形工具 □ 绘制大小两个矩形。通过单击交互式属性栏的转换为曲线图标 ⊙，将其转换为曲线图形。通过【对象属性】对话框的轮廓选项，设置轮廓宽度为 3.5mm，如图 5-101 所示。

2. 绘制裤形轮廓。

利用形状工具 ⬚，通过双击鼠标，在大矩形底边上，增加裤口宽度节点和中点节点。将中点节点沿中心线向上移动到分档部位。通过双击鼠标，在臀位线两侧部位增加两个节点，将大矩形上边两个节点分别向内移动，与小矩形宽度对齐。将侧缝线转换

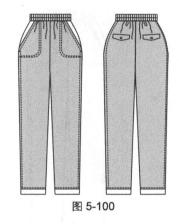

图 5-100

为曲线，拖动左右两条侧缝线，使之弯曲以符合人体曲线形状，如图 5-102 所示。

3. 绘制中裆线、口袋和皱褶线等。

利用手绘工具 ⬚ 分别绘制斜插袋、口袋、皱褶线和腰头中心线，如图 5-103 所示。

4. 绘制明线和松紧带。

利用手绘工具 ⬚ 和形状工具 ⬚，通过交互式属性栏的轮廓选项，分别绘制如图 5-104 所示的各条虚线明线，再利用手绘工具和交互式调和工具 ⬚，绘制腰头松紧带。

5. 填充颜色。

利用选择工具 ⬚ 选中裤身图形，单击调色板的灰色图标，为其填充深灰色。利用同样的方法，为裤腰、裤口和口袋填充白色，如图 5-105 所示。

6. 绘制背面。

利用选择工具 ⬚ 选中所有图形，通过【转换】对话框的大小选项，单击【应用】按钮，再制一个图形，将其复制到另一张图纸上。删除口袋。利用手绘工具 ⬚ 和形状工具 ⬚ 绘制后口袋，利用椭圆工具 ⬚ 绘制袋盖扣子，即完成了休闲裤款式图的绘制，如图 5-106 所示。

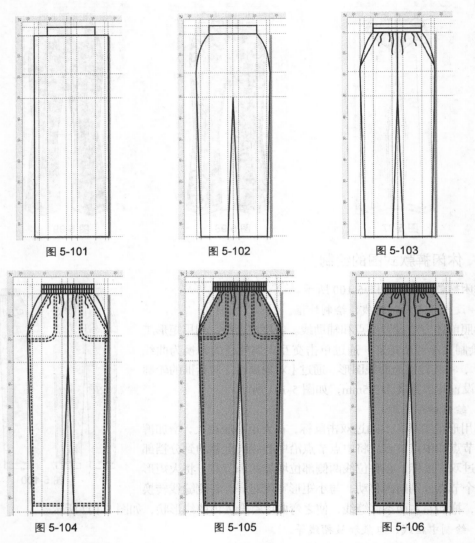

图 5-101　　　　　图 5-102　　　　　图 5-103

图 5-104　　　　　图 5-105　　　　　图 5-106

5.4.4　短裤款式图的绘制

短裤款式图,如图 5-107 所示。

1. 设置原点和辅助线,绘制外框。

参照前述方法设置原点和辅助线。参照辅助线,利用矩形工具 □,绘制大小两个矩形。通过单击交互式属性栏的转换为曲线图标 ⊙,将其转换为曲线图形。通过对象属性对话框的轮廓选项,设置轮廓宽度为 3.5mm,如图 5-108 所示。

2. 绘制裤形轮廓。

利用形状工具 ,通过双击鼠标,在大矩形

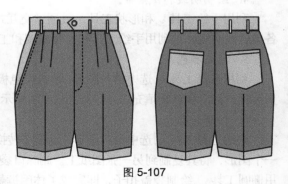

图 5-107

底边上，增加裤口宽度节点和中点节点。将中点节点沿中心线向上移动到分档部位。通过双击鼠标，在臀位线两侧部位增加两个节点，将大矩形上边两个节点分别向内移动，与小矩形宽度对齐。将侧缝线转换为曲线，拖动左右两条侧缝线，使之弯曲以符合人体曲线形状。在裤口中点增加节点，向下拖动节点，使之具有立体感，如图 5-109 所示。

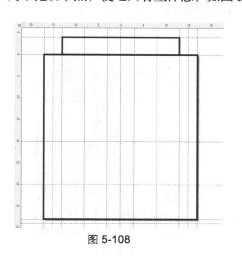
图 5-108

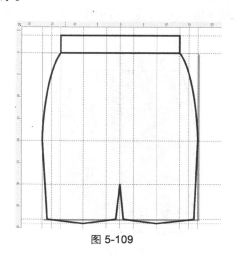
图 5-109

3. 绘制门襟、口袋、穿带环、活褶和挺缝线。

利用手绘工具 ，分别绘制斜插袋、门襟和搭门、穿带环、活褶和挺缝线。利用椭圆工具 绘制搭门的扣子，如图 5-110 所示。

4. 绘制明线。

利用手绘工具 和形状工具 ，通过交互式属性栏的轮廓选项，分别绘制如图 5-111 所示的各个虚线明线。

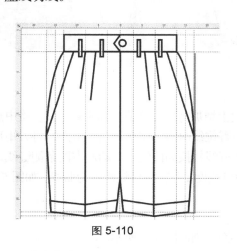
图 5-110

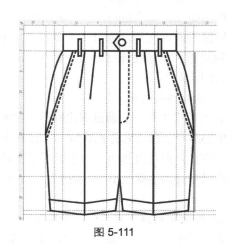
图 5-111

5. 填充颜色。

利用选择工具 选中裤身图形，单击调色板的灰色图标，为其填充深灰色。利用同样的方法，为裤腰、穿带环、裤口折边和口袋填充浅灰色。通过【对象属性】对话框的渐变填充选项，为扣子填充径向渐变填充，如图 5-112 所示。

6．绘制背面。

利用选择工具 选中所有图形，通过【转换】对话框的大小选项，单击【应用】按钮，再制一个图形，将其复制到另一张图纸上。删除门襟、搭门、口袋和扣子。利用手绘工具 和形状工具 分别绘制后口袋、后中线和省位线，即完成了短裤款式图的绘制，如图 5-113 所示。

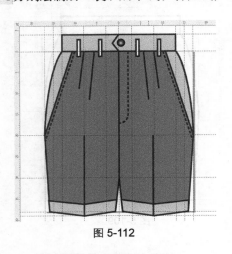

图 5-112

图 5-113

5.4.5　裙裤款式图的绘制

裙裤款式图，如图 5-114 所示。

1．设置原点和辅助线，绘制外框。

参照前述方法设置原点和辅助线。参照辅助线，利用矩形工具 ，绘制大小两个矩形。通过单击交互式属性栏的转换为曲线图标 ，将其转换为曲线图形。通过【对象属性】对话框的轮廓选项，设置轮廓宽度为 3.5mm，如图 5-115 所示。

图 5-114

2．绘制裤形轮廓。

利用形状工具 ，通过双击鼠标，在大矩形底边上增加裤口宽度节点和中点节点。将中点节点沿中心线向上移动到分档部位。通过双击鼠标，在臀位线两侧部位增加两个节点，将大矩形上边两个节点分别向内移动，与小矩形宽度对齐。将侧缝线转换为曲线，拖动左右两条侧缝线，使之弯曲以符合人体曲线形状。调整裤口节点，加大裤口宽度，并将裤口线修画为曲线，如图 5-116 所示。

3．绘制中裆线、皱褶线和挺缝线。

利用手绘工具 分别绘制中裆线、皱褶线和挺缝线，如图 5-117 所示。

4．绘制明线。

利用手绘工具 和形状工具 ，通过交互式属性栏的轮廓选项，分别绘制如图 5-118 所示的各条虚线明线。

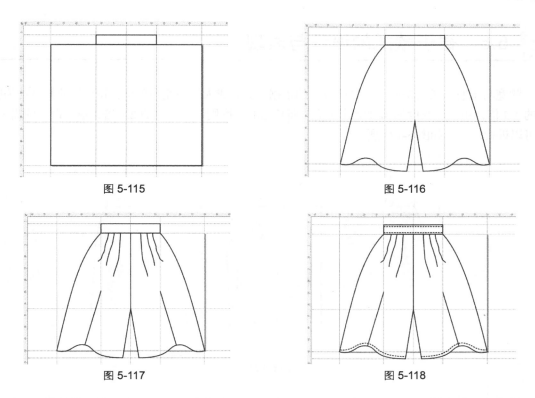

图 5-115　　　　　　　　　　　图 5-116

图 5-117　　　　　　　　　　　图 5-118

5．填充颜色。

利用选择工具▧选中裤身图形，单击调色板的灰色图标，为其填充深灰色。利用同样的方法，为裤腰填充白色，如图 5-119 所示。

6．绘制背面。

利用选择工具▧选中所有图形，通过【转换】对话框的大小选项，单击【应用】按钮，再制一个图形，将其复制到另一张图纸上。利用手绘工具，通过交互式属性栏的轮廓选项，分别绘制后中线、搭门及其虚线明线、绘制裤腰虚线明线。利用椭圆工具○绘制搭门的扣子，即完成了裙裤款式图的绘制，如图 5-120 所示。

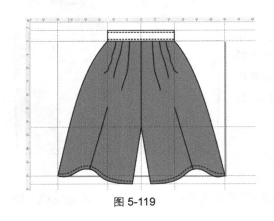

图 5-119

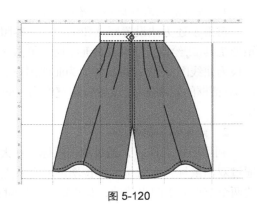

图 5-120

5.5　裙子款式的设计与表现

腰宽与下肢的长度是裙子外轮廓设计的依据，如以成人的腰宽为单位，超短裙的长度约为腰宽的 1.5 倍，中裙的长度约为腰宽的 2 倍，而长裙的长度则约为腰宽的 2.5 倍，根据设计的需要，还可以进行调整，如图 5-121 所示。

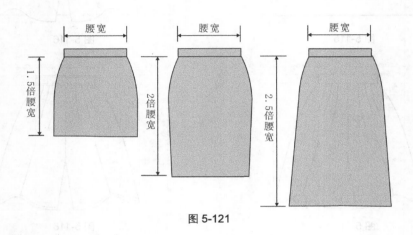

图 5-121

裙子中对廓型影响大的部件不多，因此用电脑设计与表现裙子的款式可以在设计好裙子廓型后直接进行。腰头和门襟是裙子设计的重点部位，也是裙子工艺结构比较复杂的部位，初学者往往容易出错，要注意正确表现。

裙子的背面有时也是服装细部设计的重点。这时，也可以用"再制翻转、绘制背面"的方法将设计特点表现出来。

5.5.1　西式裙款式图的绘制

西式裙款式图，如图 5-122 所示。

1. 设置原点和辅助线，绘制外框。

参照前述方法设置原点和辅助线。参照辅助线，利用矩形工具 ▫ 绘制大小两个矩形。通过单击交互式属性栏的转换为曲线图标 ⟳ ，将其转换为曲线图形。通过【对象属性】对话框的轮廓选项，设置轮廓宽度为 3.5mm，如图 5-123 所示。

2. 绘制裤形轮廓。

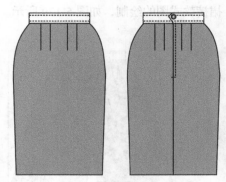

图 5-122

利用形状工具 ⟍ ，通过双击鼠标，在大矩形侧边上，通过双击鼠标，在臀位线部位增加两个节点，将大矩形上边两个节点分别向内移动，与小矩形宽度对齐。将侧缝线转换为曲线，拖动左右两条侧缝线，使之弯曲以符合人体曲线形状。向内移动下端两侧节点，缩小下摆，如图 5-124 所示。

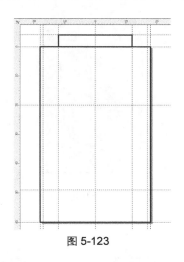

图 5-123

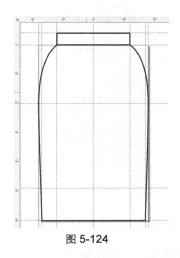

图 5-124

3. 绘制省位线。

利用手绘工具 🖊 分别绘制 4 条省位线，如图 5-125 所示。

4. 绘制明线。

利用手绘工具 🖊，通过交互式属性栏的轮廓选项，绘制裙腰的虚线明线，如图 5-126 所示。

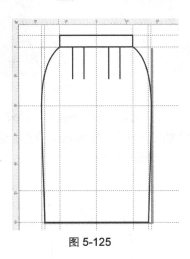

图 5-125

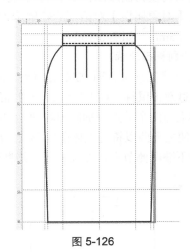

图 5-126

5. 填充颜色。

利用选择工具 ▲，选中裙身图形，单击调色板的灰色图标，为其填充深灰色。利用同样的方法，为裙腰填充白色，如图 5-127 所示。

6. 绘制背面。

利用选择工具 ▲ 选中所有图形，通过【转换】对话框的大小选项，单击【应用】按钮，再制一个图形，将其复制到另一张图纸上。利用手绘工具 🖊，绘制后中线和搭门及其虚线明线。利用椭圆工具 ⬭，绘制搭门的扣子，即完成了西式裙款式图的绘制，如图 5-128 所示。

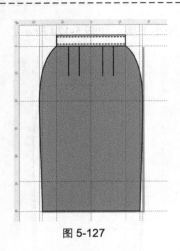

图 5-127

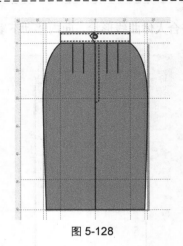

图 5-128

5.5.2　鱼尾裙款式图的绘制

鱼尾裙款式图，如图 5-129 所示。

1. 设置原点和辅助线，绘制外框。

参照前述方法设置原点和辅助线。参照辅助线，利用矩形工具 □ 绘制大小两个矩形。通过单击交互式属性栏的转换为曲线图标 ⊙，将其转换为曲线图形。通过【对象属性】对话框的轮廓选项，设置轮廓宽度为 3.5mm，如图 5-130 所示。

2. 绘制裤形轮廓。

利用形状工具 ⬚，通过双击鼠标，在大矩形侧边上，通过双击鼠标，在臀位线部位增加两个节点，

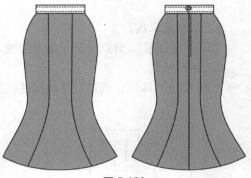

图 5-129

将大矩形上边两个节点分别向内移动，与小矩形宽度对齐。将侧缝线转换为曲线，拖动左右两条侧缝线，使之弯曲以符合人体曲线形状。在大矩形中部增加两个节点，向内移动节点，缩小中部。向外移动下端两侧节点，加大下摆，并将底边修画为曲线，如图 5-131 所示。

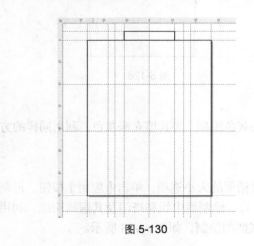

图 5-130

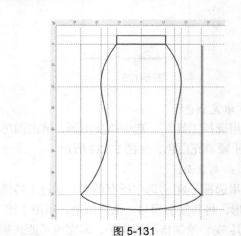

图 5-131

3．绘制分割线。

利用手绘工具 和形状工具 分别绘制两条分割线，如图 5-132 所示。

4．绘制明线。

利用手绘工具 ，通过交互式属性栏的轮廓选项，绘制裙腰的虚线明线，如图 5-133 所示。

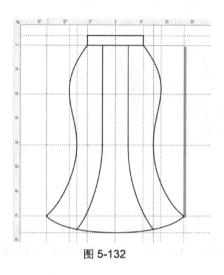

图 5-132

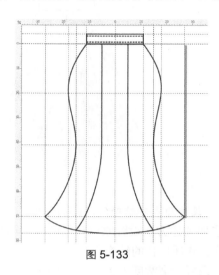

图 5-133

5．填充颜色。

利用选择工具 选中裙身图形，单击调色板的灰色图标，为其填充深灰色。利用同样的方法，为裙腰填充白色，如图 5-134 所示。

6．绘制背面。

利用选择工具 选中所有图形，通过【转换】对话框的大小选项，单击【应用】按钮，再制一个图形，将其复制到另一张图纸上。利用手绘工具 ，绘制后中线和搭门及其虚线明线。利用椭圆工具 ，绘制搭门的扣子，即完成了鱼尾裙款式图的绘制，如图 5-135 所示。

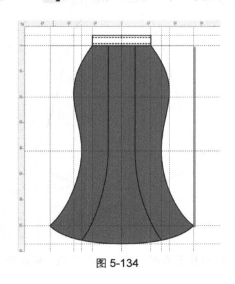

图 5-134

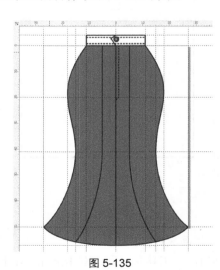

图 5-135

5.5.3 伞裙款式图的绘制

伞裙款式图，如图 5-136 所示。

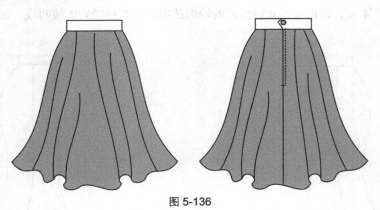

图 5-136

1. 设置原点和辅助线，绘制外框。

参照前述方法设置原点和辅助线。参照辅助线，利用矩形工具 ▢ 绘制大小两个矩形。通过单击交互式属性栏的转换为曲线图标 ⟳，将其转换为曲线图形。通过【对象属性】对话框的轮廓选项，设置轮廓宽度为 3.5mm，如图 5-137 所示。

2. 绘制伞形轮廓。

利用形状工具 ⬛，通过双击鼠标，在大矩形侧边上，在臀位线部位增加两个节点，将大矩形上边两个节点分别向内移动，与小矩形宽度对齐。将侧缝线转换为曲线，拖动左右两条侧缝线，使之弯曲以符合人体曲线形状。向外移动下端两侧节点，加大下摆，并将其修画为曲线，如图 5-138 所示。

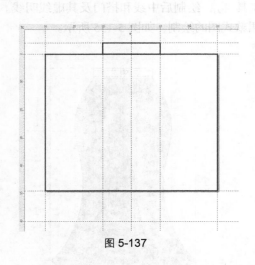

图 5-137

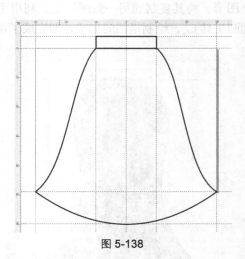

图 5-138

3. 修画底边。

利用形状工具 ⬛，通过双击鼠标，在下摆曲线上增加若干节点，选中这些节点，单击交互式属性栏的使节点变为尖突图标 ✐，拖曳每段曲线，使其成为如图造型，如图 5-139 所示。

4. 绘制皱褶线。

利用手绘工具 ✐ 和形状工具 ✐，分别绘制如图所示的皱褶线，如图 5-140 所示。

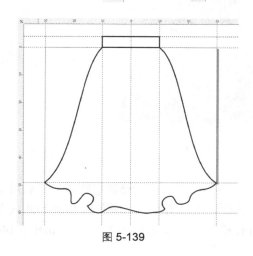

图 5-139

图 5-140

5. 填充颜色。

利用选择工具 ✐，选中裙身图形，单击调色板的灰色图标，为其填充深灰色。利用同样的方法，为裙腰填充白色，如图 5-141 所示。

6. 绘制背面。

利用选择工具 ✐ 选中所有图形，通过【转换】对话框的大小选项，单击【应用】按钮，再绘制一个图形，将其复制到另一张图纸上。利用手绘工具 ✐，绘制后中线和搭门及其虚线明线。利用椭圆工具 ◯，绘制搭门的扣子，即完成了伞裙款式图的绘制，如图 5-142 所示。

图 5-141

图 5-142

5.5.4 多节裙款式图的绘制

多节裙款式图，如图 5-143 所示。

图 5-143

1. 设置原点和辅助线，绘制外框。

参照前述方法设置原点和辅助线。参照辅助线，利用矩形工具 ▫ 绘制裙腰矩形。利用手绘工具 ✎ 绘制 3 个梯形。通过单击交互式属性栏的转换为曲线图标 ○，将矩形转换为曲线图形。通过【对象属性】对话框的轮廓选项，设置所有梯形的轮廓宽度为 3.5mm，如图 5-144 所示。

2. 绘制裙形轮廓。

利用形状工具 ⟨ 将侧缝线分别转换为曲线，拖动左右两条侧缝线，使之弯曲以符合人体曲线形状。利用形状工具 ⟨，通过双击鼠标，在下摆曲线上增加若干节点，选中这些节点，单击交互式属性栏的使节点变为尖突图标 ⟩，拖动每段曲线，使其成为如图造型，如图 5-145 所示。

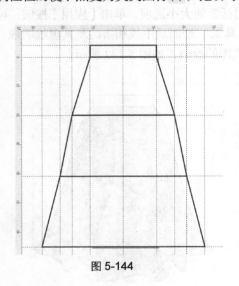

图 5-144

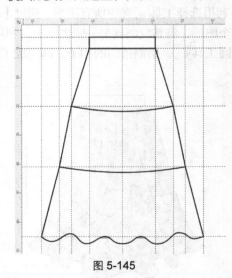

图 5-145

3. 绘制皱褶线。

利用手绘工具 ✎ 分别绘制若干皱褶线，如图 5-146 所示。

4. 绘制明线。

利用手绘工具 ✎ 和形状工具 ⟨，通过交互式属性栏的轮廓选项，绘制裙腰的虚线明线和各节底边的虚线明线，如图 5-147 所示。

图 5-146

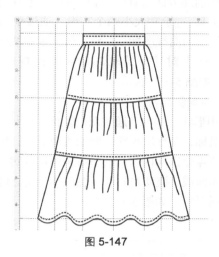

图 5-147

5. 填充颜色。

利用选择工具![select]分别选中裙身各段图形，单击调色板的灰色图标，为其填充不同的灰色。利用同样的方法，为裙腰填充白色，如图 5-148 所示。

6. 绘制背面。

利用选择工具![select]选中所有图形，通过【转换】对话框的大小选项，单击【应用】按钮，再绘制一个图形，将其复制到另一张图纸上。利用手绘工具![pen]绘制后中线和搭门及其虚线明线。利用椭圆工具![ellipse]绘制搭门的扣子，即完成了多节裙款式图的绘制，如图 5-149 所示。

图 5-148

图 5-149

5.5.5 多片裙款式图的绘制

多片裙款式图，如图 5-150 所示。

1. 设置原点和辅助线，绘制外框。

参照前述方法设置原点和辅助线。参照辅助线，利用矩形工具 □ 绘制大小两个矩形。通过单击交互式属性栏的转换为曲线图标 ⊙，将其转换为曲线图形。通过【对象属性】对话框的轮廓选项，设置轮廓宽度为3.5mm，如图 5-151 所示。

2. 绘制裙形轮廓。

利用形状工具 ⸾⸾，通过双击鼠标，在大矩形侧边上再双击鼠标，在臀位线部位增加两个节点，将大矩形上边两个节点分别向内移动，与小矩形宽度对齐。将侧缝线转换为曲线，拖动左右两条侧缝线，使之弯曲以符合人体曲线形状，如图 5-152 所示。

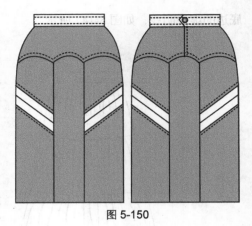

图 5-150

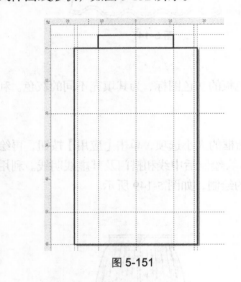

图 5-151

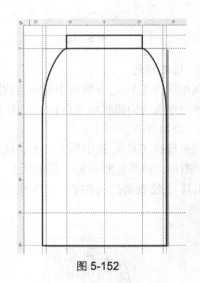

图 5-152

3. 绘制分割线。

利用手绘工具 ⸾⸾ 和形状工具 ⸾⸾ 分别绘制如图 5-153 所示的各个分割线。

4. 绘制明线。

利用手绘工具 ⸾⸾ 和形状工具 ⸾⸾，通过交互式属性栏的轮廓选项，绘制如图 5-154 所示的各条虚线明线。

5. 填充颜色。

利用选择工具 ⸾⸾ 选中裙身图形，单击调色板的灰色图标，为其填充深灰色。利用同样的方法，为裙腰填充白色，利用智能填充工具 ⸾⸾ 为侧面分割图形填充白色，如图 5-155 所示。

6. 绘制背面。

利用选择工具 ⸾⸾ 选中所有图形，通过【转换】对话框的大小选项，单击【应用】按钮，再绘制一个图形，将其复制到另一张图纸上。利用手绘工具 ⸾⸾ 绘制后中线和搭门及其虚线明线。利用椭圆工具 ⸾⸾ 绘制搭门的扣子，即完成了多片裙款式图的绘制，如图 5-156 所示。

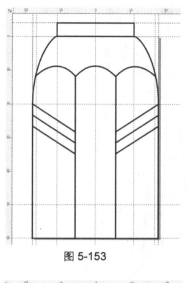

图 5-153

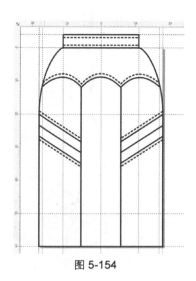

图 5-154

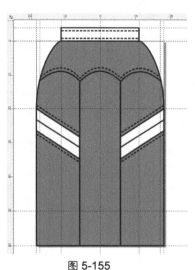

图 5-155

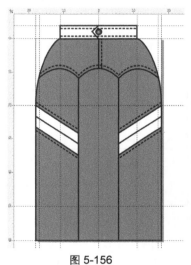

图 5-156

5.5.6　连衣裙款式图的绘制

连衣裙款式图，如图 5-157 所示。

1. 设置原点和辅助线，绘制外框。

参照前述方法设置原点和辅助线。参照辅助线，利用手绘工具 ，绘制如图 5-158 所示的直线框图，再通过【对象属性】对话框的轮廓选项，设置轮廓宽度为 3.5mm。

2. 绘制裙形轮廓。

利用形状工具 选中图形轮廓，分别将其转换为曲线图形，并将其修画为如图 5-159 所示的连衣裙轮廓造型。

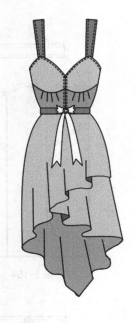 

图 5-157

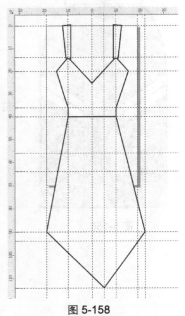 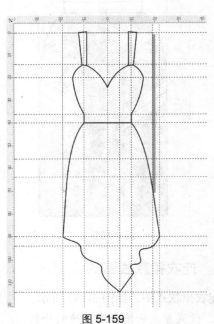

图 5-158　　　　　　　　　　　　　　　图 5-159

3．绘制分割线和蝴蝶结。

利用手绘工具 ✎ 和形状工具 ▸，分别绘制如图 5-160 所示的分割线、层次关系和蝴蝶结图形。

4．绘制明线。

利用手绘工具 ✎ 和形状工具 ▸，通过交互式属性栏的轮廓选项，分别绘制如图 5-161 所示的各条虚线明线。

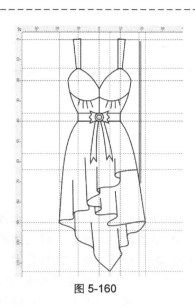

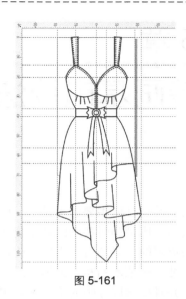

图 5-160　　　　　　　　　　　　　　　　图 5-161

5．填充颜色。

利用选择工具 [图标]选中裙身图形，单击调色板的灰色图标，为其填充浅灰色。利用同样的方法，为蝴蝶结填充白色，为其他图形填充相应的颜色，如图 5-162 所示。

6．绘制背面。

利用选择工具 [图标]选中所有图形，通过【转换】对话框的大小选项，单击【应用】按钮，再绘制一个图形，将其复制到另一张图纸上。删除相关分割线、层次关系和蝴蝶结，利用手绘工具 [图标]和形状工具 [图标]分别绘制后中线、后背造型、拉链及其虚线明线，再绘制皱褶线，即完成了连衣裙款式图的绘制，如图 5-163 所示。

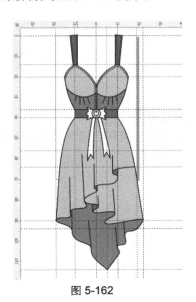

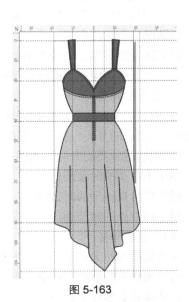

图 5-162　　　　　　　　　　　　　　　　图 5-163

第 6 章

时装画基市技法

因为服装设计的主要因素是人，服装是人着装后的一种状态，所以时装画基本技法主要是研究人体、比例和时装画的基本姿态。服装美包括人的整个造型，因此，对人体的认识和了解是很重要的。服装对于人体的比例和人体各个部件形态的相互关系，在其艺术表现形式上有别于纯绘画艺术的写实人体。时装画特别讲究衣服的合身，衣服上的相关线条和人体曲线一致，并且要求以夸张的手法来表现人体及服装美，一般比现实中的人体高，以八至十头长为常用的人体比例。

 ## 6.1　时装画简述

一、时装画的作用

时装画是服装设计专业教学中不可缺少的重要组成部分，运用时装画可以准确、快捷地表现出自己的设计思想，其主要作用如下：

① 时装画是设计构思阶段的重要表现形式；

② 时装画具有审美作用；

③ 时装画是指导制作的效果依据；

④ 时装画是销售中重要的宣传手段。

二、时装画的种类

时装画的种类很多，可以根据表现形式和使用功能的特征分类。

根据表现形式的分类包括色彩搭配对比分类、面料质地表现分类和绘画效果表现分类。

根据使用功能分类的有以下几种：

① 用于生产型的时装画；

② 用于广告宣传型的时装画；

③ 用于独立性的时装画。

三、时装画的特征

① 人着装后的状态是时装画的主要表现对象；

② 时装画具有明显的时代感和审美观的差异；

③ 时装画具有多样的表现形式。

四、学习时装画的要求

① 加强人体写生方面的训练；

② 掌握服装的裁制技巧；

③ 多学习古今中外艺术大师的作品。

五、数字化电脑时装画

众多绘图软件，如 CorelDRAW、Photoshop、Paint 以及其他服装设计软件等，为时装画的电脑绘制提供了数字化平台。其中 CorelDRAW 不但具有 Photoshop 的许多常用功能，还外挂了 Paint 软件，是绘制时装画的理想软件。因此本书选用 CorelDRAW 软件，作为电脑时装画的软件平台。

理论上利用电脑软件绘制时装画，可以达到手工绘制的效果，但这并不是学习电脑时装画的目的。利用电脑绘制时装画，必须充分发挥电脑及其软件的导入、再制功能的优势，扬长避短，提高效率。绘制电脑时装画的一般过程是：

① 制作若干常用姿态的服装人体的 CorelDRAW 图形，保存在资料库中；

② 制作若干常用服装材料效果，并转换为位图，保存在资料库中；

③ 将合适的 CorelDRAW 人体图形导入或复制到页面中，调整比例（或利用相关工具直接绘制人体）；

④ 在人体基础上绘制服装、服饰；

⑤ 填充颜色或服装材料；

⑥ 配置背景，修饰效果。

6.2　时装画的人体比例

一、正常人体比例

随着年龄的增长，人体高度与头长的比例会发生变化。一般情况下，1～3 岁的身高是 4 个头长，4～6 岁是 5 个头长，7～9 岁是 6 个头长，10～16 岁是 7 个头长，成年人一般是 7.5 个头长，如图 6-1 所示。

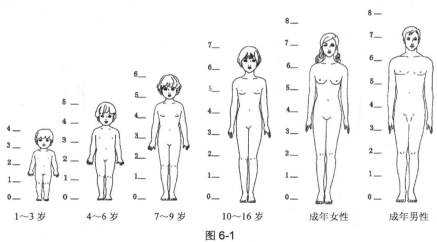

图 6-1

二、时装画身长比例

通常我们采用的服装画人体比例为七头身、八头身、九头身和十头身。

（1）七头身（或七个半头身）：七头身是现实生活中的最佳真实比例，如果采取写实主义，这一比例最为合适，所以我们应该把它作为基本参考，如图 6-2 所示。而时装画和现实写生的身长比例有差别，这种差别变化也随着潮流而改变。时装画为突出姿势，最理想的比例是八头身（身长为头长的八倍）、九头身，甚至十头身，当然现实中的人是没有这种比例的。但艺术允许夸张，这对表现时装模特儿修长优美身段，充分发挥时装的魅力很有好处，浪漫情调更浓。整个人体的体形画得略细长，这样让观察者有一种美感。

（2）八头身：它是时装画常用的最佳比例，八头身的中线是骶骨的位置，如图 6-3 所示。

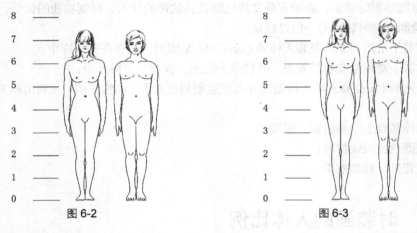

图 6-2　　　　　　　　　　　　　　　图 6-3

（3）九头身：九头身的上身和八头身一样，只是腿按比例再加长些，采取这一比例，表现长裤和长裙之类的服装比较合适，而表现超短裙之类就不太好，如图 6-4 所示。

（4）十头身：十头身的上身和九头身一样，把腿再延长一头，这一比例用得比较少，一般只适用于婚礼服或宴礼晚装等，如图 6-5 所示。

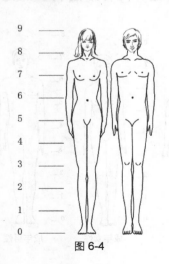

图 6-4

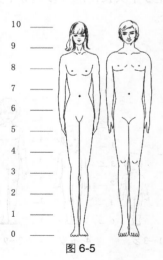

图 6-5

三、男女体型的区别

女性体型较窄，其最宽部位也不超过两个头宽，乳头比男性稍低，腰细，事实上女性通常有较短的小腿和稍粗的大腿。仔细观察，女性肚脐位于腰线稍下方，而男性的在腰线上方或与之齐平。肘位处于腰线稍上，臀部较宽，成梯形。男性臀部较窄，成倒梯形。

男女的区别是明显的，初学者往往画起来女性像男性，男性像女性。有的认为男性不好画，线条没有女性的优美，其实不然。女性有女性的美，男性有男性的美，只要下功夫练习即可。一定要掌握女性特征和男性特征，以及表现上的不同特点。要记住并不难，最主要是运用纯熟。在画笔画料方面，没有男女之别，无论什么画具都要各自分别对待男女表现。一般来说，细而柔的线条宜于表现女性，粗而刚的线条宜于表现男性，至于如何运用得娴熟，这就得靠观察和练习了，如图 6-6 和图 6-7 所示。

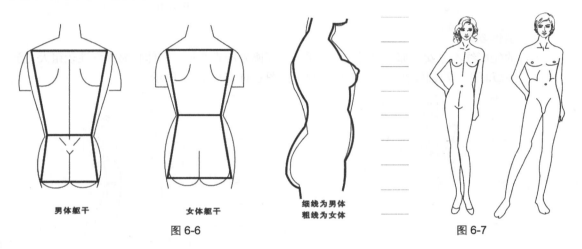

男体躯干　　　女体躯干　　　细线为男体 粗线为女体　　　图 6-7

图 6-6

 ## 6.3　时装画的人体姿态

时装画首先要求称身，在称身的基础上才可谈美观。称身就是要求和身体肌肉轮廓线的基本部位一致，突出线条，恰当地重现身体的优美比例。服装画经常采用的人体姿态如下所述。

一、时装画的常用姿态

时装画的基本姿态大致有正面的姿态、侧面的姿态、半侧面的姿态以及背面的姿态，常用的姿态是正面姿态，如图 6-8 所示。半侧面的姿态也较多，如图 6-9 所示。

二、站立躯干线

站立时的姿态躯干线有竖直形、折曲形和"S"形 3 种。竖直形适合于严肃形态，除非特殊情况，一般不宜采用；折曲形有一定动感，可以用于描写某些俏皮形象，但不大自然；"S"形是自然悦目的流线型，姿态优美而富于动感，可以是时装画的主要躯干线形式，如图 6-10 所示。

图 6-8

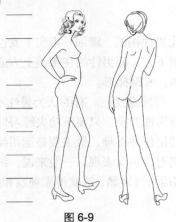

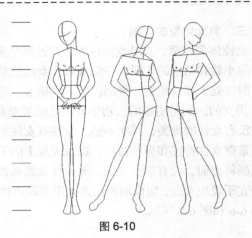

图 6-9   图 6-10

三、男性姿态

男性的轮廓线不像女性那么柔滑，应该采用轻而刚硬的直线形，整体骨骼比女性较粗大。至于比例，头短而粗，肩幅较宽阔，腰不要太细，如图 6-11 和图 6-12 所示。

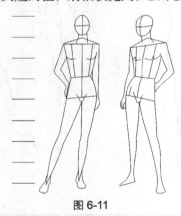

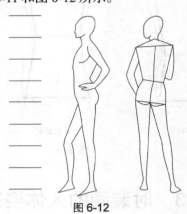

图 6-11   图 6-12

四、常用人体姿态图（如图 6-13 所示）

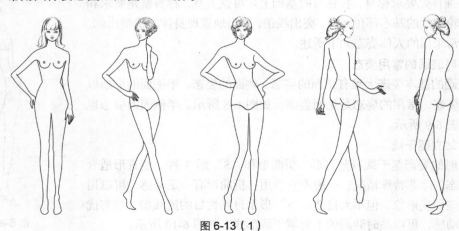

图 6-13（1）

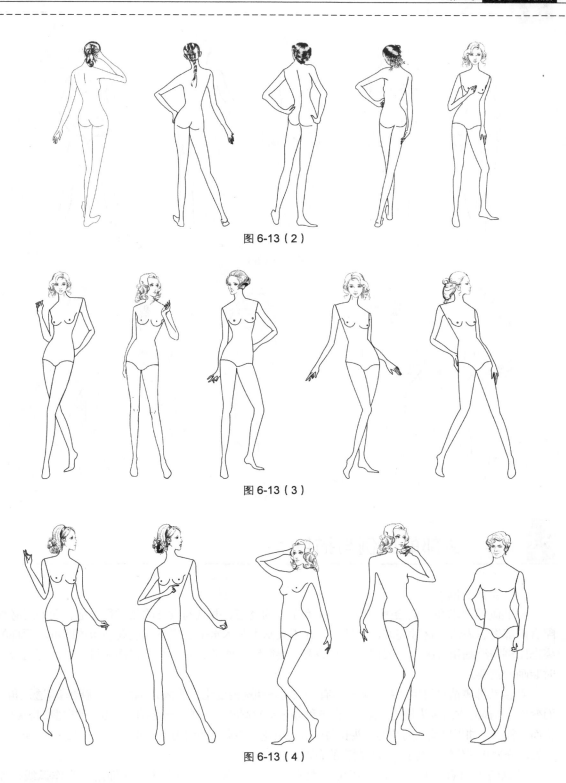

图 6-13（2）

图 6-13（3）

图 6-13（4）

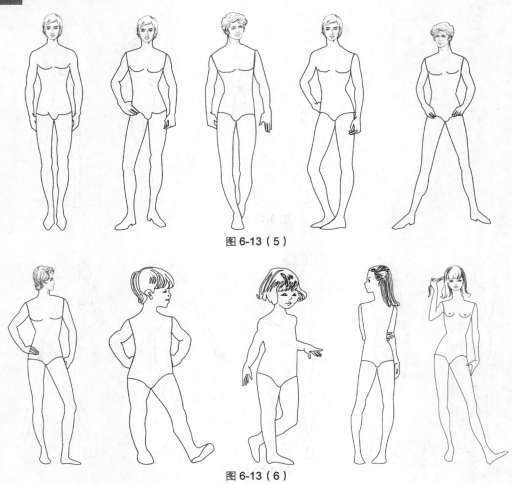

图 6-13（5）

图 6-13（6）

6.4　头部的比例与描绘

一、头部比例

　　时装画的要求和一般绘画不同。如果有了好的姿态，并且与设计的款式很合适，我们还必须配合面部姿态表情。这种姿态商业性强，在不失基本艺术水平前提下，按典型布置即可。面部的姿态比例与绘画稍有区别，根据时装的需要，要简练、概括、夸张些，这样显得更美，更适合于时装画的需要。

　　要使头部表情显得生动些，就要略有一点动态和透视变化，那么头部的器官就要随着透视角度而变化。从横的方面看头长是一样的，但各种姿态脸的宽度不一样。一般可以分为 3 种类型，即侧面、正面、斜面。如果以头长为基准，头长与侧宽、正宽、斜宽比例约为 10：8、10：6、10：7，定出了框架，分为八等分便能确定头形及器官的布置。

　　从纵的方向看，有微仰位、正位、微俯位 3 种。原框架的横线，在仰俯时改作弧线，作

为器官布置的参考，纵横合起来有 9 个姿势，如图 6-14
所示。

二、女性头部

从正面平视女性头部时，正中线是垂直的，眉线和
鼻线则是平行的水平横线。当头部因俯仰、施转等动作而
处于不同透视角度时，这 3 条线便变成相应的透视弧线，
因此作画时常以正确地定出这 3 条辅助线的透视位置来
标志头部动向，如图 6-15 所示。

三、男性头部

男性基本面型姿态的构造和比例与女性相差不多，
但轮廓、器官线条比较刚直、峻锐，眉眼之间特别有刚
劲感，眉较粗而浓密。男性的眼睛小而深沉，嘴宽而线
条分明，颌宽而有棱角，其颈粗壮并有喉结，如图 6-16
所示。

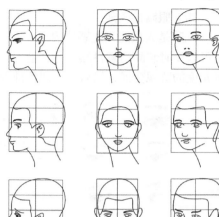
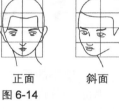

侧面　　正面　　斜面

图 6-14

正向　　正俯　　正仰　　斜侧　　斜俯　　斜仰

侧平　　侧俯　　侧仰

图 6-15

正向　　正俯　　正仰　　斜侧　　斜俯　　斜仰

侧平　　侧俯　　侧仰

图 6-16

四、眼睛的画法

眼睛是人最能表达感情的部分，眼睛是精神华彩、风情逸韵最饱满和盈溢的地方。把眼睛画好可以使时装画情意盎然，富有魅力。要画好眼睛，首先要正确掌握眼睛的比例和位置，以及各种角度的透视变换，然后才能把各种眼神情韵表现得淋漓尽致，如图 6-17 所示。

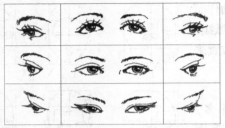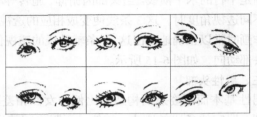

图 6-17

五、嘴唇的画法

嘴唇的修饰十分重要，无论是对颜色还是对形状，都很讲究。在时装画中，各种表情的嘴唇，能够增加画面的感染力。

嘴唇有魅力和表情，唇厚而线条柔和的嘴唇能够表现热情温柔，唇薄而线条尖锐的嘴唇能够表现理智。画嘴唇时，可以让嘴角略向上，表现出轻盈的笑。如将嘴角下斜，则是悲壮感，如图 6-18 所示。

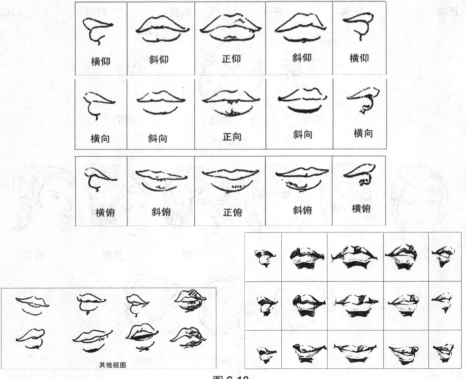

图 6-18

6.5　手和脚的画法

　　时装画中手和脚画得好坏，对其效果影响是很大、很重要的。手和脚比较难画，而且又易被人忽视。它的作用是引导人的视线和方向，主要是脚的位置，这对时装画中姿态美不美起到很大的作用。如果手脚画好了，整个姿态会显得更优美，而效果图中手脚画得好，不大引人注目，而画得不好就会引起关注。

　　一、手的比例

　　手的长度等于宽的 2 倍，而长度约与脸的长度相等（从发际到下额），手指的全长等于手掌的一半，如图 6-19 所示。

　　二、手的姿态

　　手的姿态变化是非常复杂的，有很多的动作，可以使姿态更丰富。要画好手需要靠长久和整体姿态配合练习。时装画中的手要求纤细些，会更显

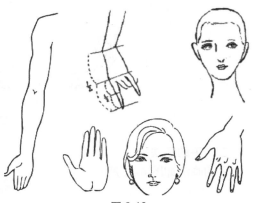

图 6-19

得优美，男女的手用线要有区别，女性的手要画得柔软些，手指也要画长些，这样更能体现特征。相应男性的手画得有力些，不过也要注意刚中带柔，直中含曲，否则会失去肌肉性，如图 6-20 所示。

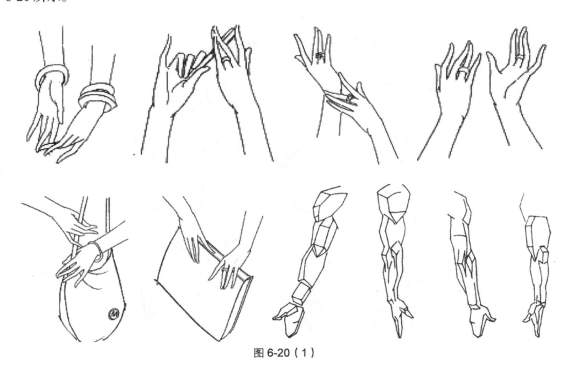

图 6-20（1）

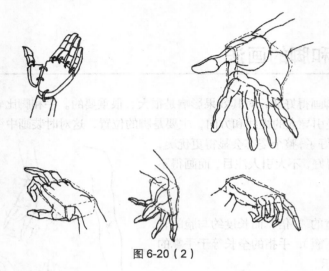

图 6-20（2）

三、手的画法

手的画法如图 6-21 所示。

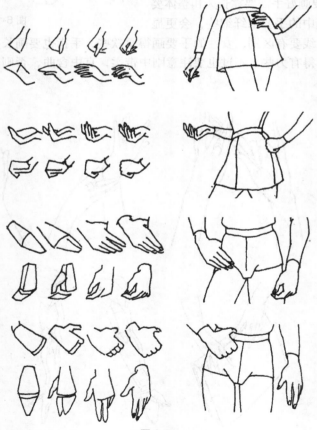

图 6-21

四、脚的姿态

脚的长度约等于一个头的长度，等于脚宽的 3 倍，小趾尖约在足全长的四分之一处，拇趾的宽度占五趾宽度的三分之一。

脚的形状和优雅美观与否关系密切，也影响到裙子和裤子的美观的发挥，特别注意膝部的位置。如果定得不正确，超短裙、中短裙就会显得不好看了。修长圆润的女性脚给人优美矫健的感觉，脚的每一个细小的变化，都是值得注意的，一般适合取其靠拢和互叠，增加姿态柔美性，亭亭玉立、摇风摆柳不是令人陶醉么。膝盖向内靠的姿势更能体现女性美的特征，如图 6-22 所示。

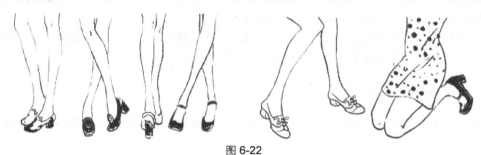

图 6-22

五、脚的画法

脚的画法如图 6-23 所示。

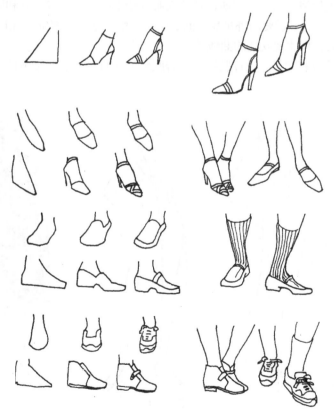

图 6-23

6.6 时装画的画法

前面叙述了服装人体比例与绘画的区别以及姿态造型的要求。生活中美的姿态是无限的，为了服装设计的表现，需要千姿百态的人体造型。有的是鲜花怒放，性情开朗的姿态；有的是脉脉含情、文静而含蓄的姿态；有的是亭亭玉立、姗姗来迟的姿态；有的是气度非凡、端正大方的姿态。不管姿态多么美，它的目的是为服装设计服务的，要有一定的特征性，但不要太出奇和太复杂。用最简单的动态，表达一种美感是时装画的追求。

如前所述，时装画首先要求称身，在这个基础上才可谈美观。称身就是要求和身体肌肉轮廓线的基本部位一致，突出线条，恰当地重现身体的优美比例。

6.6.1 时装画的整体画法

初学时先要突出人体大体的比例，眉线、乳线、腰线、臀线、脚线以及重心，选择适当的基本姿态。

绘制人体时，手脚的优雅对时装的表现和配合起很大作用，手腕、脚踝的微变，可以表现女性美。

确定所描绘的人体姿势后，要把所设计的衣服描绘上去，要注意人体和服装合适的关系。什么地方该留空隙，什么地方需要向外扩展，也要注意紧贴和宽松的部位。画上服装的轮廓的同时，还要注意如何利用服装来体现女性的曲线美。

最后填充颜色或服装材料，设计服饰和配合服装的流行发型以及细节的设计，如鞋子、皮包等，如图 6-24 所示。

图 6-24

6.6.2　时装画的省略画法

　　省略画法在时装画中是运用比较多的一种方法。艺术创作不能依样画葫芦,一定要通过艺术创作来完成。然而这一手法如何运用得好,一定要在充分掌握了人体画法、速写、表情、基本姿态、时装画法、质地表现和图案等方面之后,才能运用得出神入化。

　　(1)省略画法是用较少笔画,描写主要的最能表现动态特点的线条。主要强调线的平衡,疏密关系,重点要突出,次要的地方省略,意到笔不到,加强渲染力,描绘出强烈的整体印象。

　　(2)省略画法特点是带有一种含蓄而简洁的气氛,可以使形象更强,突出重点,而且使画面显出有余不画,令人浮想的诗意,运用得好,可以获得意想不到的效果,如图 6-25、图 6-26和图 6-27 所示。

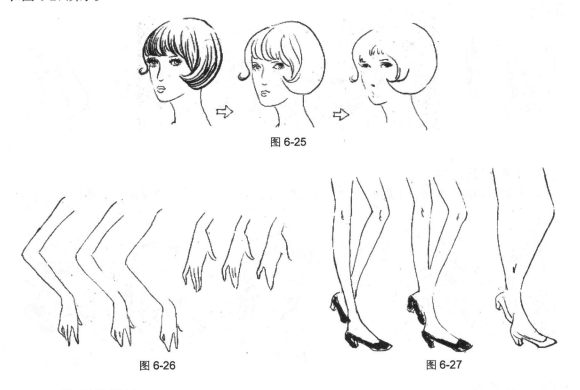

图 6-25

图 6-26　　　　　　　　　　　　　　　　　　图 6-27

6.6.3　发型的画法

　　时装美包括人的整个造型的内在美、外在美、流行美、个性美、姿态美、构成美、材质美、色彩美、技巧美、附加物美和化妆美等。时装整体美不美,发型饰物也是一个很重要的因素。

　　发型有时是单独表现的图画,在时装画中是配合服装的重要部分,因为发型本身也要根据时装进行设计。绘制发型,首先要掌握脸型结构的比例、基本姿态和五官布局,按情调采取不同画法。

　　(1)发型的写实画法。

　　写实画法是发型的基本画法,把面部容貌和发型,头发走向和多少如实地表现出来,如图 6-28所示。

图 6-28

（2）发型的写意画法。

发型的写意画法接近省略法。主要是抓住发型走向，用简练的几笔把它描绘下来，能够表达意境就可以了，如图 6-29 所示。

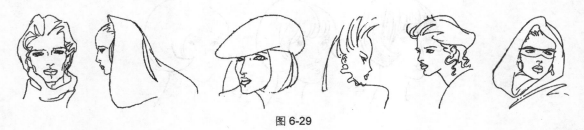

图 6-29

（3）发型的装饰画法。

发型的装饰画法要通过大胆的取舍、夸张的手法，整个效果装饰性更强，如图 6-30 所示。

图 6-30

6.6.4　饰物的画法

在服饰中，除了上下身的服装外，其他的都是饰物，如手套、鞋子、帽子、袜子、手袋、项链等。这些饰物有些既有实用价值，又有审美价值，有的纯粹起装饰作用。

（1）手套的画法。

手套用于冬天保暖或纯装饰上，有的设计比较宽松，有的设计紧而薄，而薄的要注意不同用途的表现。手套和服装之间是一个整体，也要考虑到协调。如优雅的短袖礼服，适宜配上一对长的绣花手套，如图 6-31 所示。

（2）鞋子的画法。

鞋子在时装画中是重要饰物之一。时装画中的人体很少是光脚的，一般都画上适当的鞋子，所以鞋子在时装画中是比较重要的。鞋子的质感要求不强，但款式、色彩需要表现出来，如运动鞋、便装鞋、宴礼的鞋等。有高跟、中跟、低跟、尖头、圆头以及点缀了饰物的等很多变化，这一切都需配合服装及情调进行选择，如图 6-32 所示。

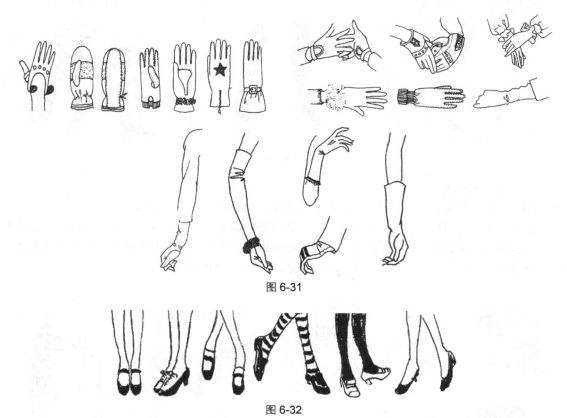

图 6-31

图 6-32

（3）手袋饰物的画法。

手袋是女性常用的饰物，与时装配合显得相得益彰。手袋着眼于款式，而饰物着重质感、色彩等，如图 6-33 所示。

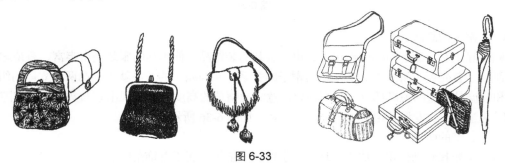

图 6-33

（4）袜子的画法。

袜子是和腿的形状一起表现的，它能使腿的表现更丰富。所以画袜子首先要画出腿的形状，然后再画出袜子的外形。袜子的外形可以根据袜子的厚薄来画。画好袜子的外形后，可以细致地描绘袜子的花纹或花边，如图 6-34 所示。

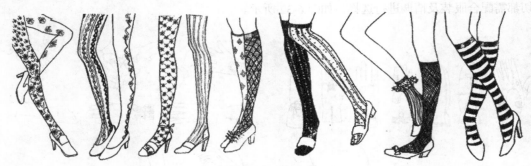

图 6-34

（5）围巾的画法。

围巾、头巾的佩戴方法与整体服装款式相协调，能够增添整体的美感。

围巾、头巾可通过折叠、打结等手段产生各种形状和皱褶。这些形状和皱褶的表现是画好头巾、围巾时应该注意的地方。画围巾、头巾时应根据整体着装，抓住大的形状，把皱褶的疏密、虚实处理好，同时还要注意围巾、头巾不同质感的表现，如图 6-35 所示。

图 6-35

（6）帽子的画法。

帽子除了有防寒、防晒的作用外，也是服装的装饰品。使单纯的服装变得丰富、有情趣。

画帽子首先要了解人体头部体积与帽子的关系。头与帽子的关系就是凹凸两种立体的组合，帽顶和帽檐是帽型的关键部分。画帽顶要注意掌握帽顶的高度，以表现出它与头部间的空隙。并且同时注意面部、发型及帽子三者之间的关系，如图 6-36 所示。

（7）首饰的画法。

首饰主要起装饰作用。戒指、耳环、手镯、项链等都属于首饰范围。

在时装画中描绘首饰，应着眼于款式的描绘，通过款式来表现首饰的风格，以衬托服装达到整体美感的作用，如图 6-37 所示。

236

图 6-36

（8）领结、蝴蝶结、腰带的画法。

画领带与领结时，要表现出适当的松紧度，不要让人感到系得太紧或太松，要细致地描绘出领带、领结的结构、花色，如图 6-38 所示。

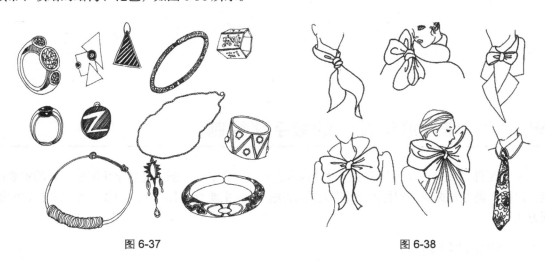

图 6-37　　　　　　　　　　　　　　图 6-38

腰带由腰带头和腰带两部分组成，要表现出腰带头的衔接以及它们各自的结构特征，如图 6-39 所示。

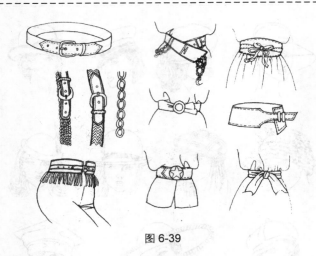

图 6-39

蝴蝶结就像蝴蝶一样，可以用在全身，在描绘蝴蝶结时，应注意它的大小与服装的比例要和谐。蝴蝶结的结构要明确表现出来，如图 6-40 所示。

图 6-40

 # 6.7 常用服饰配件的数字化绘制

服饰配件在服装设计中是重要的设计内容之一，其数字化绘制也是数字化服装设计的重要技能。因此，需要掌握服饰配件的数字化绘制方法。本节主要介绍各种常用纽扣、项链和拉链的绘制方法。

6.7.1 纽扣的绘制

1. 衬衣纽扣的绘制。

利用椭圆工具 ◯，按住 Ctrl 键，绘制一个圆形。通过【转换】对话框的大小选项，设置其直径 1cm。利用椭圆工具 ◎，再绘制两个直径为 0.15cm 的圆形，作为纽扣穿线孔。通过单击调色板的相应图标，为扣子填充白色，为穿线孔填充深灰色，如图 6-41 所示。

2. 普通上衣纽扣的绘制。

利用椭圆工具 ◎，按住 Ctrl 键，绘制一个圆形。通过【转换】对话框的大小选项，设置其直径为 2cm，并通过单击调色板的灰色图标，为其填充灰色。通过【转换】对话框的大小选项，单击【应用】按钮，再制一个圆形，按住 Shift 键，将其缩小，并为其填充线性渐变填充。利用椭圆工具 ◎，绘制一个圆形，设置其直径为 0.25cm，作为穿线孔。通过再制、移动位置的方法，绘制其他穿线孔，如图 6-42 所示。

3. 无眼上衣纽扣的绘制。

利用椭圆工具 ◎，按住 Ctrl 键，绘制一个圆形。通过【转换】对话框的大小选项，设置其直径为 2cm，并通过单击调色板的灰色图标，为其填充灰色。通过【转换】对话框的大小选项，单击【应用】按钮，再制一个圆形，按住 Shift 键，将其缩小，并为其填充径向渐变填充，如图 6-43 所示。

图 6-41　　　　　　图 6-42　　　　　　图 6-43

4. 中式布纽扣的绘制。

利用矩形工具 □，绘制一个矩形，设置其宽度为 0.3cm、长度为 5cm，单击交互式属性栏的转换为曲线图标 ◌，将其转换为曲线图形。利用形状工具 ◝，框选矩形，单击交互式属性栏的转换直线为曲线图标 ┏，拖动相关线条，修画为如图 6-44 所示形状。

5. 叶型纽扣的绘制。

利用矩形工具 □，绘制一个长度为 3cm、宽度为 1.2cm 的矩形。利用手绘工具 ，沿矩形对角线，绘制连续、封闭的两条重合直线。利用形状工具 ◝，框选直线，单击交互式属性栏的转换直线为曲线图标 ┏，将其转换为曲线。利用形状工具 ◝，参照图 6-45，拖动鼠标，分别使其向上下弯曲。通过对象属性对话框的渐变填充选项，为其填充径向渐变填充。利用交互式阴影工具 ，为其添加阴影。删除开始绘制的矩形，将梯形轮廓设置为灰色，如图 6-45 所示。

6. 菱形纽扣的绘制。

利用矩形工具 □，按住 Ctrl 键，绘制一个 2.5cm×2.5cm 的正方形。利用选择工具 选中正方形，再单击一次，使其处于旋转状态，拖动鼠标，使其旋转 45°。重新选中图形，按在上边中间的控制柄上，拖动鼠标，使其上下缩小为菱形，并为其填充灰色。通过【转换】对话框的大小选项，单击【应用】按钮，再制一个菱形，按住 Shift 键，拖动鼠标使其缩小，并通过【对象属性】对话框的渐变填充选项，为其填充径向渐变填充，如图 6-46 所示。

7. 方形纽扣的绘制。

（1）利用矩形工具 □，绘制一个 2cm×2cm 的矩形。通过选择菜单栏的【效果】→【斜角】命令，打开【斜角】设置对话框，如图 6-47 所示。

图 6-44　　　　　　　　　　图 6-45　　　　　　　图 6-46

（2）参照图 6-47，进行适当设置，单击【应用】按钮。利用椭圆工具 ◯ 绘制 4 个穿线孔，并为其填充黑灰色，如图 6-48 所示。

8．椭圆形纽扣的绘制。

（1）利用椭圆工具 ◯ 绘制一个椭圆，通过【转换】对话框的大小选项，设置宽度为 2cm、高度为 1.25cm。通过选择菜单栏的【效果】→【斜角】命令，打开【斜角】设置对话框，如图 6-49 所示。

（2）参照图 6-49，进行适当设置，单击【应用】按钮。利用椭圆工具 ◯ 绘制两个穿线孔，并为其填充黑灰色，如图 6-50 所示。

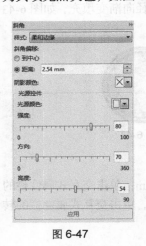

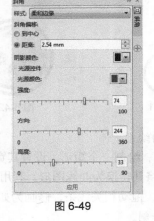

图 6-47　　　　　　　图 6-48　　　　　　　图 6-49　　　　　　　图 6-50

6.7.2　项链的绘制

1．珍珠项链的绘制。

（1）利用椭圆工具 ◯ 绘制一个小圆，再制一个小圆，将其水平拖放到右侧适当位置，如图 6-51 所示。

（2）利用交互式调和工具 ▦，设置步数为 20 ▦20▦，鼠标指针按在左侧小圆上，拖动鼠标到右侧小圆上，形成系列调和图形，如图 6-52 所示。

（3）利用手绘工具 ✎ 和形状工具 ⟍ 绘制一条如图 6-53 所示的曲线，作为新路径。

图 6-51　　　　　　　　　　图 6-52　　　　　　　　　图 6-53

（4）利用选择工具 ▨ 选中如图 6-51 所示的图形，单击交互式调和工具 ▦，再单击新路径 ⟍ 图

240

标，这时鼠标指针变为黑色大箭头，单击如图 6-53 所示的新路径，所有珍珠都均匀分布在新路径上。如果珠粒有重叠或间隙，通过调整路径长度或调整调和步数，消除上述问题，如图 6-54 所示。

（5）利用选择工具 选中图形，右键单击调色板上部的无填充图标，不显示轮廓和路径，如图 6-55 所示。

图 6-54

图 6-55

2．珍珠手链的绘制。

手链的绘制方法与项链的绘制方法相同，如图 6-56 至图 6-60 所示。

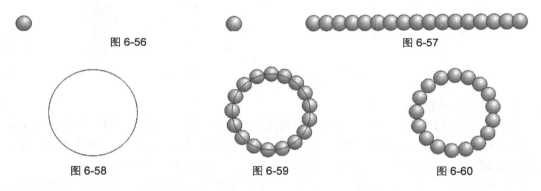

图 6-56

图 6-57

图 6-58

图 6-59

图 6-60

6.7.3 拉链的绘制

1．拉链环一的绘制。

（1）利用椭圆工具 绘制一个圆形，再绘制一个竖向椭圆，如图 6-61 所示。

（2）通过【转换】对话框的大小选项，分别再制圆形和椭圆。利用选择工具 ，按住 Shift 键，缩小再制的图形。分别选中大小两个圆形和两个椭圆，通过单击交互式属性栏的结合图标 ，分别将其结合为一个图形，形成圆环和椭圆环，如图 6-62 所示。

（3）利用手绘工具 和形状工具 绘制圆环和椭圆环的结合部件的封闭图形，如图 6-63 和图 6-64 所示。

（4）分别为结合部件填充浅灰色，为圆环和椭圆环填充线性渐变填充，如图 6-65 所示。

2．拉链环二的绘制。

（1）利用矩形工具 绘制一个矩形。利用椭圆工具 绘制一个竖向椭圆，如图 6-66 所示。

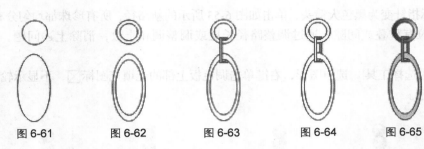

图 6-61　　　　　图 6-62　　　　　图 6-63　　　　　图 6-64　　　　　图 6-65

（2）利用矩形工具 □ 和椭圆工具 ○ 再制一个矩形和一个横向椭圆。选中两个椭圆，通过单击交互式属性栏的结合图标 🔲，将其结合为一个图形，形成椭圆环，如图 6-67 所示。

（3）利用手绘工具 ✎ 和形状工具 ⬦ 绘制上下图形的结合部件的封闭图形，如图 6-68 和图 6-69 所示。

（4）分别为结合部件填充浅灰色，为上下两个图形填充线性渐变填充，如图 6-70 所示。

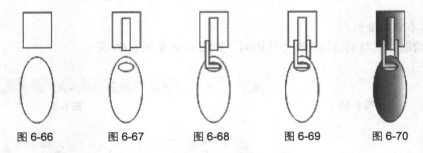

图 6-66　　　　　图 6-67　　　　　图 6-68　　　　　图 6-69　　　　　图 6-70

3. 拉链环三的绘制。

（1）利用矩形工具 □ 绘制一个矩形。利用椭圆工具 ○ 绘制一个竖向椭圆，如图 6-71 所示。

（2）利用矩形工具 □ 和椭圆工具 ○ 再制一个矩形和一个竖向椭圆。选中两个椭圆，通过单击交互式属性栏的结合图标 🔲，将其结合为一个图形，形成椭圆环，如图 6-72 所示。

（3）利用手绘工具 ✎ 和形状工具 ⬦ 绘制上下图形的结合部件的封闭图形，如图 6-73 和图 6-74 所示。

（4）分别为结合部件填充浅灰色，为上下两个图形填充线性渐变填充，如图 6-75 所示。

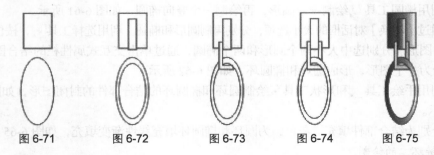

图 6-71　　　　　图 6-72　　　　　图 6-73　　　　　图 6-74　　　　　图 6-75

4. 拉链的绘制。

（1）利用矩形工具 □ 绘制一个竖向矩形，如图 6-76 所示。

（2）利用矩形工具 ▢ 在矩形下面绘制两个并排的小矩形，如图 6-77 所示。

（3）利用矩形工具 ▢ 在矩形下部绘制一组拉链齿，如图 6-78 所示。

（4）利用选择工具 ▨ 选中拉链齿组，单击交互式属性栏的群组图标 ▦，将其群组。通过【转换】对话框的位置选项，设置垂直数据与拉链齿组同样的数据，连续单击【应用】按钮，直至布满整个矩形，并参照拉链环的绘制方法，绘制拉链环，如图 6-79 所示。

（5）通过调色板为矩形和拉链齿填充深灰色和浅灰色。通过【对象属性】对话框的渐变填充选项，为拉链环填充线性渐变填充，如图 6-80 所示。

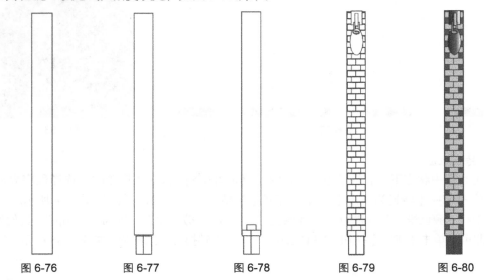

图 6-76　　　　图 6-77　　　　图 6-78　　　　图 6-79　　　　图 6-80

 # 6.8　常用服装材料效果的制作

利用 CorelDRAW 软件绘制时装画时，通过对图形进行材料填充获得不同效果，是常用的方法。因此我们需要提前制作若干常用服装面料的效果图形，将其存储为位图图形，使用时通过【对象属性】对话框的填充选项，将其导入即可。本节制作的每一种材料，只提供了一种颜色，可以通过 CorelDRAW 软件的【效果】菜单栏，进行色相、饱和度、明度的变化，获得若干种不同的效果。下面我们利用 CorelDRAW 软件，绘制常用的服装面料。

6.8.1　普通斜纹面料效果的制作

首先进行图纸设置，这里的设置是：A4 图纸、绘图单位为 cm、绘图比例为 1∶1（由于进行服装面料的制作，其图纸设置是相同的，以后不再叙述图纸设置）。

普通斜纹面料效果制作分为绘制矩形、填充颜色、去除轮廓、转换位图、位图创造性织物效果制作等步骤。

1. 绘制矩形。

利用矩形工具 ▢ 绘制一个高度和宽度均为 7cm 的矩形，如图 6-81

图 6-81

所示。

2. 填充颜色。

在选中的状态下，通过单击程序界面调色板的紫色图标，如图 6-82 所示，为其填充紫色，如图 6-83 所示。

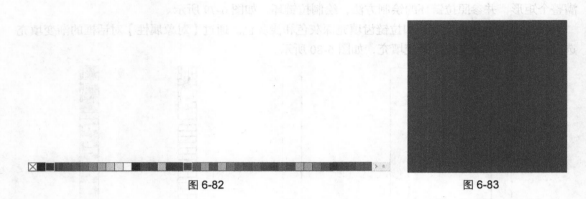

| 图 6-82 | 图 6-83 |

3. 转换位图。

（1）在选中状态下，右键单击调色板的无填充图标☒，去除图形轮廓。选择程序界面菜单栏的【位图】→【转换为位图】命令，打开【转换为位图】对话框，如图 6-84 所示。

（2）将"颜色模式"设置为"RGB 颜色（24 位）"，"分辨率"设置为"100dpi"，其他设为默认设置即可。单击【确定】按钮，将 CorelDRAW 图形转换为位图图形，如图 6-85 所示。

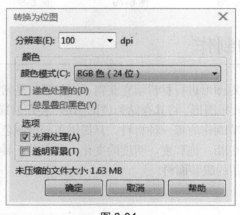

| 图 6-84 | 图 6-85 |

4. 面料效果制作。

（1）选中位图图形，选择程序界面菜单栏的【位图】→【创造性】→【织物】命令，打开【织物】设置对话框，如图 6-86 所示。

（2）将"样式"设置为"刺绣"，"大小"设置为"50"，"完成"设置为"100"，"亮度"设置为"75"，"旋转"设置为"0"，单击【确定】按钮，将位图改为一般面料的效果，如图 6-87 所示。

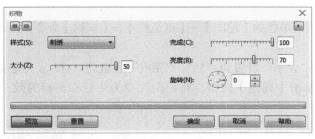

图 6-86　　　　　　　　　　　　　　　　　　图 6-87

提示：单击【织物】设置对话框的锁形图标，在调整过程中，可以随时看到调整效果。

6.8.2　牛仔布面料效果的制作

1. 绘制矩形。

利用矩形工具 □ 绘制一个高度和宽度均为 7cm 的矩形，如图 6-88 所示。

2. 填充颜色。

在选中的状态下，通过单击程序界面调色板的蓝色图标，为其填充蓝色，如图 6-89 所示。

图 6-88　　　　　　　　　　　　　　　　　　图 6-89

3. 转换位图。

（1）在选中状态下，右键单击调色板的无填充图标⊠，去除图形轮廓。选择程序界面菜单栏的【位图】→【转换为位图】命令，打开【转换为位图】对话框，如图 6-90 所示。

（2）将"颜色模式"设置为"RGB 颜色（24 位）"，"分辨率"设置为"100dpi"，其他设为默认设置即可。单击【确定】按钮，将 CorelDRAW 图形转换为位图图形，如图 6-91 所示。

图 6-90　　　　　　　　　　　　　　　　　　图 6-91

4．面料效果制作。

（1）选中位图图形，选择程序界面菜单栏的【位图】→【创造性】→【织物】命令，打开【织物】设置对话框，如图 6-92 所示。

（2）将"样式"设置为"刺绣"，"大小"设置为"50"，"完成"设置为"100"，"亮度"设置为"70"，"旋转"设置为"90"，单击【确定】按钮，将位图改变为牛仔布面料的效果，如图 6-93 所示。

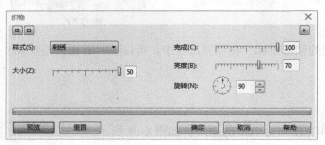
图 6-92

图 6-93

6.8.3 毛绒面料效果的制作

1．绘制矩形。

利用矩形工具 □ 绘制一个高度和宽度均为 7cm 的矩形，如图 6-94 所示。

2．填充颜色。

在选中的状态下，通过单击程序界面调色板的紫色图标，为其填充紫色，如图 6-95 所示。

图 6-94

图 6-95

3．转换位图。

（1）在选中状态下，右键单击调色板的无填充图标⊠，去除图形轮廓。选择程序界面菜单栏的【位图】→【转换为位图】命令，打开【转换为位图】对话框，如图 6-96 所示。

（2）将"颜色模式"设置为"RGB 颜色（24 位）"，"分辨率"设置为"100dpi"，其他设为默认设置即可。单击【确定】按钮，将 CorelDRAW 图形转换为位图图形，如图 6-97 所示。

4．面料效果制作。

（1）选中位图图形，选择程序界面菜单栏的【位图】→【创造性】→【织物】命令，打开【织物】设置对话框，如图 6-98 所示。

（2）将"样式"设置为"刺绣"，"大小"设置为"35"，"完成"设置为"50"，"亮度"设置为"90","旋转"设置为"0",单击【确定】按钮,将位图改变为毛绒面料的效果,如图 6-99 所示。

图 6-96

图 6-97

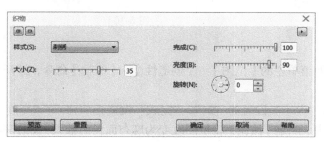

图 6-98

图 6-99

6.8.4 麻布面料效果的制作

1. 绘制矩形。

利用矩形工具 □,绘制一个高度和宽度均为 7cm 的矩形,如图 6-100 所示。

2. 填充颜色。

在选中的状态下,通过【对象属性】对话框的均匀填充选项,单击【编辑】按钮,打开【编辑填充】对话框,如图 6-101 所示,设置参数,为其填充米驼色,如图 6-102 所示。

图 6-100

图 6-101

图 6-102

3. 转换位图。

（1）在选中状态下，右键单击调色板的无填充图标⊠，去除图形轮廓。选择程序界面菜单栏的【位图】→【转换为位图】命令，打开【转换为位图】对话框，如图 6-103 所示。

（2）将"颜色模式"设置为"RGB 颜色（24 位）"，"分辨率"设置为"100dpi"，其他设为默认设置即可。单击【确定】按钮，将 CorelDRAW 图形转换为位图图形，如图 6-104 所示。

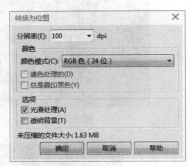

图 6-103

图 6-104

4. 面料效果制作。

（1）选中位图图形，选择程序界面菜单栏的【位图】→【创造性】→【织物】命令，打开【织物】设置对话框，如图 6-105 所示。

（2）将"样式"设置为"刺绣"，"大小"设置为"25"，"完成"设置为"100"，"亮度"设置为"50"，"旋转"设置为"45"，单击【确定】按钮，将位图改变为麻布面料的效果，如图 6-106 所示。

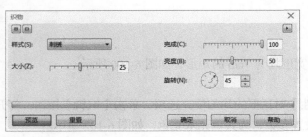

图 6-105

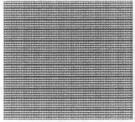

图 6-106

6.8.5 格子面料效果的制作

1. 绘制矩形和格子。

利用矩形工具 □ 绘制一个高度和宽度均为 7cm 的矩形。通过【转换】对话框的大小选项，单击【应用】按钮，再制一个矩形。利用选择工具 ▷，将其横向缩小为一个 0.6cm 的竖条，并移动到矩形中间位置。重复上述步骤，绘制两侧的竖向细条。利用选择工具 ▷ 选中 3 个竖条，通过【转换】对话框的大小选项，单击【应用】按钮，再制一组竖条。再单击一次竖条组，使其处于旋转状态。按住 Ctrl 键，鼠标指针按在旋转标志的一个角上，拖动鼠标，使其旋转为水平状态，如图 6-107 所示。

2. 填充颜色。

在选中的状态下，通过【对象属性】对话框的均匀填充选项单击【编辑】按钮，打开【编辑填充】对话框，参照图 6-108 和图 6-109，分别为矩形填充米驼色，为格子图形填充咖啡色，如图 6-110 所示。

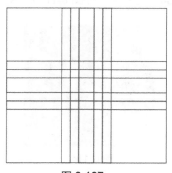

图 6-107

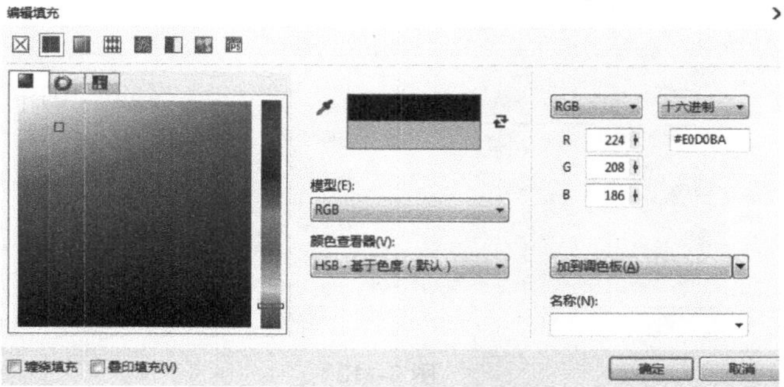

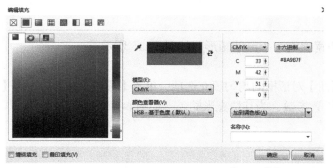

图 6-108

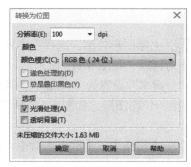

图 6-109

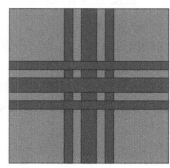

图 6-110

3. 转换位图。

（1）在选中状态下，右键单击调色板的无填充图标⊠，去除图形轮廓。选择程序界面菜单栏的【位图】→【转换为位图】命令，打开【转换为位图】对话框，如图 6-111 所示。

（2）将"颜色模式"设置为"RGB 颜色（24 位）"，"分辨率"设置为"100dpi"，其他设为默认设置即可。单击【确定】按钮，将 CorelDRAW 图形转换为位图图形，如图 6-112 所示。

图 6-111

图 6-112

249

4. 面料效果制作。

（1）选中位图图形，选择程序界面菜单栏的【位图】→【创造性】→【织物】命令，打开【织物】对话框，如图 6-113 所示。

（2）将"样式"设置为"刺绣"，"大小"设置为"37"，"完成"设置为"100"，"亮度"设置为"50"，"旋转"设置为"0"，单击【确定】按钮，将位图改变为格子面料的效果，如图 6-114 所示。

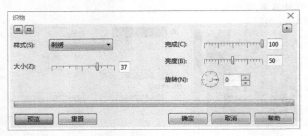

图 6-113

图 6-114

6.8.6　裘皮效果的制作

1. 绘制矩形。

利用矩形工具 □ 绘制一个高度和宽度均为 7cm 的矩形，如图 6-115 所示。

2. 填充颜色。

在选中的状态下，通过【对象属性】对话框的均匀填充选项，单击【编辑】按钮，打开【编辑填充】对话框，如图 6-116 所示，设置参数，为其填充米驼色，如图 6-117 所示。

图 6-115

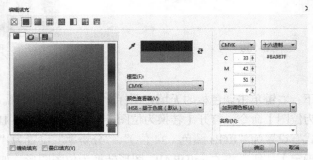

图 6-116

图 6-117

3. 转换位图。

（1）在选中状态下，右键单击调色板的无填充图标☒，去除图形轮廓。选择程序界面菜单栏的【位图】→【转换为位图】命令，打开【转换为位图】对话框，如图 6-118 所示。

（2）将"颜色模式"设置为"RGB 颜色（24 位）"，"分辨率"设置为"100dpi"，其他设为默认设置即可。单击【确定】按钮，将 CorelDRAW 图形转换为位图图形，如图 6-119 所示。

4. 面料效果制作。

（1）选中位图图形，选择程序界面菜单栏的【位图】→【扭曲】→【涡流】命令，打开【涡流】设置对话框，如图 6-120 所示。

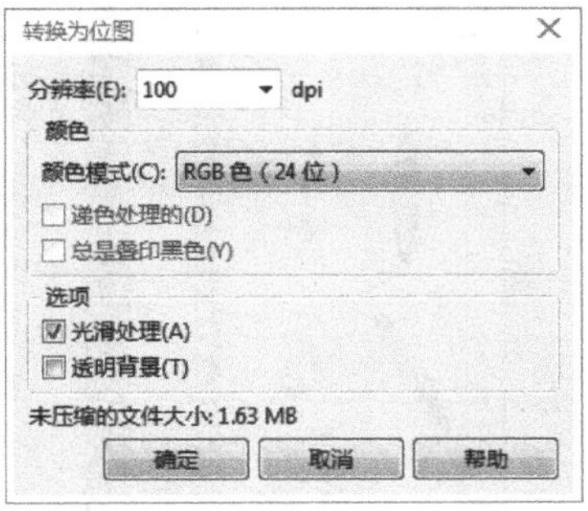

图 6-118

图 6-119

（2）将“间距”设置为“150”，选中“弯曲”复选项，“擦拭长度”设置为“10”，“条纹细节”设置为“100”，“扭曲”设置为“50”，单击【确定】按钮，将位图改变为裘皮面料的效果，如图 6-121 所示。

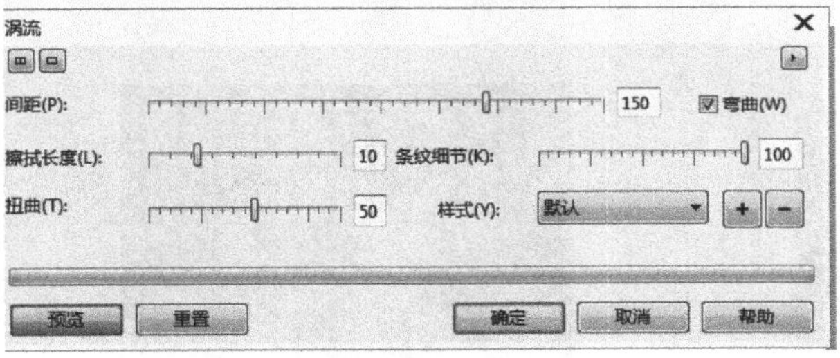

图 6-120

图 6-121

6.8.7 毛线编织效果的制作

1. 绘制一组毛线编织。

（1）利用矩形工具绘制一个高度和宽度均为 7cm 的矩形。利用椭圆工具绘制一个竖向椭圆。通过【对象属性】对话框的【填充】选项卡下的渐变填充选项，为椭圆填充蓝灰色径向渐变效果，如图 6-122 所示。

（2）在选中状态下，右键单击调色板的无填充图标☒，去除图形轮廓。

（3）通过【转换】对话框的旋转选项，将其顺时针旋转 30°。通过【转换】对话框的大小选项，设置其“水平”为“0.4cm”，“垂直”为“0.8cm”，并将其移动到矩形下边部位。通过【转换】对话框的位置选项，设置“垂直”为“0.3cm”，连续单击【应用】按钮数次，直至排布到矩形上边为止，形成单排毛线编织效果。

（4）利用选择工具整体选中单排毛线编织图形，通过【转换】对话框的大小选项，单击【应用】按钮，再制一排。单击交互式属性栏的水平翻转图标，将其水平翻转。将其向右移动，与前一排对齐，形成一组毛线编织效果图形，如图 6-123 所示。

2. 绘制一块毛线编织效果。

利用选择工具选中一组毛线编织图形。将其群组为一个整体。通过【转换】对话框的位置选项，设置“垂直”为“0.6cm”，连续单击【应用】按钮数次，形成一块毛线编织效果，如图 6-124 所示。

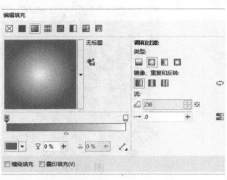

图 6-122

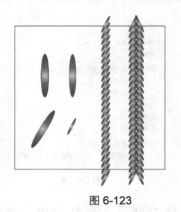

图 6-123

3. 切割毛边。

利用选择工具 整体选中毛线编织效果图形，将其群组为一个整体。利用矩形工具 □ 绘制矩形，分别框住一侧的毛边部分，通过【造型】对话框的修剪选项，分别切除周边的毛边部分，如图 6-125 所示。

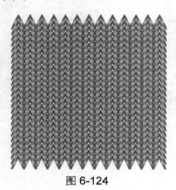

图 6-124

图 6-125

4. 转换位图。

（1）在选中状态下，选择程序界面菜单栏的【位图】→【转换为位图】命令，打开【转换为位图】对话框，如图 6-126 所示。

（2）将"颜色模式"设置为"RGB 颜色（24 位）"，"分辨率"设置为"100dpi"，其他设为默认设置即可。单击【确定】按钮，将 CorelDRAW 图形转换为位图图形，如图 6-127 所示。

图 6-126

图 6-127

第 7 章

服装画的电脑表现技法

服装画的表现技法包括时装画与时装效果图，是展现服装形式美的手段之一，是一种用来表现设计构思和表现服装与人体各部分关系的示意图。它着重表现款式、工艺结构、材料、质地、色彩、风格和气质。注重人体比例和人体各部位与服装的造型、色彩、设计原理，是服装设计中不可缺少的重要组成部分。我们只有熟练地掌握和运用时装画的基本理论及表现技法，才能准确地表现出自己的设计思想，并能不断完善自己的构思，使设计获得成功。

从广义上把时装画和时装效果图称之为时装画，实际上时装画和时装效果图还是有一定区别的。时装画具有独立的审美价值，侧重于表现感性的艺术表达，具备绘画艺术的共同特点。它以优美的造型，富有情感的色彩，众多的风格、形式给人以美的享受，是一种理念的传达。

时装效果图是指表达时装设计构思的概略性的、快速的图画。服装的结构及外形的描绘力求精确，并有创意说明、面料小样及平面图，是设计师思想传达给客户或制版师的第一有效途径。

下面以 CorelDRAW X7 为数字化工具，介绍常用服装画的电脑表现技法。

7.1 匀线表现法

匀线表现法是最基本的方法，是一种"线描"形式。它着重于表现服装的款式结构及质地，表现人体着装后的动态效果等。我们可以吸收传统的方法，也可以用装饰性强的线来表现。用线要求简略，线的来龙去脉、疏密变化都要交代清楚。利用匀线表现一些轻薄而柔韧的面料质感较好，能呈现规整、精致、富有装饰性的情趣。

"匀线表现法"数字化效果图的绘制程序有图纸的设置、绘制比例线、绘制人体简约骨架、绘制人体、绘制服装、绘制其他效果等步骤，下面将详细介绍数字化匀线时装画的绘制。

数字化"匀线表现法"服装效果图，如图 7-1 所示。

一、图纸设置

1. 打开 CorelDRAW X 7 应用程序，如图 7-2 所示。

图 7-1

图 7-2

2. 单击新建图标 ，展开一张空白图纸，如图 7-3 所示。

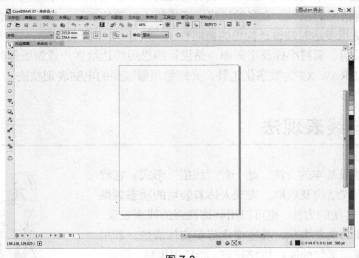

图 7-3

3. 通过程序界面上方的交互式属性栏对图纸进行设置，如图 7-4 所示。

图 7-4

4. 图纸规格的设置：交互式属性栏的第一列是图纸规格，单击右侧的下拉按钮 ，展开下拉菜单，选择 A4 图纸，即完成了图纸的规格设置，如图 7-5 所示。

5. 图纸方向的设置：交互式属性栏的第三列是图纸方向设置按钮 。单击纵向按钮，设置图纸纵向摆放，即完成了图纸方向的设置。

6. 绘图单位的设置：交互式属性栏中间是绘图数据单位的设置菜单，单击下拉按钮▾，展开绘图单位设置下拉菜单，选择"厘米"，设置绘图单位为厘米，即完成了绘图单位的设置，如图 7-6 所示。

7. 绘图比例的设置：双击横向标尺，打开【选项】对话框，如图 7-7 所示。

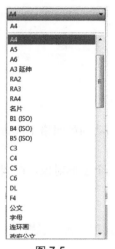  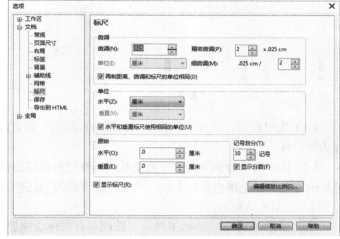

图 7-5　　　　　图 7-6　　　　　　　　　　图 7-7

8. 单击【标尺】对话框中的【编辑刻度】按钮，打开【绘图比例】对话框。将【页距离】设置为"1.0"厘米，将【实际距离】设置为"10.0"厘米，单击【确定】按钮，即完成了 1∶10 的绘图比例设置，如图 7-8 所示。

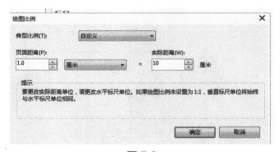

图 7-8

通过上述步骤，我们完成了图纸的设置。这里图纸的设置是：A4 图纸、竖向摆放、绘图单位是厘米、绘图比例是 1∶10。

提示：由于绘制时装画时图纸的设置都是相同的，以后不再重复叙述。

二、绘制比例线

1. 绘制水平直线。

利用手绘工具 ✎ 绘制一条长度为 100cm 的水平直线，如图 7-9 所示。

2. 绘制比例线。

通过【转换】对话框的位置选项，设置垂直数据为 20cm，副本设置为 9，单击【应用】按钮 9 次，形成 10 条比例线，总高度是 180cm，如图 7-10 所示。

三、绘制人体

1. 绘制人体基线。

（1）利用手绘工具 ✎，在比例线的适当位置绘制一条竖向直线到底边，作为人体重心线。

（2）利用椭圆工具 ○，在最上一格绘制一个竖向椭圆。利用手绘工具，在第二格中上部，绘制一条横向直线，通过【转换】对话框的大小，设置直线长为 40cm，作为肩线。

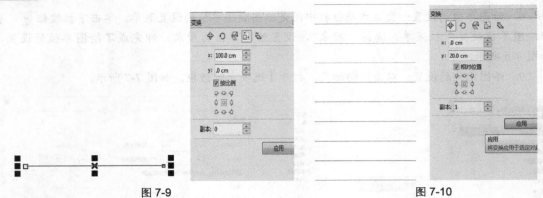

图 7-9   图 7-10

（3）选中直线，通过【转换】对话框，再绘制一条直线，将该直线垂直移动到第四格下部，作为臀位线。

（4）选中所有骨架基线，单击交互式属性栏的群组图标 ，将其群组为一个图形对象。在调色板的红色图标上单击鼠标右键，将其轮廓线修改为红色，如图 7-11 所示。

2．绘制人体外形。

利用手绘工具 、形状工具 ，按照现有图样或预想图样，绘制手臂、胸部、腰部、臀部、下肢等，完成人体外形的绘制，然后将外形轮廓线修改为红色，如图 7-12 所示。

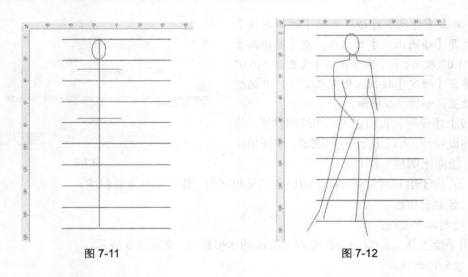

图 7-11   图 7-12

3．绘制人体细部。

利用手绘工具 和形状工具 ，在人体外形和骨架的基础上，进一步绘制人体，包括网格、手臂、腿脚等。利用选择工具 选中所有人体图形，在调色板的红色图标上单击鼠标右键，使人体轮廓线颜色变为红色，同时鼠标单击交互式属性栏的群组图标 ，将其群组为一个对象，如图 7-13 所示。

四、绘制服装

1．绘制服装外形。

利用手绘工具 和形状工具 ，在红色人体基础上绘制服装的基本外形和头发，如图 7-14

所示。

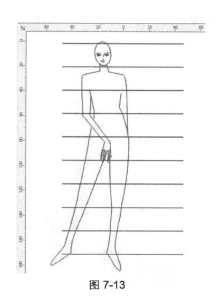 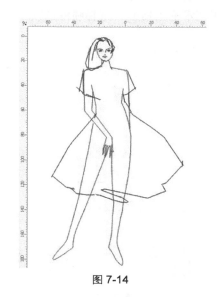

图 7-13   图 7-14

2. 绘制服装细部。

利用手绘工具 ![] 和形状工具 ![] 进一步绘制服装细部和人体细部，包括鼻子、嘴吧、发型等，如图 7-15 所示。

3. 绘制鞋子、手镯和耳环。

利用手绘工具 ![] 和形状工具 ![] 绘制鞋子、耳环和手镯，如图 7-16 所示。

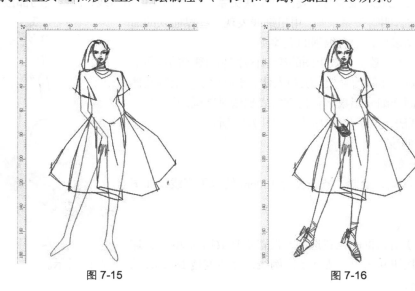

图 7-15   图 7-16

五、绘制手臂和腿脚

利用手绘工具 ![] 和形状工具 ![] 绘制暴露在服装外面的人体部位，包括手臂、腿、脚。删除红色人体，完成效果图的绘制，如图 7-17 所示。

六、绘制其他效果

利用艺术笔工具 ，选择喷灌选项 ，在服装效果图的下方，绘制如图 7-18 所示的草地效果。

图 7-17

图 7-18

7.2 粗细线表现法

用粗细线的变化表现服装时，要注意主次关系。主要部位可用粗线，而次要的部位可以用细线。粗细线可以结合明暗关系来画。用粗细线表现一些厚而软的面料质感较好，生动多变，富有很强的立体感。

"粗细线表现法"数字化效果图的绘制程序是：图纸的设置、绘制比例线、绘制人体简约骨架、绘制人体、绘制服装、绘制其他效果等步骤。下面详细介绍数字化粗细线表现法时装画的绘制。

"粗细线表现法"数字化效果图，如图 7-19 所示。

一、绘制比例线

1. 绘制水平直线。

利用手绘工具 ，绘制一条长度为 100cm 的水平直线，如图 7-20 所示。

2. 绘制比例线。

通过【转换】对话框的位置选项，设置垂直数据为 20cm，连续单击【应用】按钮 9 次，形成 9 条比例线，总高度是 180cm，如图 7-21 所示。

图 7-19

二、绘制人体

1. 绘制人体基线。

（1）利用手绘工具 ，在比例线的适当位置绘制一条竖向直线到底边，作为人体重心线。

（2）利用椭圆工具 ，在最上一格绘制一个竖向椭圆。利用手绘工具，在第二格中上部绘制一条横向直线，通过【转换】对话框的大小，设置直线长为 40cm，作为肩线。

图 7-20　　　　　　　　　　　　　　　　　　　图 7-21

（3）选中直线，通过【转换】对话框，再绘制一条直线。将该直线垂直移动到第四格下部，作为臀位线。

（4）选中所有骨架基线，单击交互式属性栏的群组图标 ，将其群组为一个图形对象。右键单击调色板的红色图标，将其轮廓线修改为红色，如图 7-22 所示。

2. 绘制人体外形。

利用手绘工具 、形状工具 ，按照现有图样或预想图样，绘制手臂、胸部、腰部、臀部、下肢等，完成人体外形的绘制，并将如图外形轮廓线修改为红色，如图 7-23 所示。

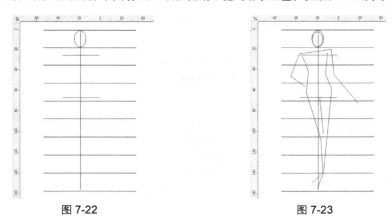

图 7-22　　　　　　　　　　　　　　　　　　　图 7-23

三、绘制服装

在人体基础上，利用艺术笔工具 中的预设 选项，设置属性栏的手绘平滑度为 50，艺术笔宽度为 0.4cm，并选择合适的笔触，如图 7-24 所示。

图 7-24

按照现有图样或预想图样，绘制帽子、上衣、靴子等服装、服饰，在绘制过程中，每绘制一条线，随时鼠标指针单击调色板的黑色，将艺术笔触中间的空白改变为黑色，同时利用手绘工具将暴露在服装、服饰外面的脸部、手部、腿部等重新绘制一次，如图 7-25 所示。

四、完成效果

利用选择工具 选中红色人体骨架，删除人体骨架，完成的绘制效果如图 7-26 所示。

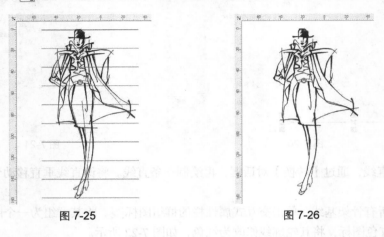

图 7-25　　　　　　　　　　　　　　图 7-26

五、绘制其他效果

利用艺术笔工具 ，选择喷灌选项，设置如图 7-27 所示的参数，并绘制如图 7-28 所示的蘑菇、小草和枫叶效果。

图 7-27

图 7-28

 # 7.3　黑白灰表现法

"黑白灰表现法"的颜色及层次节奏感比较强，能表现色彩和质地，在时装画中也是用得比较多的一种方法。总之，不管是用线条还是黑白灰的时装画，要求用线概括，适合于时装画的需要。

"黑白灰表现法"数字化效果图的绘制程序是：图纸的设置、绘制比例线、绘制人体、绘制服装、绘制其他效果等步骤，下面将详细介绍数字化黑白灰表现法时装画的绘制。

数字化"黑白灰表现法"服装效果图，如图 7-29 所示。

一、绘制比例线

利用手绘工具 ，绘制一条长度为 100cm 的水平直线。通过【转换】对话框的位置选项，设置垂直数据为 20cm，连续单击【应用】按钮 10 次，形成 10 条比例线，总高度是 200cm，如图 7-30 所示。

图 7-29

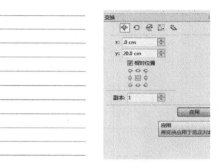
图 7-30

二、绘制人体

1. 绘制人体基线。

利用手绘工具 ，在比例线的适当位置绘制一条竖向直线到底边，作为人体重心线，利用椭圆工具 在最上一格绘制一个竖向椭圆。利用手绘工具，在第二格绘制一条斜向直线，作为肩线。利用同样的方法，分别绘制腰线和臀位线。选中所有骨架基线，单击交互式属性栏的群组图标 ，将其群组为一个图形对象。在调色板的红色图标上单击鼠标右键，将其轮廓线修改为红色，如图 7-31 所示。

2. 绘制人体外形。

利用手绘工具 、形状工具 ，按照现有图样或预想图样，绘制手臂、胸部、腰部、臀部、下肢等，完成人体外形的绘制并将如图外形轮廓线修改为红色，如图 7-32 所示。

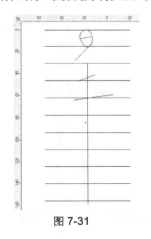
图 7-31

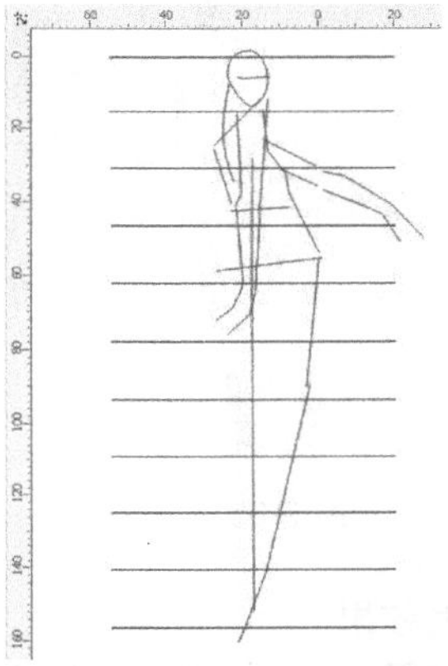

图 7-32

261

三、绘制服装

1. 利用手绘工具 ![], 和形状工具 ![], 在人体外形和骨架基础上，进一步绘制人体。在人体基础上，按照已有图样或预想图样，利用手绘工具 ![], 和形状工具 ![], 绘制服装等，如图 7-33 所示。

2. 利用选择工具 ![], 选中红色人体，按 Delete 键，将其删除，只保留灰色人体和服装，如图 7-34 所示。

图 7-33

图 7-34

四、绘制颜色

1. 利用手绘工具 ![], 、形状工具 ![], 和艺术笔工具 ![], 以已有图样或预想图样为参考，分块绘制不同的图形，同时鼠标左键单击某个黑白灰颜色图标，为该图形填充相应颜色或突出黑白灰渐变颜色。利用不同的艺术笔工具 ![], 工具，分别绘制如图所示的黑色和灰色部分，获得更好的效果，如图 7-35 所示。

2. 利用上述方法，进一步绘制黑、白、灰色块，进一步使效果更丰富多彩，如图 7-36 所示。

图 7-35

图 7-36

五、绘制其他效果

利用艺术笔工具 ![], 选择喷灌选项，并进行如图 7-37 和图 7-38 所示的设置，绘制花朵和草地效果，如图 7-39 所示。

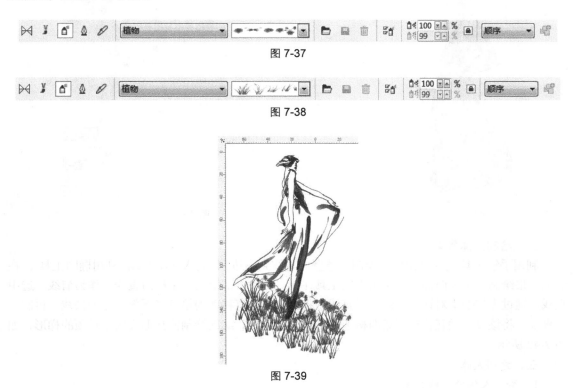

图 7-37

图 7-38

图 7-39

 ## 7.4 色彩平涂表现法

"色彩平涂表现法"是时装画中装饰性比较强的一种方法。其调色均匀，涂色平服细腻，厚实，有绒面感觉，依靠色块形状和色块之间的对比关系来表现形象特征。色彩平涂法的效果图有勾线和不勾线两种。勾线时可以用墨色勾线，也可以用彩色勾线，比如：蓝色的可以用墨色勾线，又可以用淡蓝色来勾线，后者的装饰效果更强。应用什么方法和形式可根据自己习惯和设计思想而定。

"色彩平涂表现法"数字化效果图的绘制程序是：图纸的设置、绘制比例线、绘制人体骨架、绘制人体、绘制服装、色彩填充、绘制其他效果等步骤，下面将详细介绍数字化色彩平涂时装画的绘制。

数字化"色彩平涂表现法"服装效果图，如图 7-40 所示。

一、绘制比例线

利用手绘工具 绘制一条长度为 100cm 的水平直线。通过【转换】对话框的位置选项，设置垂直数据为 20cm，连续单击【应用】按钮 9 次，形成 9 条比例线，总高度是 180cm，如图 7-41 所示。

图 7-40

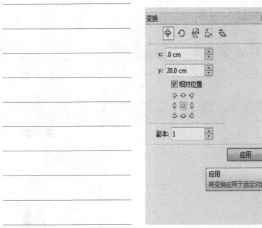

图 7-41

二、绘制人体骨架

利用手绘工具 在框架中间绘制一条竖向直线到底边，作为人体重心线。利用椭圆工具 在最上一格绘制一个竖向椭圆。利用手绘工具在第二格中上部绘制一条横向直线，作为肩线。选中直线，通过【转换】对话框再制一条直线，将该直线垂直移动到第三格下部，作为腰线。再制一条直线，将该直线垂直移动到第四格下部，作为臀位线。继续绘制使其形成两个对顶的梯形，如图 7-42 所示。

三、绘制人体

1. 绘制人体的直线框图。

利用手绘工具 ，绘制如图 7-43 所示的人体直线框图。

2. 绘制人体。

利用形状工具 ，在人体直线框图的基础上，将有关直线分别转换为曲线，并分别修画相关曲线。利用手绘工具和 形状工具 绘制帽子、发型和面部五官，使其形成美观的人体，并删除比例线和红色人体骨架，如图 7-44 所示。

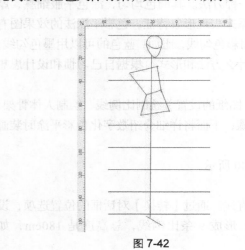

图 7-42

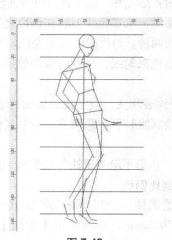

图 7-43

四、绘制服装

在人体基础上，利用手绘工具▚，按照现有图样或预想图样，绘制上衣、裙子、靴子等服装、服饰，在绘制过程中，要将每一个部分都形成封闭图形，或该部分的周围线条要交叉。同时利用手绘工具▚绘制脸部、手部、腿部等，如图 7-45 所示。

图 7-44   图 7-45

五、服装色彩填充

1. 利用手绘工具▚或贝塞尔线工具▚或钢笔工具▚或折线工具▲，沿服装、服饰的外轮廓，绘制连续线，并将其封闭。其中，上衣 1 件、裙子 1 条、帽子 1 顶、人体 5 个，形成 8 个独立封闭图形。

2. 利用选择工具▚分别选中上述 8 个封闭图形，鼠标指针单击调色盘的相应颜色，分别为其填充相应的颜色。

3. 利用选择工具▚分别选中上述 8 个封闭图形，选择程序界面的【排列】→【顺序】→【到后部】命令，将填充色彩放在后部。

4. 利用选择工具▚，分别选中上述 8 个封闭图形，鼠标右键单击调色盘的删除轮廓图标☒，将填充部分的轮廓线删除，如图 7-46 所示。

5. 还可以利用智能填充工具▚，为不封闭的但由线条围合的部分填充相应的颜色。

图 7-46

 ## 7.5 色彩明暗表现法

"色彩明暗表现法"是时装画中装饰性比较强的一种方法。色彩明暗形式的服装效果图，其主要是利用明暗阴影表现服装的立体效果，其绘制技法是在色彩平涂基础上，绘制明暗阴影效果。

"色彩明暗表现法"数字化效果图的绘制程序是：图纸的设置、绘制比例线、绘制人体骨架、绘制人体、绘制服装、色彩填充、绘制色彩明暗、修饰效果等步骤，下面详细介绍数字化色彩明暗时装画的绘制。

数字化"色彩明暗表现法"服装效果图，如图 7-47 所示。

一、绘制比例线

利用手绘工具 ![] 绘制一条长度为 100cm 的水平直线。通过【转换】对话框的位置选项，设置垂直数据为 20cm，连续单击【应用】按钮 9 次，形成 9 条比例线，总高度是 180cm，如图 7-48 所示。

图 7-47

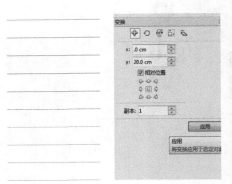

图 7-48

二、绘制人体骨架

利用手绘工具 ![] 在框架中间绘制一条竖向直线到底边，作为人体重心线，利用椭圆工具 ![] 在最上一格绘制一个竖向椭圆。利用手绘工具，在第二格中上部，绘制一条横向直线，作为肩线。选中直线，通过【转换】对话框，再制一条直线，将该直线垂直移动到第三格下部，作为腰线。再制一条直线，将该直线垂直移动到第四格下部，作为臀位线。继续绘制使其形成两个对顶的梯形，如图 7-49 所示。

三、绘制人体

1. 绘制人体的直线框图。

利用手绘工具 ![]，绘制如图 7-50 所示的人体直线框图。

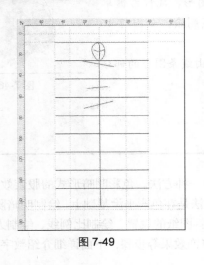

图 7-49

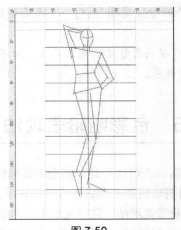

图 7-50

2. 绘制人体。

利用形状工具 🖊，在人体直线框图的基础上，分别将有关直线转换为曲线，分别修画相关曲线。利用手绘工具和 🖊 形状工具 🖊 绘制其他相关部位，使其形成美观的人体，如图 7-51 所示。

四、绘制服装

1. 在人体基础上，利用手绘工具 🖊、形状工具 🖊 和艺术笔工具 ✏ 中的预设 ⋈ 选项，并选择合适的笔触，按照现有图样或预想图样，分别绘制围巾、上衣、裙子、裤子等服装、服饰。在绘制过程中，每绘制一条线，随时用鼠标指针单击调色板的黑色，将艺术笔触中间的空白改变为黑色。同时利用手绘工具 🖊 将暴露在服装、服饰外面的脸部、手部、腿部等重新绘制一次，如图 7-52 所示。

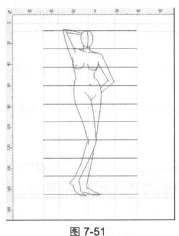
图 7-51

图 7-52

2. 利用选择工具 🖊，选中浅红色人体，按删除键 Delete，删除人体，只保留服装、服饰和暴露在外的部分人体，即完成了服装的绘制，如图 7-53 所示。

五、服装色彩填充

1. 利用手绘工具 🖊（或钢笔工具 ✒、折线工具 📐）和形状工具 🖊，沿服装、服饰的外轮廓绘制连续线，并将其封闭。分别绘制形成 10 个独立封闭图形。

2. 利用选择工具 🖊 分别选中上述 10 个封闭图形，鼠标指针单击调色板的相应颜色，为上衣、帽子、裙子、裤子填充相应的颜色。

3. 利用选择工具 🖊 分别选中上述 10 个封闭图形，选择程序界面的【排列】→【顺序】→【到后部】命令，将填充色彩放在后部。

4. 利用选择工具 🖊 分别选中上述 10 个封闭图形，鼠标右键单击调色盘的删除轮廓图标 ⊠，将填充部分的轮廓线删除，如图 7-54 所示。

六、绘制明暗效果

1. 根据色彩光线原理和服装、服饰的着装状态，利用手绘工具 🖊，在效果图帽子、上衣、裙子和裤子的左侧，分别绘制光亮部分，并将其封闭。

2. 利用选择工具 🖊 分别选中上述封闭的光亮图形，鼠标单击调色板的白色，为光亮部分填充白色。

图 7-53   图 7-54

3. 利用选择工具 [图] 分别选中上述光亮图形，选择程序界面的【排列】→【顺序】→【到前部】命令，将光亮填充在填色部分的前部。

4. 利用选择工具 [图] 分别选中上述光亮图形，鼠标右键单击调色盘的删除轮廓图标 [图]，将填充部分的轮廓线删除，如图 7-55 所示。

七、修饰效果

利用手绘工具 [图] 和形状工具 [图]，通过交互式属性栏的轮廓选项，分别绘制服装的图案，并将图案的线条颜色设置为相应的颜色，即完成了数字化色彩明暗服装效果图的绘制，如图 7-56 所示。

图 7-55   图 7-56

 # 7.6   色彩对比表现法

"色彩对比表现法"是以低彩度的色调为基础，配合颜色的色相对比，由彩度（色相饱和度）控制的色彩对比调和。整体看来，这种表现法对照感较弱，可以说是朦胧而柔和的对比，使全体统一为柔和的特征。这里讲的对比色，其对比的范围较大一些，不像色相环上的直线对比。在配色时，只要不改变色彩的面积大小、色块数量的多少，色彩的纯度上有所变化，就能够改变一组对比色的对比程度，能够产生不同的对比效果。

"色彩对比表现法"数字化效果图的绘制程序是：图纸的设置、绘制比例线、绘制人体骨架、绘制人体、绘制服装、色彩填充、修饰效果等步骤，下面将详细介绍数字化色彩对比时装画的绘制。

数字化"色彩对比表现法"服装效果图，如图 7-57 所示。

一、绘制比例线

利用手绘工具，绘制一条长度为 100cm 的水平直线。通过【转换】对话框的位置选项，设置垂直数据为 20cm，连续单击【应用】按钮 9 次，形成 9 条比例线，总高度是 180cm，如图 7-58 所示。

图 7-57

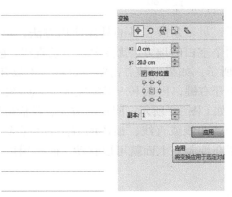

图 7-58

二、绘制人体骨架

利用手绘工具，在框架中间绘制一条竖向直线到底边，作为人体重心线。利用椭圆工具，在最上一格绘制一个竖向椭圆。利用手绘工具，在第二格中上部绘制一条横向直线，作为肩线。选中直线，通过【转换】对话框，再制一条直线，将该直线垂直移动到第三格下部，作为腰线。再制一条直线，将该直线垂直移动到第四格下部，作为臀位线，如图 7-59 所示。

三、绘制人体

1. 利用手绘工具和形状工具，在人体骨架的基础上绘制人体的基本姿态，如图 7-60 所示。

2. 选中椭圆，鼠标再单击一次，使之处于旋转状态，逆时针转动椭圆使之倾斜，如图 7-61 左图所示。

3. 利用手绘工具和形状工具，按照现有图样或预想图样，绘制手臂、胸部、腰部、臀部、下肢等，完成人体骨架的绘制，如图 7-62 右图所示。

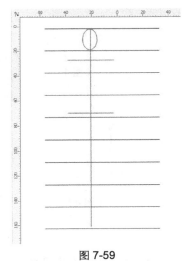

图 7-59

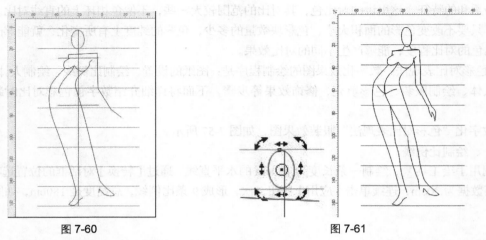

图 7-60   图 7-61

提示：贝塞尔线工具的具体使用方法：单击贝塞尔线工具以后，鼠标左键在画面上分别点一下两个空白的地方，就会出现一条直线，它以刚才的鼠标指针点的两点为端点，如图 7-62（图1）所示。如果右键点击第一点后，不放开右键，路径就会变成曲线，直到达到你需要的弧度，松开右键，再点下一点就完成一段曲线了，与（图2）不同的是点第一点之后是否放开了鼠标，如（图3）所示。同样的方法，我们可以画出很多不同形状的曲线出来。要注意的是：要结束一条曲线或直线，最快的方法就是在终点用鼠标左键双击。刚画好的曲线，只要鼠标指针停留在控制点上面就可以移动，而不用再去点击形状工具 ，如（图4）、（图5）、（图6）所示。

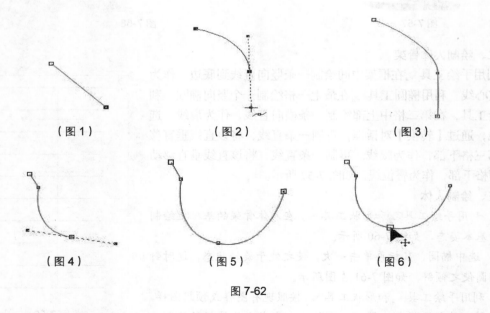

（图1）   （图2）   （图3）

（图4）   （图5）   （图6）

图 7-62

4. 选中所有人体图形，将其轮廓线设置为红色。删除人体骨架，只保留人体部分，如图 7-63 所示。

四、绘制服装

1. 在人体基础上，利用艺术笔工具 ✎ 中的预设选项，设置属性栏的手绘平滑度为 13、艺术笔宽度为 0.762cm，并选择合适的笔触。这时候，先单击颜色栏上面的黑色，在弹出的面板里面选择图形，然后单击"确定"按钮。这样，以后画出来的线都是黑色实心的线了，如图 7-64 所示。

2. 按照现有图样或预想图样，绘制帽子、上衣、靴子等服装、服饰。如果想要画出来的线准确，建议用贝塞尔线工具 ✎ 画，修改的时候也方便。而艺术笔工具 ✎ 就比较适合有压感笔使用者，压感笔可以模拟真笔进行图形输入，如图 7-65 所示。

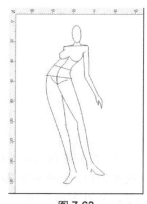

图 7-63

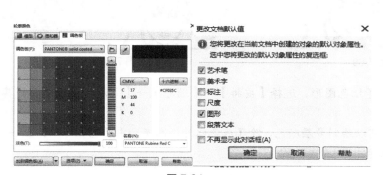

图 7-64

图 7-65

五、局部修改

1. 删除多余节点：用艺术笔工具画好的曲线的修改方法，无论用鼠标还是压感笔，以艺术笔画出的线段放大几倍后，都会发现上面很多的控制点（即节点），如果你想线条变得光滑，有些控制点是多余的。这时候选择形状工具 ✎，选择多余的节点，按键盘上 Delete 键把它删掉。

2. 设置光滑度：光滑度即显示数字"50"的位置，这个数值越高也表示越光滑，上面的控制点也越少，但线条就变得不准确，因为电脑会自动省略了很多控制点，包括有用的，反之，光滑度变低控制点就会太多，修改麻烦，如图 7-66 所示。

3. 利用贝塞尔线工具将暴露在服装、服饰外面的脸部、手部、腿部等重新绘制一次。把图形放大，你会发现很多线条是没有封闭的，必须把它封闭，以便能够填充颜色，如图 7-67 所示。有些地方的线条太长或太短，会影响画面的美观性，所以这些线条要调整一下，如图 7-68 所示。

六、服装色彩填充

1. 利用手绘工具 ✎ 和形状工具 ✎，沿服装、服饰的外轮廓，绘制连续曲线，并将其封闭。下面以帽子做示范，如图 7-69 所示。

图 7-66　　　　　　　　　　　　　　　图 7-67

2. 用贝塞尔线工具沿着帽子的边缘画出一个封闭的图形，并为其填充相应的颜色，然后选中这个图形，打开它的属性面板，宽度选择"无"，这一步可以先做，因为之后就不用再做这个步骤了，如图 7-70 所示。

图 7-68　　　　　　　图 7-69　　　　　　　图 7-70

3. 利用选择工具选择帽子填色图形，选择【安排】→【顺序】→【到后部】命令，将其放在后部，如图 7-71 所示。

4. 利用同样的方法，我们可以绘制多层颜色，除了底色以外，高光和中间色也可以画上去，如图 7-72、图 7-73 和图 7-74 所示。

图 7-71　　　　　　　　　　　图 7-72

图 7-73　　　　　　　　　　　图 7-74

5. 利用同样的方法，为其他服装部件填充相应的基本颜色，填充多层颜色和高光颜色，如图 7-75、图 7-76 和图 7-77 所示。

272

图 7-75

图 7-76

七、修饰效果

利用艺术笔工具 ✎ 的画笔选项，选择其中合适的笔触，绘制腿部外面的阴影和人体站立的阴影，即完成了数字化色彩对比服装效果图的绘制，如图 7-78 所示。

图 7-77

图 7-78

 # 7.7 色彩点缀表现法

"色彩点缀表现法"实际上也是一种对比，只是点缀和强调的部位面积相对较小。在时装画处理中，有时为了弥补其色彩过于平淡，或者有意强调某一个重点，常常会运用点缀和强调的艺术手法，达到增加时装画的艺术效果，但是其手法的运用要根据服装设计原理和色彩整体性、统一性，注意色彩整体平衡效果。

"色彩点缀表现法"数字化效果图的绘制程序是：图纸的设置、绘制比例线、绘制人体、绘制服装、色彩填充、绘制其他效果等步骤，下面将详细介绍数字化色彩点缀时装画的绘制。

数字化"色彩点缀表现法"服装效果图，如图 7-79 所示。

一、绘制比例线

利用手绘工具 ![] 绘制一条长度为 100cm 的水平直线。通过【转换】对话框的位置选项，设置垂直数据为 20cm，连续单击【应用】按钮 9 次，形成 9 条比例线，总高度是 180cm，如图 7-80 所示。

图 7-79

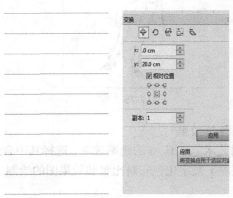

图 7-80

二、绘制人体

1. 利用椭圆工具 ![]，在比例外框上部第一格内的中间部位，绘制一个竖向椭圆，作为人体头部基本形状，如图 7-81 所示。

2. 利用钢笔工具 ![] 绘制人体外形的基本直线框图，如图 7-82 所示。

3. 利用手绘工具 ![] 和形状工具 ![] 绘制五官、乳房、颈部、臀部、腿部等相关部位，将其转换为曲线，并进行修画，使其符合人体的造型。同时利用选择工具 ![] 选中所有图形，鼠标单击交互式属性栏的群组图标 ![]，将人体群组为一个整体，便于以后操作，如图 7-83 所示。

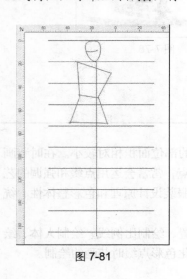

图 7-81

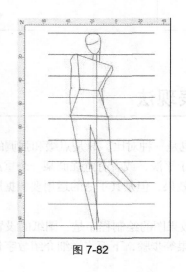

图 7-82

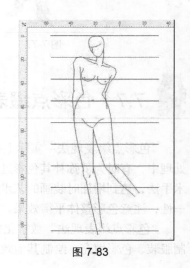

图 7-83

三、绘制服装

1. 在人体基础上，利用钢笔工具 🖊，按照已有图样或设计预想图样，绘制连衣裙、鞋子、腰带，同时绘制头发形状、耳环等。当服装内部的皱褶、纹理、线条绘制完成后，还要绘制头发、服装、腰带、耳环链、鞋子等外轮廓的封闭图形，如图 7-84 所示。

2. 利用选择工具 🔖 选中红色人体，按 ⌈Delete⌋ 键，删除人体，如图 7-85 所示。

图 7-84

图 7-85

四、填充颜色

1. 填充头发颜色：利用选择工具 🔖 选中头发外轮廓，鼠标单击程序界面右侧调色板的褐色，为头发填充该颜色。同时删除填充图形的外轮廓，并将填充图形放置在头发后部。

2. 填充服装颜色：利用选择工具 🔖 选中服装外轮廓，通过【对象属性】对话框，为其填充淡紫色。利用交互式填充工具 🖌 将填充颜色进行渐变处理，完善效果。同时将其放置在服装纹理、皱褶等的后面，并删除填充图形的外轮廓。

3. 填充耳环和腰带颜色：利用选择工具 🔖 选中项链和腰带的外轮廓，通过【对象属性】对话框的填充选项，为其填充翠绿色。

4. 我们还可以填充人体颜色、鞋子颜色等。最后选中群组人体，通过选择【排列】→【顺序】→【到后部】命令，并将其放置在后部，如图 7-86 所示。

五、修饰效果

利用手绘工具 ✏ 和形状工具 🖊，分别绘制明暗效果的高光点，并为其填充白色，即完成了色彩点缀效果图的绘制，如图 7-87 所示。

六、利用 Corel PHOTO-PAINT 绘制其他效果

1. 利用 CorelDRAW 自带的 Corel PHOTO-PAINT，绘制项链、腰链和向日葵树叶等。

（1）打开 Corel PHOTO-PAINT，单击工具箱的图像喷涂工具图标 🖌，展开笔刷类型下拉菜单，选择图像喷涂，通过交互式属性栏进行适当的设置，如图 7-88 所示，在效果图的人体胸部绘制项链。

（2）利用上述同样的方法，通过交互式属性栏进行适当的设置，如图 7-89 所示，在效果图的人体耳部绘制耳环。

275

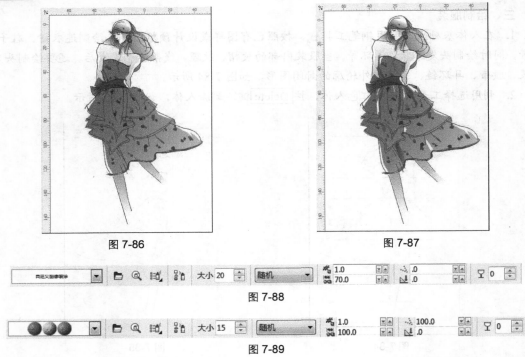

图 7-86   图 7-87

图 7-88

图 7-89

（3）利用同样的方法分别绘制花，如图 7-90 所示。

图 7-90

7.8　色彩调和表现法

"色彩调和表现法"是时装画中装饰性比较强的一种方法。其调色均匀，涂色平服细腻，厚实，有绒面感觉，它是依靠色块形状和色块之间的对比关系来表现形象特征的。

"色彩调和表现法"数字化效果图的绘制程序是：图纸的设置、绘制比例线、绘制人体、绘制服装、色彩填充、绘制其他效果等步骤，下面将详细介绍数字化色彩调和时装画的绘制。

数字化"色彩调和表现法"服装效果图，如图 7-91 所示。

一、绘制比例线

利用手绘工具 绘制一条长度为 100cm 的水平直线。通过【转换】对话框的位置选项，设置垂直数据为 20cm，连续单击【应用】按钮 9 次，形成 9 条比例线，总高度是 180cm，如图 7-92 所示。

图 7-91

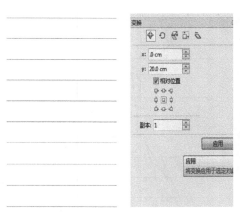

图 7-92

二、绘制人体

1. 利用手绘工具 在框架中间绘制一条竖向直线到底边，作为人体重心线，利用椭圆工具 在最上一格绘制一个竖向椭圆。利用手绘工具，在第二格中上部绘制一条横向直线，作为肩线。选中直线，通过【转换】对话框，再制一条直线，将该直线垂直移动到第三格下部，作为腰线。再制一条直线，将该直线垂直移动到第四格下部，作为臀位线，如图 7-93 所示。

2. 利用手绘工具 绘制两个对顶的梯形，形成如图所示的人体直线框图，如图 7-94 所示。

3. 利用形状工具 ，在人体直线框图的基础上，分别将有关直线转换为曲线，并修画相关曲线。利用手绘工具和 形状工具 绘制发型和面部五官，使其形成美观的人体，如图 7-95 所示。

4. 利用选择工具 选中比例线和人体骨架，并删除比例线和人体骨架，只保留绘制好的人体图形，并将其轮廓设置为红色，如图 7-96 所示。

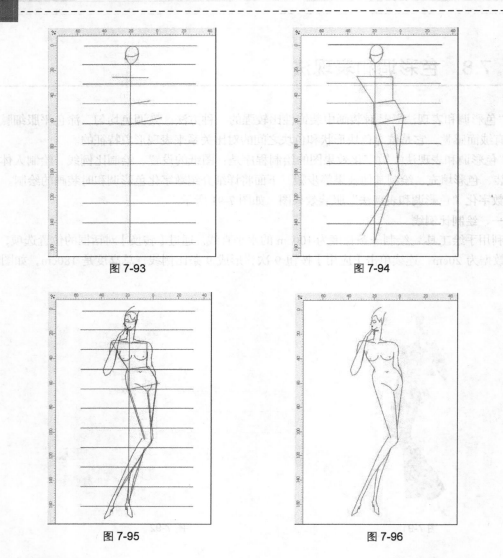

图 7-93　　　　　　　　　　图 7-94

图 7-95　　　　　　　　　　图 7-96

三、绘制服装

1. 在人体基础上，利用手绘工具 和形状工具 ，按照现有图样或预想图样，绘制上衣、裙子、鞋子等服装、服饰，在绘制过程中，要将每一个部分都形成封闭图形，或该部分的周围线条要交叉。同时利用手绘工具 和形状工具 绘制脸部、手部、腿部等暴露在服装外面的如图部位，如图 7-97 所示。

2. 利用选择工具 选中红色人体图形，按 Delete 键，删除红色人体，如图 7-98 所示。

四、服装色彩填充

1. 利用手绘工具 和形状工具 ，沿服装、服饰不同部件的外轮廓绘制连续线，并将其分别封闭。

2. 利用选择工具 分别选中上述封闭图形，单击调色板的相应颜色，分别为其填充相应的颜色。

图 7-97

图 7-98

3. 利用选择工具分别选中上述封闭图形，选择程序界面的【排列】→【顺序】→【到后部】命令，将其放在后部。

4. 利用选择工具分别选中上述封闭图形，在调色板的删除轮廓图标☒上单击鼠标右键，将填充部分的轮廓线删除，如图 7-99 所示。

五、修饰效果

利用手绘工具和形状工具，在服装内部分别绘制不同形态和不同颜色的图样，如图 7-102 所示。

图 7-99

图 7-100

六、绘制其他效果

利用 CorelDRAW 自带的 Corel PHOTO-PAINT 软件，选择图像喷涂工具的玻璃球选项，绘制项链。选择气泡选项，绘制腰链。选择树叶选项，在效果图的下部绘制树叶效果，如图 7-100 所示。

图 7-101

7.9 材料填充表现法

"材料填充表现法"是时装画中常用的一种方法。其方法容易掌握、材料丰富、表现真实、厚实，尤其设计相同材料的色彩系列时非常便捷。

"材料填充表现法"数字化效果图的绘制程序是：图纸的设置、绘制比例线、复制粘贴或导入人体、绘制服装、材料填充等步骤，下面将详细介绍数字化材料填充表现法的绘制步骤。

数字化"材料填充表现法"服装效果图和毛皮装饰效果图，如图 7-102 所示。

一、绘制比例线

利用手绘工具绘制一条长度为 100cm 的水平直线。通过【转换】对话框的位置选项，设置垂直数据为 20cm，连续单击【应用】按钮 9 次，形成 9 条比例线，总高度是 180cm，如图 7-103 所示。

二、导入人体

如果导入预先绘制完成的 CorelDRAW 人体图形，则选择适当的人体图形，通过复制粘贴的方法，复制到文件中，如图 7-104 所示。如果导入位图图片，则可通过导入工具，将适当的人体图片导入到文件中。

三、绘制服装

利用手绘工具和形状工具，按照预想效果分别绘制如图 7-105 所示的服装，注意绘制的各个服装部件图形必须是封闭图形。

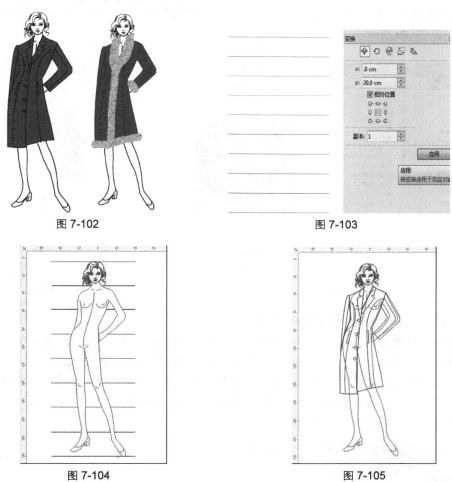

图 7-102

图 7-103

图 7-104

图 7-105

四、填充服装材料

1. 利用选择工具 ▷ 分别选中各个服装部件，通过【对象属性】对话框的图样填充选项，如图 7-106 所示。对话框下部是精细控制选项，如图 7-107 所示。

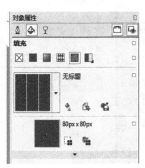

图 7-106

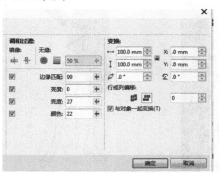

图 7-107

CorelDRAW 服装设计实用教程（第四版）

2. 单击【装入】按钮，打开【导入】对话框，选择适当的服装材料，单击【导入】按钮，将选择的服装材料分别填充到相应的服装部件内，即完成了材料填充服装效果图的绘制，如图 7-108 和图 7-109 所示。

图 7-108

图 7-109

五、应用 Corel Painter 绘制其他效果

1. 选中材料填充效果图，单击标准工具栏的导出图标 ，将其导出保存在一个文件夹内。打开 Corel Painter 软件，打开刚才导出保存的文件，并增加画布的大小，如图 7-110 所示。

2. 单击程序右上方的笔刷种类的黑三角图形，展开下拉菜单，选择"显示画笔创建器"命令，如图 7-111 所示，打开【画笔创建器】对话框，并进行如图 7-112 所示的设置。完成设置后，单击对话框右上方的"－"号，将对话框隐藏。

图 7-110

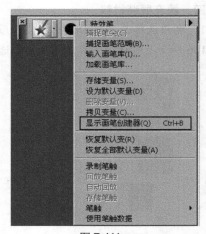

图 7-111

282

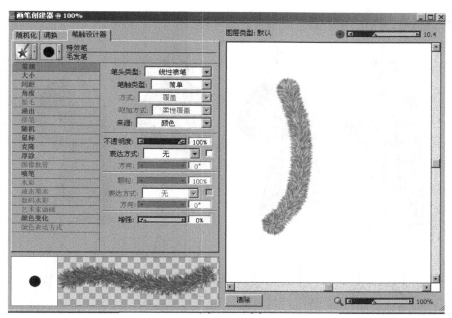

图 7-112

3. 双击工具箱的颜色设置图标，打开【颜色】设置对话框，并进行如图设置，单击【确定】按钮，如图 7-113 所示。

4. 通过交互式属性栏，设置画笔大小为 7，利用鼠标绘制袖口、领子和门襟的毛皮效果，如图 7-114 所示。

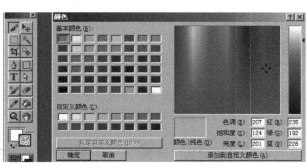

图 7-113

图 7-114

六、不同服装材料的填充效果（如图 7-115 所示）

图 7-115

7.10　裘皮大衣效果图的绘制

　　中长女式裘皮大衣，款式简洁大方，色彩稳重华丽，效果高贵文雅，体现了中年女士的风韵。其绘制技法要点是利用软件的位图创造性功能制作裘皮图样，然后将裘皮图样填充到服装和服装部件内部。

　　数字化裘皮大衣效果图的绘制方法是：绘制衣身、绘制衣袖、绘制领子、绘制门襟、绘制底边和扣子、制作并填充裘皮效果、修饰服装效果、配置人体部件、绘制内衣，完善效果等步骤。

由 CorelDRAW 绘制的裘皮大衣效果图和由 Corel Painter 绘制的效果图，如图 7-116 所示。

图 7-116

一、绘制衣身

1. 利用矩形工具 □ 绘制一个矩形。通过【转换】对话框大小选项，将矩形设置为宽度为 40cm、高度为 100cm。单击属性栏最后的转换为曲线按钮 ○，将矩形转换为曲线，如图 7-117 所示。

2. 利用形状工具 ▸，依次在领口、腰线部位增加若干节点，并移动相应节点，形成衣身图形，如图 7-118 所示。

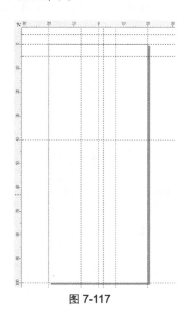

图 7-117

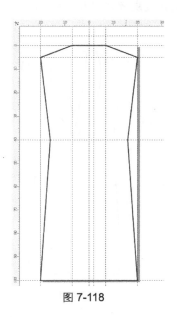

图 7-118

二、绘制领子和门襟

1. 利用手绘工具 和形状工具 ，参照驳领绘图方法，绘制领子，如图 7-119 所示。

2. 利用手绘工具 绘制门襟线。利用椭圆工具 绘制扣子。利用形状工具 修改衣身底边，使其具有两片交叉的效果，如图 7-120 所示。

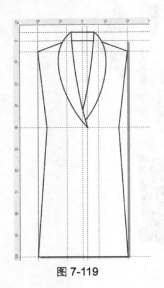

图 7-119

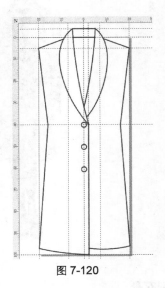

图 7-120

三、绘制衣袖

利用手绘工具 和形状工具 ，参照两片式圆袖的绘制方法，绘制袖子，并将袖山向上突起，如图 7-121 所示。

四、制作并填充裘皮效果

1. 制作裘皮效果图片。参照前述裘皮效果的制作方法，制作裘皮材料图片，如图 7-122 所示。

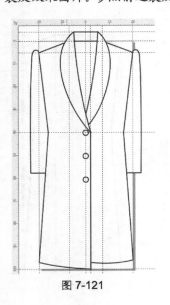

图 7-121

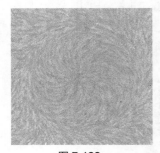

图 7-122

2. 单击选择工具 选中图片，接着单击常用工具栏的导出按钮，打开【导出】对话框。将文件名命名为"裘皮效果"，单击【导出】按钮。打开【转换为位图】对话框，将宽度和高度均设置为 30mm，再单击【确定】按钮，储存在文件夹内备用，如图 7-123 所示。

图 7-123

3. 填充效果。选中款式图的所有衣片图形，选择【对象属性】对话框的【色彩填充】按钮中的第 3 个（图案填充）按钮后，会显示"填充图案"。单击第 3 个（位图填充）按钮，接着单击【编辑】按钮，打开【图样填充】对话框，如图 7-124 所示。单击【装入】按钮，选择已经保存的裘皮效果图片，将图片装入编辑器，进行适当设置，单击【确定】按钮，再单击【应用】按钮，衣片即填充了裘皮效果，如图 7-125 所示。

图 7-124

图 7-125

五、修饰服装效果

绘制阴影效果：依次选择衣袖、领子、衣身等部件，在程序界面右侧色彩工具栏上方的"X"

⊠上单击鼠标右键，去掉图形外框。选中左袖子，单击工具栏的交互式阴影工具 ，选择袖子上部，并向下拖动鼠标至袖口，会出现阴影效果，如图 7-126 所示。

六、配置人体部件

1. 这里我们采用配置人体部件的方法。单击导入按钮 ，打开【导入】对话框，如图 7-127 所示。

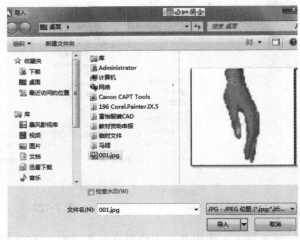

图 7-126　　　　　　　　　　　　　　　　图 7-127

2. 选择已经备好的人体部件图片，单击【导入】按钮，将人体的头、手、腿等部件一一导入，如图 7-128 所示。

图 7-128

3. 利用选择工具 选中头部。选择【排列】→【顺序】→【到后部】命令，将人体的"头"放在服装领子的后部、后领口的前部，通过缩放和旋转命令来调整人体头部的大小和方向，直至符合设计要求为止。以同样的方法，将其他部件安放在相应位置，并调整大小和方向，直至满意为止，如图 7-129 所示。

七、绘制内衣，完善效果图

选中衣身，利用造型工具 在领口部位增加节点，移动节点到领子交叉处，再利用手绘工具 另外绘制一个封闭三角形，填充其他协调色彩。利用选择工具 选中封闭三角形。选择【排列】→【顺序】→【向后一位】命令，将其放在领子后部及人头前部，即完成了女式裘皮中长大衣效果图的绘制，如图 7-130 所示。

八、利用 Corel Painter 2015 绘制裘皮效果

1. 选中材料填充效果图，单击标准工具栏的导出图标 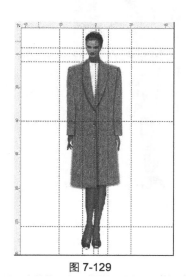，将其导出保存在一个文件夹内。打开 Corel Painter 2015 软件，打开刚才导出保存的文件，并增加画布的大小，如图 7-131 所示。

图 7-129　　　　　　　　　图 7-130　　　　　　　　　图 7-131

2. 单击程序左上方的笔刷 ，展开下拉菜单，选择特效-毛发笔刷，如图 7-132 所示，打开进阶笔刷控件 对话框，并进行如图 7-133 所示的设置。

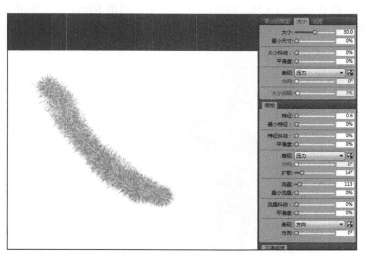

图 7-132　　　　　　　　　　　　　　　图 7-133

3. 单击工具箱的颜色设置图标 ，弹出【色彩】设置对话框，并进行如图设置，单击【确定】按钮，如图 7-134 所示。

4. 通过交互式属性栏，设置画笔"大小"为"30"，利用鼠标绘制衣服的毛皮效果。减淡颜色，设置画笔"大小"为"15"，绘制领子、袖口和底边，如图 7-135 所示。

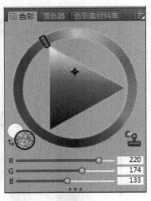

图 7-134

图 7-135

7.11　皮革服装效果图的绘制

皮革服装效果图，如图 7-136 所示。

一、导入人体，绘制服装

选择适当的人体，将其导入文件中。利用手绘工具 和形状工具 绘制服装。服装的每个部件都要形成封闭图形，如图 7-137 所示。

图 7-136

图 7-137

二、填充皮革效果

1. 选中服装所有部件，通过【对象属性】对话框的填充选项，选择位图填充，选择已经提前制作好的皮革位图图样，如图 7-138 所示。

2. 通过对话框下部的调整功能，进行适当的设置，如图 7-139 所示，单击【确定】按钮，即完成了皮革服装效果的绘制，如图 7-140 所示。

图 7-138

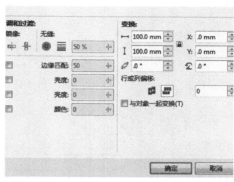

图 7-139

三、绘制其他效果

为内衣和鞋子填充黑色。利用矩形工具，绘制矩形背景，并填充淡紫色。利用椭圆工具 ⬭ 绘制并修改人体倒影效果，如图 7-141 所示。

图 7-140

图 7-141

本章讲述了数字化服装效果图的常用表现技法，而且多数是采用绘制人体为基础的方法。绘制人体，对于绘画水平不高的服装设计人员来说，是比较困难的。为了克服这一弱点，我们可以直接将本书配套光盘提供的人体或常用服装人体姿态图片、各种服装展示模型图片、自己满意的其他人体照片等，导入 CorelDRAW，然后在此基础上绘制服装，同样可以获得满意的服装设计效果。这种方法非常简单，可以将各种绘制人体的步骤省略，然后再进行其他步骤即可。